Christian Schlieder

Autodesk® Inventor® 2018

DYNAMISCHE SIMULATION

Viele praktische Übungen am Konstruktionsobjekt RADLADER

Christian Schlieder

Autodesk® Inventor® 2018

DYNAMISCHE SIMULATION

Viele praktische Übungen am Konstruktionsobjekt RADLADER

Weiterführende Literatur

Autodesk® Inventor® 2018 Grundlagen in Theorie und Praxis

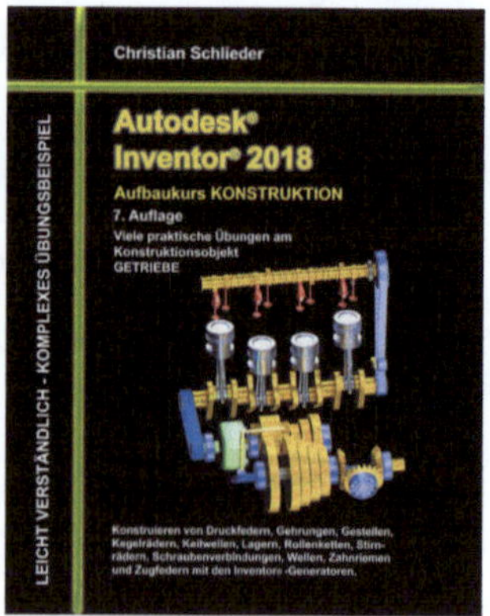

Autodesk® Inventor® 2018 Aufbaukurs Konstruktion

Autodesk® Inventor® 2018 Einsteiger-Tutorial Holzrückmaschine

Autodesk® Inventor® 2018 Einsteiger-Tutorial Hybridjacht

Autodesk® Inventor® 2018 Einsteiger-Tutorial Hubschrauber

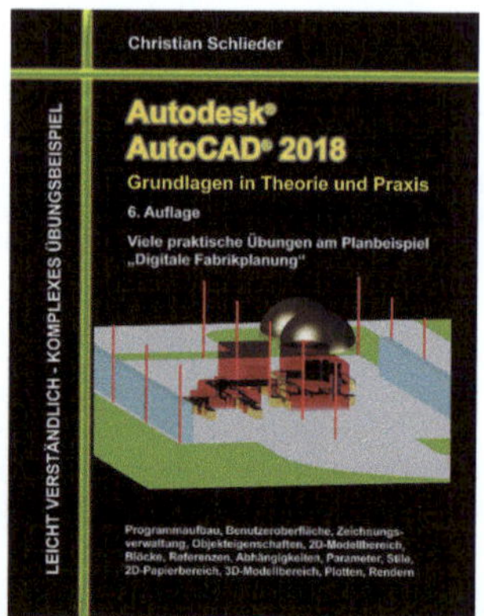

Autodesk® AutoCAD® 2018 Grundlagen in Theorie und Praxis

---

http://www.cad-trainings.de/html/Literatur.html

ISBN

978-3-7448-7182-2

IMPRESSUM

Dipl.- Ing. Christian Schlieder
www.cad-trainings.de
Fax: +49 (0) 3212 - 1122290

HERSTELLUNG UND VERLAG

BoD - Books on Demand, Norderstedt
www.BoD.de

INHALTSVERZEICHNIS

1 Grundlegendes zum Buch

Dieses Buch ist ein Aufbaukurs für Fortgeschrittene, die mit den Grundlagen von ***Autodesk® Inventor® 2018*** bereits vertraut sind. Es wird empfohlen, vor der Arbeit mit diesem Buch das Grundlagenbuch:

- ***Autodesk® Inventor® 2018 – Grundlagen in Theorie und Praxis***

vollständig durchzuarbeiten, in dem die vorausgesetzten Grundlagen zum Programm vermittelt werden.

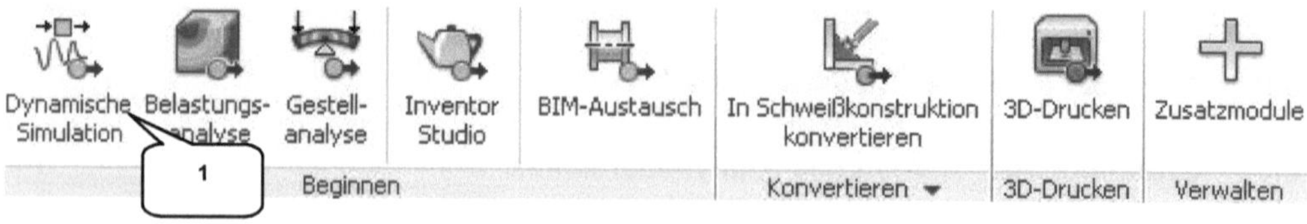

Autodesk® Inventor® 2018 bietet für Baugruppen den speziellen Bereich der ***dynamischen Simulation*** (1). Baugruppen können hier um weitere Umgebungsvariablen (wie z. B. Dämpfung, Steifigkeit, Reibungskoeffizient) ergänzt und mit zusätzlichen externen Kräften oder Drehmomenten beaufschlagt werden, was eine Analyse der Baugruppe unter realistischen Bedingungen ermöglicht. Die Berechnungsergebnisse können in den Bereich der Finiten-Elemente-Methode (FEM) exportiert und dort einer statischen Analyse oder einer Modalanalyse unterzogen werden.

Die folgenden Befehle der dynamischen Simulation werden behandelt:

- ***Gelenke einfügen***
- ***Abhängigkeiten ableiten***
- ***Status des Mechanismus prüfen***
- ***Kräfte erzeugen***
- ***Drehmomente erzeugen***
- ***Ausgabediagramm darstellen***
- ***Dynamische Bewegungen***
- ***Unbekannte Kraft ermitteln***
- ***Spuren darstellen***
- ***Filme publizieren***
- ***Simulationseinstellungen***
- ***Simulationswiedergabe***
- ***Exportieren nach FEM***

Das vorliegende Übungsbeispiel bietet genügend Möglichkeiten, die Befehlsketten sporadisch zu verlassen und eigene Versuche zu starten, was dem Anwender auch empfohlen wird. Sollte die Konstellation der Baugruppe dabei zerstört werden, kann ersatzweise die im Downloadordner enthaltene Kopie der Baugruppe verwendet werden.

2 Installation von Autodesk® Inventor® 2018

2.1 Systemanforderungen

Die folgenden von Autodesk® empfohlenen Systemanforderungen gelten für Bauteile und Baugruppen mit weniger als 1000 Bauteilen:

Betriebssystem	64-Bit-Version von Microsoft® Windows® 10 64-Bit-Version von Microsoft Windows 8.1 mit Update KB2919355 64-Bit-Version von Microsoft Windows 7 SP1
CPU-Typ	Mindestens: 64-Bit Intel oder AMD, 2 GHz oder schneller Empfohlen: Intel® Xeon® E3 oder Core i7 3,0 GHz oder höher
Arbeitsspeicher	Mindestens: 8 GB RAM Empfohlen: 20 GB Ram oder mehr
Festplatte	Installationsprogramm sowie vollständige Installation: 40 GB
Grafikkarte	Mindestens: Microsoft Direct3D 10®-fähige Grafikkarte oder höher Empfohlen: Microsoft Direct3D 11®-fähige Grafikkarte oder höher Empfohlene Skalierung: 100 %, 125 %, 150 % oder 200 %
Sonstiges	DVD-ROM, Internetverbindung für Autodesk® 360-Funktionalität, Internet-Downloads und Zugriff auf Subscription Aware, Microsoft Internet Explorer® 11 oder gleichwertig, Vollständige lokale Installation von Microsoft® Excel 2010, 2013 oder 2016 für iFeatures, iParts, iAssemblies, Thread-bezogene Befehle, Erstellung von Abständen/Gewindebohrungen, globale Stücklisten, Bauteillisten, Revisionstabellen, tabellenbasierte Konstruktionen und Studio-Animationen von Positionsdarstellungen. Excel Starter®, Online Office 365® und OpenOffice® werden nicht unterstützt. Die 64-Bit-Version von Microsoft Office ist erforderlich für den Export in Access 2007-, dBase IV-, Text- und CSV-Formate. Microsoft .NET Framework 4.6 oder höher. Virtualisierung unterstützt auf Citrix® XenApp ™ 7,6; Citrix XenDesktop ™ 7,6 (erfordert Inventor Netzwerklizenzierung).

2.2 Anforderungen an das Betriebssystem

Die Installation von Autodesk® Inventor® 2018 erfordert ein Windows® Betriebssystem. Nutzer eines Apple® Betriebssystems, können das Programm mithilfe von Boot Camp® oder Parallels Desktop® unter Beachtung der folgenden Systemvoraussetzungen installieren:

Betriebssystem	Mindestens: Mac OS™ X 10.10.x Empfohlen: Mac OS™ X 10. 12.x
CPU-Typ	Mindestens: Intel® Core 2 Duo (3 GHz oder höher)
Arbeitsspeicher	Mindestens: 8 GB RAM Empfohlen: 16 GB Ram oder mehr
Partitionsgröße ***Partitionsgröße***	Mindestens: 200 GB freier Festplattenspeicher Empfohlen: 500 GB freier Festplattenspeicher oder mehr
Betriebssystem	64-Bit-Version von Microsoft Windows 10 64-Bit-Version von Microsoft Windows 8.1 mit Update KB2919355 64-Bit-Version von Microsoft Windows 7 SP1

2.3 Download des Programms

Sollten Sie die Software nicht bereits besitzen, haben Sie die folgenden Möglichkeiten, Autodesk®-Produkte unter den folgenden Links herunterzuladen:

Autodesk® Store	Wenn Sie die Programmversion kaufen möchten: ➢ http://www.autodesk.com/store/storeselect.htm
Autodesk®-Konto	Als Subscription-Kunde bei Ihrem Autodesk® Konto: ➢ https://accounts.autodesk.com/
Education Community	Als Mitglied der Education Community: ➢ http://www.autodesk.com/education/free-software/all
Kostenlose Testversionen	Als kostenlose Testversion mit 30 Tagen Laufzeit: ➢ http://www.autodesk.com/free-trials

Unter dem folgenden Link finden Sie weitere Informationen zu kostenlosen Programmversionen von Autodesk® für Studenten und Lehrkräfte:

➢ ***http://help.autodesk.com/view/INVNTOR/2018/DEU/?guid=GUID-32F591DA-32BF-42F2-8FAC-DF215412D1C3***

2.4 Installationsvoraussetzungen

Zugriffsrechte

Sie müssen über lokale Benutzer-Administratorrechte verfügen.

- ***Systemsteuerung > Benutzerkonten > Benutzerkonten verwalten***

System-Updates/ Antivirenprogramm

Vor der Installation von Autodesk® Inventor® 2018 sollten eventuell noch ausstehende Updates von Windows® durchgeführt werden. Starten Sie den Rechner danach neu. Antivirenprogramme müssen während der Installation eventuell vorübergehend deaktiviert werden.

Language Packs

Prüfen Sie vor der Installation von Autodesk® Inventor® 2018, ob die heruntergeladene Programmversion in der richtigen Sprache vorhanden ist. Eventuell muss vorab ein Sprachpaket heruntergeladen und installiert werden.

Seriennummer/ Produktschlüssel

Vor der Installation sollten Seriennummer und Produktschlüssel in Erfahrung gebracht werden. Diese werden bereits während der Installation benötigt (Ausnahme: kostenlose 30-Tage-Testversion). Weitere Informationen zum Thema finden Sie unter dem Link:

- ***https://knowledge.autodesk.com/de/customer-service/download-install/activate/find-serial-number-product-key/sn-education-community/serial-number-educational-institutions***

Beenden anderer Programme

Beenden Sie alle anderen Programme vor der Installation von Autodesk® Inventor® 2018.

2.5 Installation von Autodesk® Inventor® 2018

Stellen Sie vor der Installation von Autodesk® Inventor® 2018 sicher, dass alle Teile des Programms vollständig vorhanden sind. Wurden diese vollständig heruntergeladen (Schritt entfällt, wenn die Software auf DVD vorhanden ist), kann mit der Installation begonnen werden. Sollte das Installationsprogramm noch nicht geöffnet sein, starten Sie dieses. Sie finden es für gewöhnlich im Pfad:

- ***C:\Autodesk\Inventor_2018_...\Setup.exe***

Nachdem Sie die Lizenzvereinbarung gelesen und akzeptiert haben, muss im Dropdown-Menü mit den Produktsprachen einer der folgenden Schritte durchgeführt werden:

1) Wählen Sie eine Sprache aus.
2) Wählen Sie unter Lizenztyp die Option ***Einzelplatz***.
3) Geben Sie Seriennummer und Produktschlüssel ein (falls erforderlich).
4) Bestimmen Sie den Installationspfad (dieser Pfad darf maximal 260 Zeichen lang sein).
5) Übernehmen Sie die vorgegebene Konfiguration oder passen Sie die Installation an (weitere Informationen zur Konfiguration finden Sie in der Produktdokumentation).
6) Klicken Sie auf ***Installieren***.
7) Nach der Installation: Klicken Sie auf ***Fertigstellen***.

2.6 Aktivierung von Autodesk® Inventor® 2018

Online aktivieren und registrieren

Sobald Autodesk® Inventor® 2018 das erste Mal gestartet wurden, startet auch automatisch der Aktivierungsvorgang. Sollte der PC über eine bestehende Internetverbindung verfügen, führen Sie die folgenden Schritte aus:

1) Achten Sie darauf, dass Ihre Firewall den Datenaustausch zwischen Autodesk® Inventor® 2018 und dem Server von Autodesk® nicht unterbricht.
2) Starten Sie Autodesk® Inventor® 2018.
3) Stimmen Sie den Datenschutzrichtlinien zu.
4) Klicken Sie auf ***Aktivieren***.
5) Geben Sie den Produktschlüssel ein, wenn Sie dazu aufgefordert werden sollten. Melden Sie sich an und registrieren Sie das Produkt.

Autodesk® überprüft jetzt die Berechtigungsinformationen, wie z. B. Ihre Seriennummer. Wenn Sie die Aktivierungsaufforderung sehen und keine Verbindung mit dem Internet herstellen können, ist die Aktivierung manuell vorzunehmen.

Manuelles Aktivieren und Registrieren (offline)

Sollte der PC über keine bestehende Internetverbindung verfügen, führen Sie die folgenden Schritte aus:

1) Starten Sie Autodesk® Inventor® 2018.
2) Stimmen Sie den Datenschutzrichtlinien zu.
3) Klicken Sie auf ***Aktivieren***.
4) Wählen Sie Aktivierungscode ***Mit einer Offlinemethode anfordern***.
5) Klicken Sie auf ***Weiter***.
6) Notieren Sie die Aktivierungsinformationen, die auf dem Bildschirm angezeigt werden, einschließlich der URL.
7) Starten Sie ein Gerät mit einer bestehenden Internetverbindung.
8) Öffnen Sie die URL aus Punkt (6). Melden Sie sich an und registrieren Sie das Produkt.
9) Notieren Sie den Aktivierungscode.
10) Starten Sie Autodesk® Inventor® 2018.
11) Klicken Sie auf ***Aktivieren***.
12) Wählen Sie die Option ***Ich habe einen Aktivierungscode von Autodesk***.
13) Kopieren Sie den Aktivierungscode, und fügen Sie ihn in das erste Feld ein, um automatisch die anderen Felder auszufüllen.
14) Klicken Sie auf ***Weiter***.

Weitere Informationen zu Installation und Aktivierung erhalten Sie unter dem folgenden Link:

- ***https://knowledge.autodesk.com/customer-service/download-install***

3 Programmaufbau und Programmoberfläche

3.1 Programmaufbau

Nach dem Start von Autodesk® Inventor® 2018 öffnet sich das Programm mit der folgenden ***Benutzeroberfläche***:

1) Hauptmenü
2) Schnellzugriff-Werkzeuge
3) Multifunktionsleiste
4) InfoCenter
5) Neue Dateien erstellen
6) Projektverwaltung
7) Zuletzt verwend. Dokumente

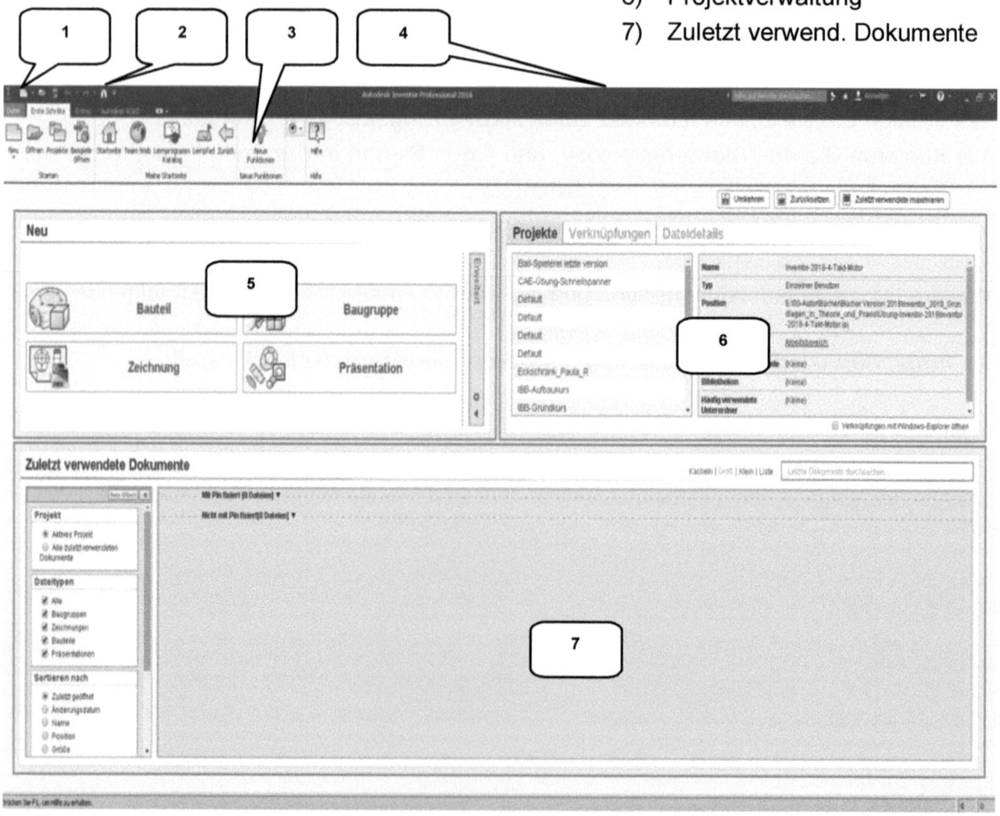

3.2 Hauptmenü

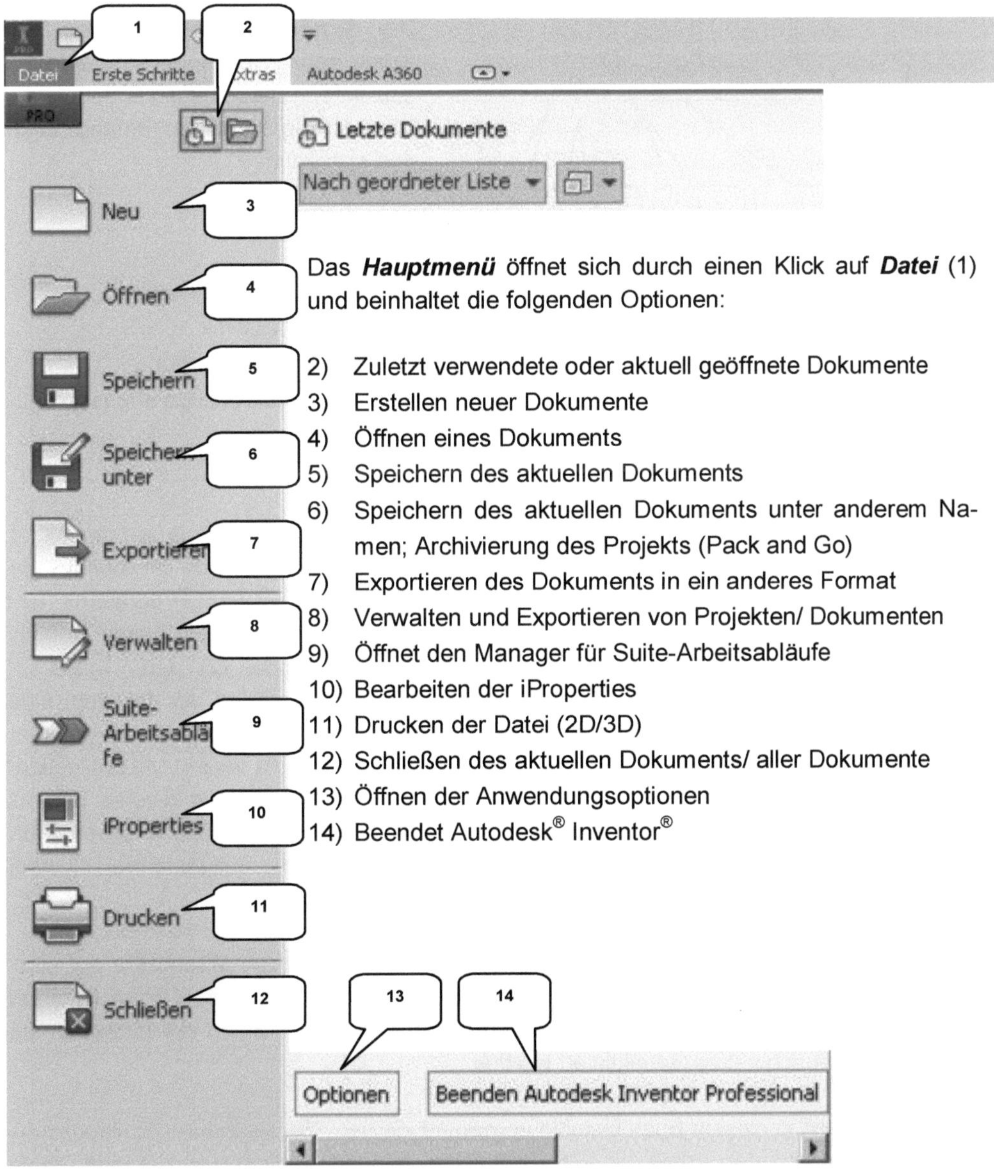

Das ***Hauptmenü*** öffnet sich durch einen Klick auf ***Datei*** (1) und beinhaltet die folgenden Optionen:

2) Zuletzt verwendete oder aktuell geöffnete Dokumente
3) Erstellen neuer Dokumente
4) Öffnen eines Dokuments
5) Speichern des aktuellen Dokuments
6) Speichern des aktuellen Dokuments unter anderem Namen; Archivierung des Projekts (Pack and Go)
7) Exportieren des Dokuments in ein anderes Format
8) Verwalten und Exportieren von Projekten/ Dokumenten
9) Öffnet den Manager für Suite-Arbeitsabläufe
10) Bearbeiten der iProperties
11) Drucken der Datei (2D/3D)
12) Schließen des aktuellen Dokuments/ aller Dokumente
13) Öffnen der Anwendungsoptionen
14) Beendet Autodesk® Inventor®

HINWEIS: Die jeweiligen Befehle können mit einem Klick der linken Maustaste auf die nebenstehenden Dreiecke noch erweitert werden.

3.3 Schnellzugriff-Werkzeuge

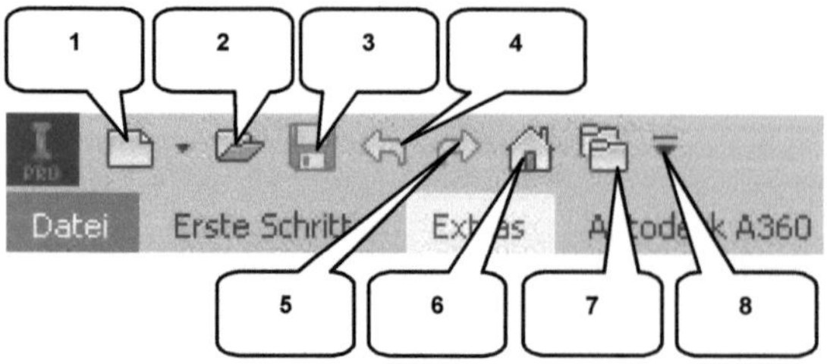

Die ***Schnellzugriff-Werkzeuge*** sind einige häufig verwendete Befehle, die einzeln ein- oder ausgeblendet werden können. Die folgenden Befehle befinden sich darin:

1) Erstellen eines neuen Dokuments
2) Öffnen eines vorhandenen Dokuments
3) Speichern des Dokuments
4) Einen Arbeitsschritt zurück
5) Einen Arbeitsschritt vorwärts
6) Aktiviert die Startseite
7) Öffnet die Projektverwaltung
8) Schnellzugriff-Werkzeuge anpassen

3.4 Multifunktionsleiste

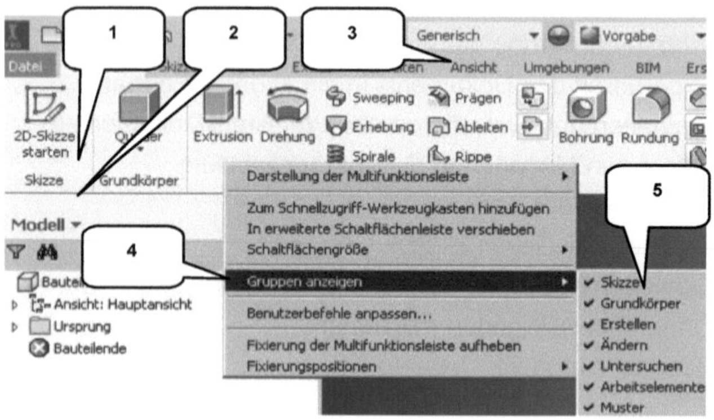

Die ***Multifunktionsleiste*** (1) befindet sich im oberen Bereich des Programms und enthält verschiedene Befehlsgruppen (2), deren Inhalt entsprechend der Auswahl einer der verfügbaren Registerkarten (3) variiert. Jede Registerkarte enthält diverse Befehlsgruppen, welche beliebig ein- oder ausgeblendet werden können.

Um Befehlsgruppen ein- oder auszublenden, muss mit der ***rechten Maustaste*** auf einen beliebigen Punkt im Bereich der Multifunktionsleiste (1) geklickt und die Option ***Gruppen anzeigen*** (4) gewählt werden. In der erweiterten Auswahl (5), können die einzelnen Befehlsgruppen danach aktiviert/deaktiviert werden.

<u>HINWEIS</u>: Sollten in diesem Buch Befehle verwendet werden, die Sie in Ihrer Multifunktionsleiste im entsprechenden Arbeitsbereich nicht finden können, kontrollieren Sie bitte, ob die entsprechende Befehlsgruppe aktiviert ist.

3.5 Browser

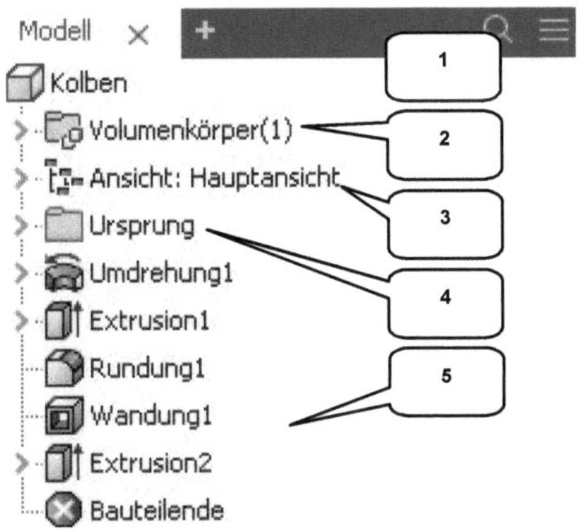

Der ***Browser*** (1) spiegelt den grundlegenden Aufbau eines Objekts wieder der je Arbeitsbereich inhaltlich variiert.

➢ ***Bauteil-Browser***

Im ***Bauteil-Browser*** befinden sich z. B. der Ordner ***Volumenkörper*** (2) (listet die einzelnen Volumenkörper eines Bauteils auf), der Ordner ***Ansicht*** (3) (beinhaltet die Ansichten eines Bauteils) sowie der Ordner ***Ursprung*** (4) (listet die Hauptachsen und -ebenen des Bauteils auf). Weiterhin werden alle bereits am Bauteil vorgenommenen ***Arbeitsschritte*** (5) chronologisch aufgelistet und können hier bearbeitet werden.

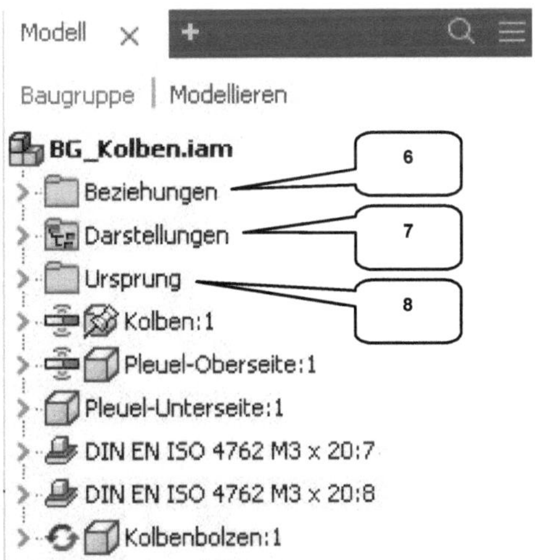

➢ ***Baugruppen-Browser***

Im ***Baugruppen-Browser*** befinden sich der Ordner ***Beziehungen*** (6) (mit allen in der Baugruppe besetzten Verbindungen/ Abhängigkeiten), der Ordner ***Darstellungen*** (7) (mit den Ansichten, Positionen und Detailgenauigkeiten der Baugruppe) und der Ordner ***Ursprung*** (8). Natürlich werden auch alle in der Baugruppe vorhandenen Komponenten (Bauteile/ Normteile) aufgelistet.

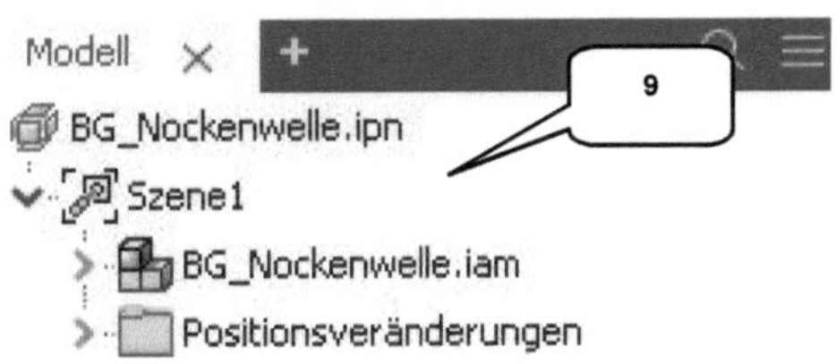

➢ ***Präsentations-Browser***

Der ***Präsentations-Browser*** enthält den Ordner ***Szene*** (9). Darin werden die Präsentationsdrehbücher der animierten Baugruppen und die zugehörigen Pfade abgelegt.

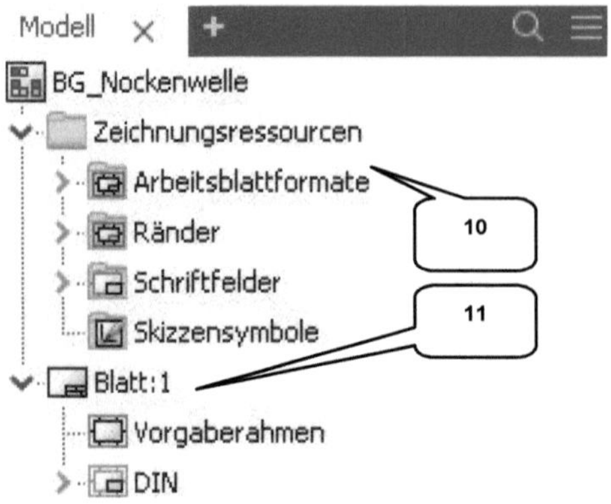

- ***Zeichnungs-Browser***

Im ***Zeichnungs-Browser*** gibt es den Ordner ***Zeichnungsressourcen*** (10) (mit allen vordefinierten Arbeitsblattformaten, Rändern, Schriftfeldern und Symbolen) und je Zeichnung einen Ordner ***Blatt*** (11). Jedes Zeichnungsblatt beinhaltet die dem Blatt zugeordneten Arbeitsblattformate, Ränder, Schriftfelder und Symbole sowie dargestellten Ansichten mit den darin abgebildeten Komponenten.

3.6 Arbeitsbereich

3.6.1 Startbildschirm

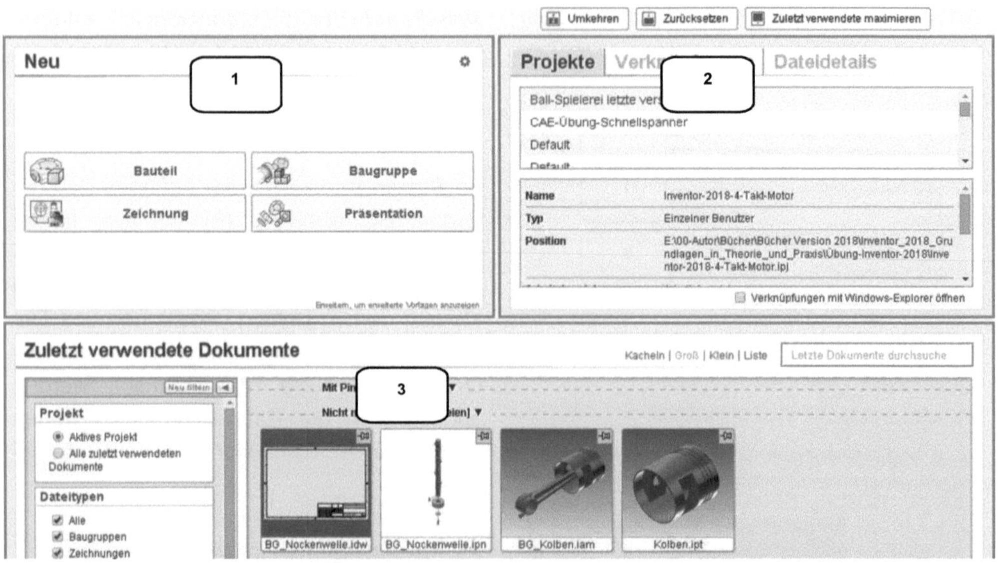

Nach dem Start des Programms wird dem Benutzer ein ***Startbildschirm*** mit den folgenden Inhalten angeboten:

1) Erstellen eines neuen Dokuments
2) Projektverwaltung
3) Öffnen eines bereits vorhandenen Dokuments

4 Die ersten Schritte

4.1 Programmhilfe und neue Funktionen

Im Register ***Erste Schritte*** (Befehlsgruppe ***Hilfe***) befindet sich der Befehl Hilfe (1). Ein Klick darauf öffnet im Arbeitsbereich die Online-Hilfe, sofern ein Internetzugang vorhanden ist (ggf. müssen die Einstellungen der Firewall des PCs bearbeitet werden).

Hier können Sie entweder in der ***Inhaltsübersicht*** (2) aus einem der angebotenen Themengebiete auswählen, oder bestimmte Befehle oder Begriffe ***suchen*** (3). Im ***Ausgabebereich*** (4) werden die Ergebnisse dann angezeigt.

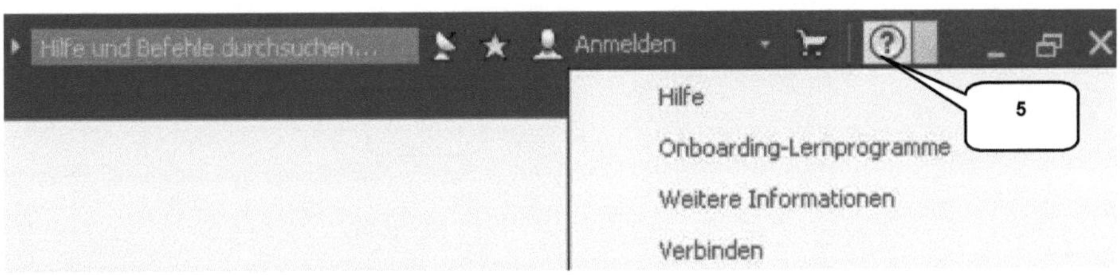

HINWEIS: Alternativ kann die Programmhilfe auch durch den Befehl Hilfe (5) in der oberen Programmleiste gestartet werden.

4.2 Videos und Lernprogramme

Startet man den Befehl **Lernpfad** (1), so öffnet sich eine interaktive Lernumgebung (2) in der schrittweise der Umgang mit der Software erlernt und mit diversen Übungen gefestigt werden kann.

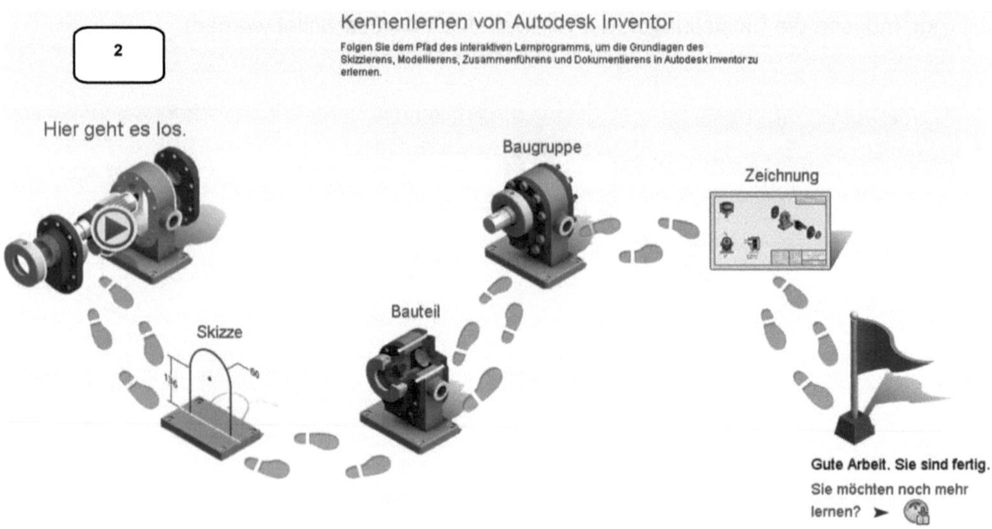

Mit dem Befehl **Lernprogramm Katalog** (3) öffnet sich im Arbeitsbereich eine Übersicht weiterer Lernprogramme (4).

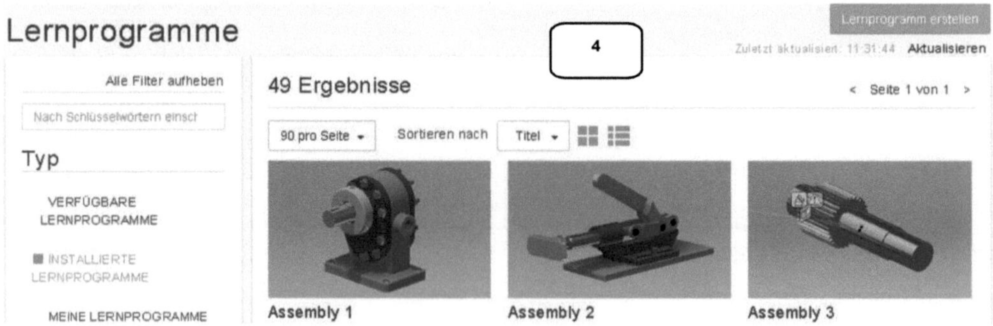

4.3 Zusatzmodule (empfohlene Einstellungen)

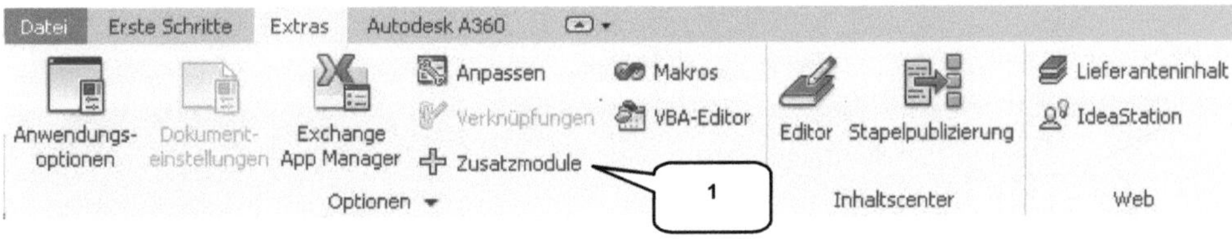

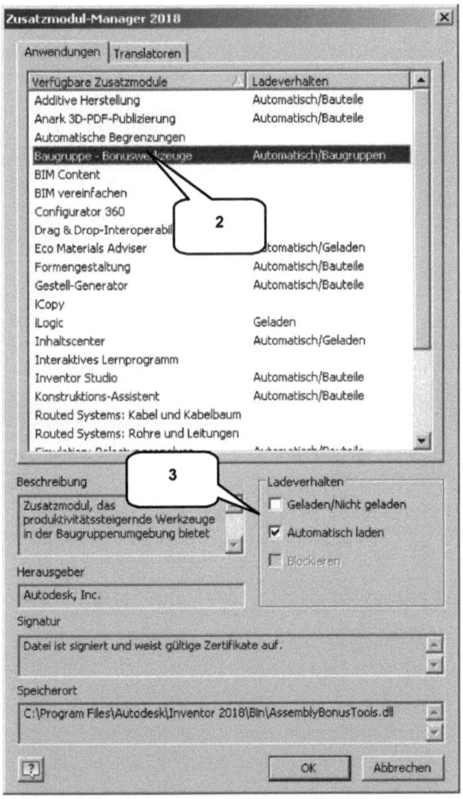

In der Befehlsgruppe ***Optionen*** (Register ***Extras***) befindet sich der Befehl Zusatzmodule (1) welcher den ***Zusatzmodul-Manager*** öffnet. Damit können die automatisch beim Programmstart zusätzlich zu den Standardeinstellungen zu aktivierenden Programm-Module festgelegt werden.

Um ein Modul automatisch laden zu lassen, muss dieses in der ***Liste*** (2) aktiviert werden, um anschließend die beiden Haken im Bereich ***Ladeverhalten*** (3) zu setzen. Andernfalls sind die Haken zu entfernen.

Die Aktivierung der folgenden Module wird empfohlen:

- Additive Herstellung
- Automatische Begrenzungen
- Baugruppe - Bonuswerkzeuge
- BIM-Austausch
- BIM-Vereinfachen
- Gestell-Generator
- iCopy
- iLogic
- Inhaltscenter
- Inventor Studio
- Konstruktions-Assistent
- Simulation: Belastungsanalyse
- Simulation: Dynamische Simulation
- Simulation: Gestellanalyse

HINWEIS: Je nach Programversion (Inventor® 2018 oder Inventor® Professional 2018) können einige der Module unter Umständen nicht verwendet werden. Bitte beachten Sie, dass eine generelle Aktivierung aller Module die Leistungsfähigkeit Ihres PCs negativ beeinträchtigen kann.

4.4 Anwendungsoptionen (empfohlene Einstellungen)

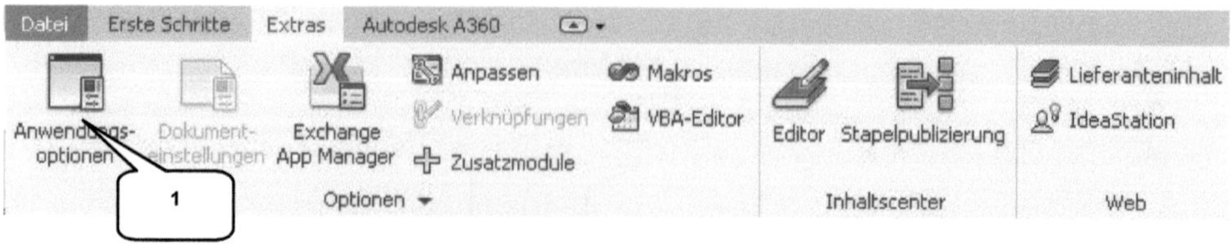

Mit dem Befehl **Anwendungsoptionen** (1) werden die Grundeinstellungen des Programms festgelegt. Er sollte jetzt geöffnet und die folgenden Einstellungen kontrolliert werden:

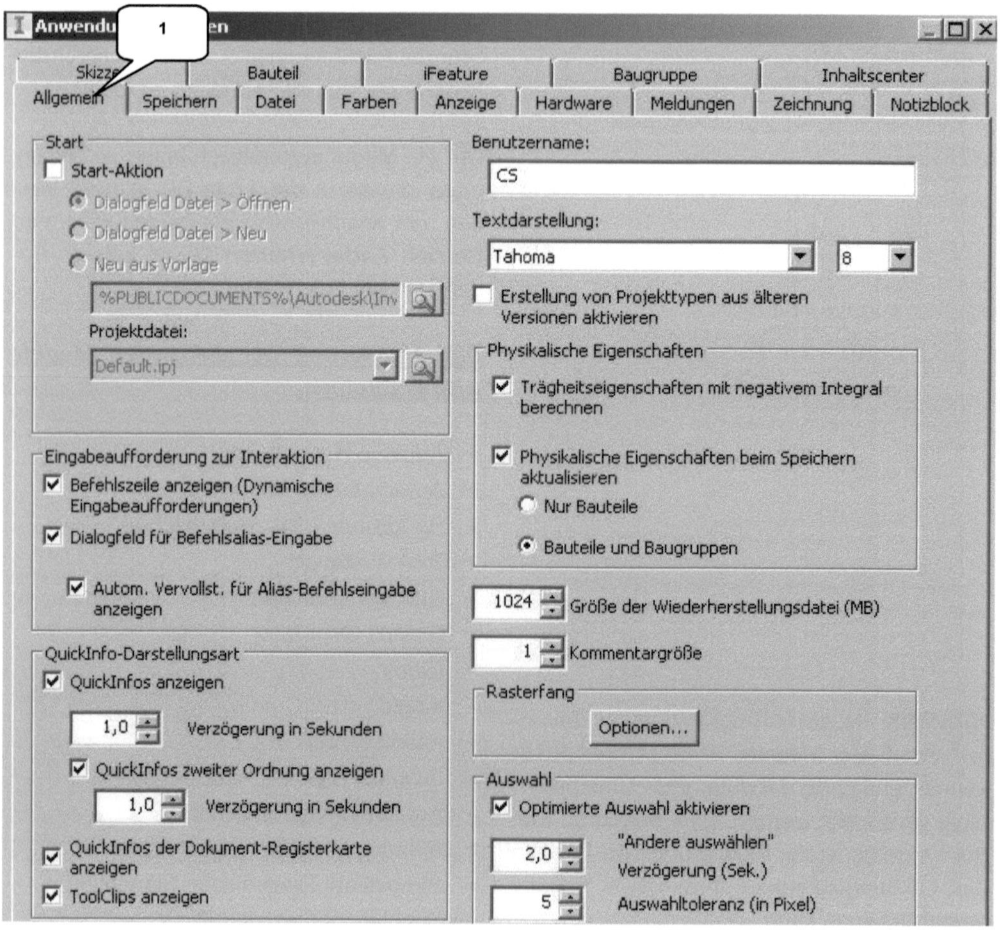

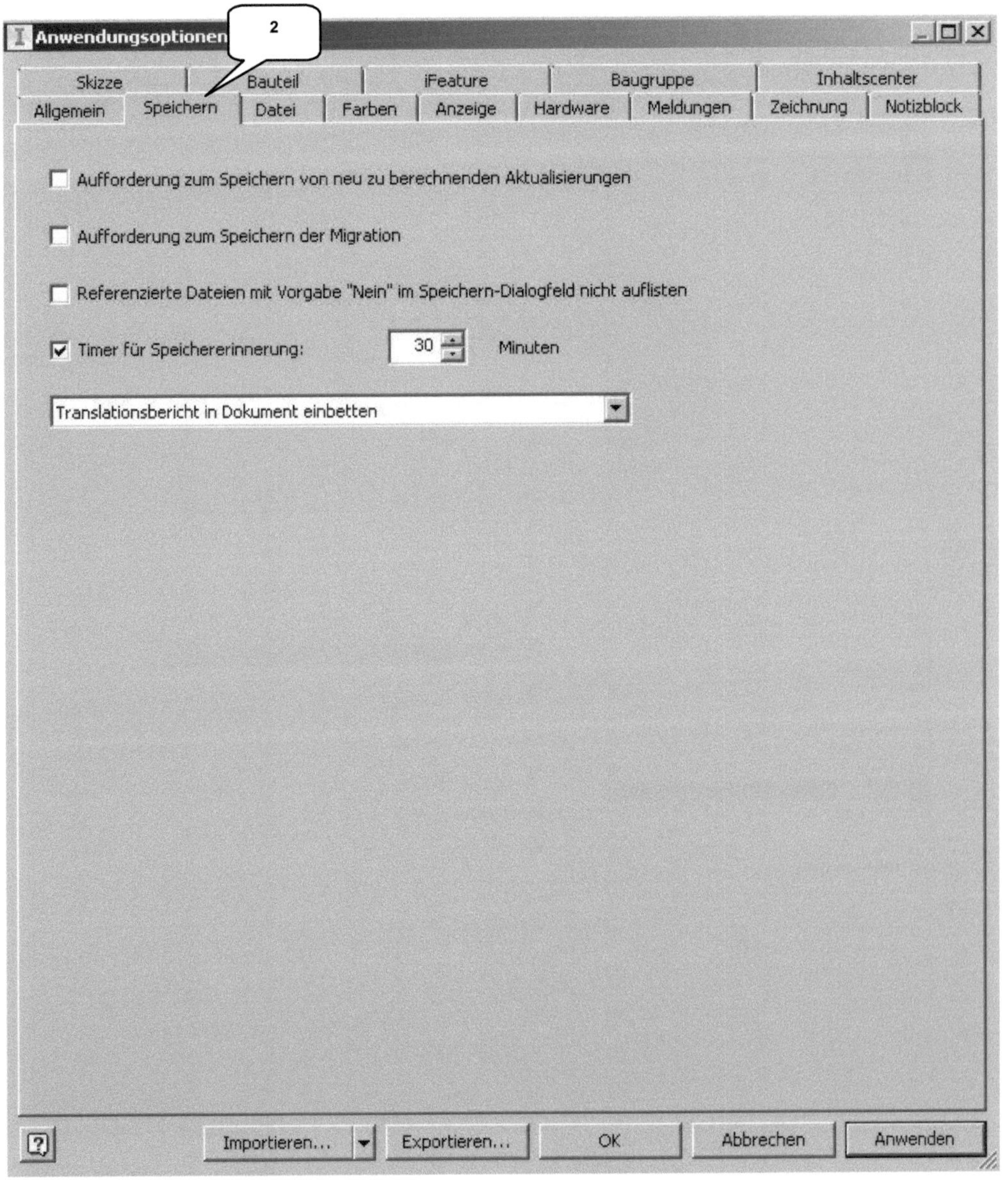
Anwendungsoptionen
2
Skizze
Bauteil
iFeature
Baugruppe
Inhaltscenter
Allgemein
Speichern
Datei
Farben
Anzeige
Hardware
Meldungen
Zeichnung
Notizblock
Aufforderung zum Speichern von neu zu berechnenden Aktualisierungen
Aufforderung zum Speichern der Migration
Referenzierte Dateien mit Vorgabe "Nein" im Speichern-Dialogfeld nicht auflisten
Timer für Speichererinnerung:
30
Minuten
Translationsbericht in Dokument einbetten
Importieren...
Exportieren...
OK
Abbrechen
Anwenden

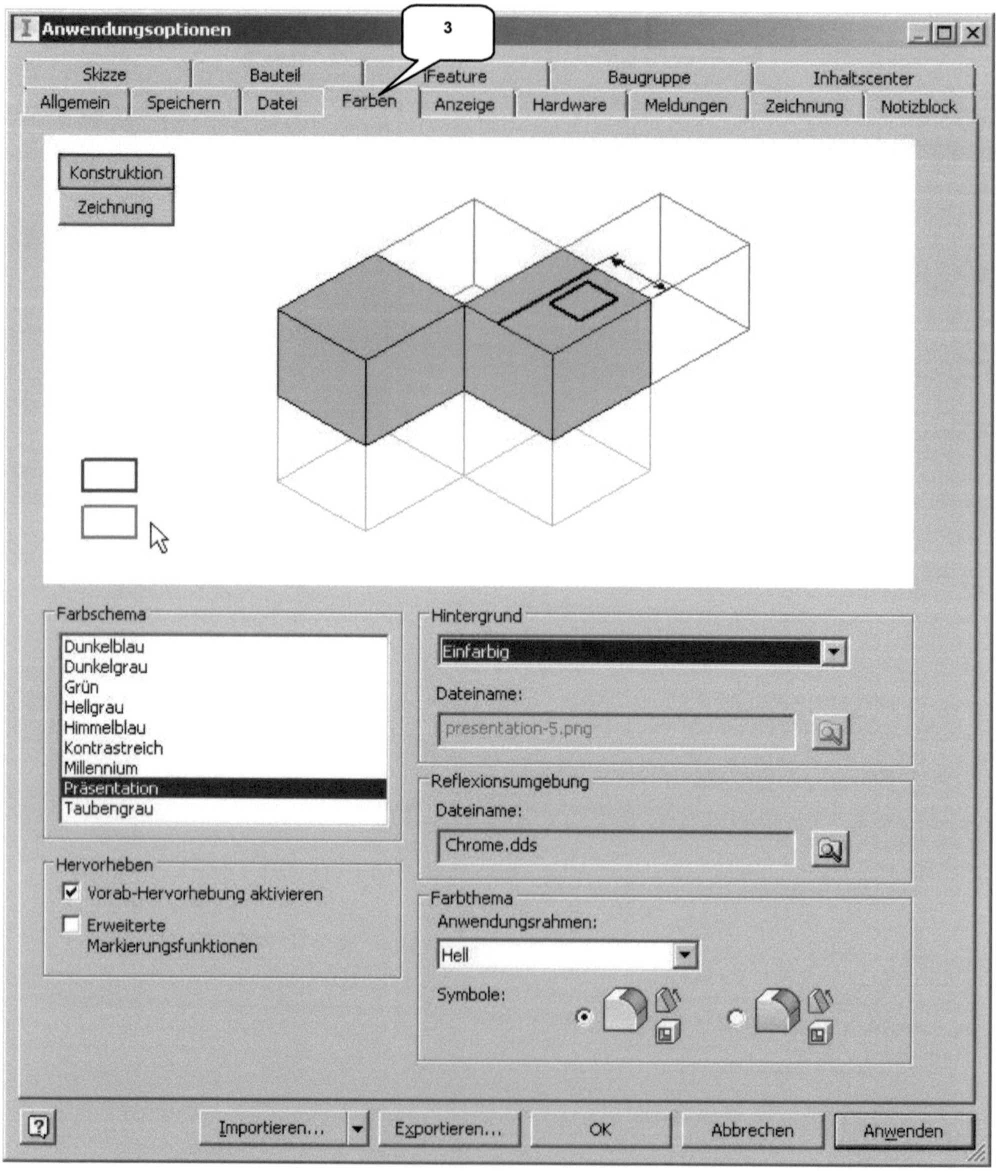
3
Anwendungsoptionen
Skizze
Bauteil
iFeature
Baugruppe
Inhaltscenter
Allgemein
Speichern
Datei
Farben
Anzeige
Hardware
Meldungen
Zeichnung
Notizblock
Konstruktion
Zeichnung
Farbschema
Dunkelblau
Dunkelgrau
Grün
Hellgrau
Himmelblau
Kontrastreich
Millennium
Präsentation
Taubengrau
Hervorheben
Vorab-Hervorhebung aktivieren
Erweiterte Markierungsfunktionen
Hintergrund
Einfarbig
Dateiname:
presentation-5.png
Reflexionsumgebung
Dateiname:
Chrome.dds
Farbthema
Anwendungsrahmen:
Hell
Symbole:
Importieren...
Exportieren...
OK
Abbrechen
Anwenden

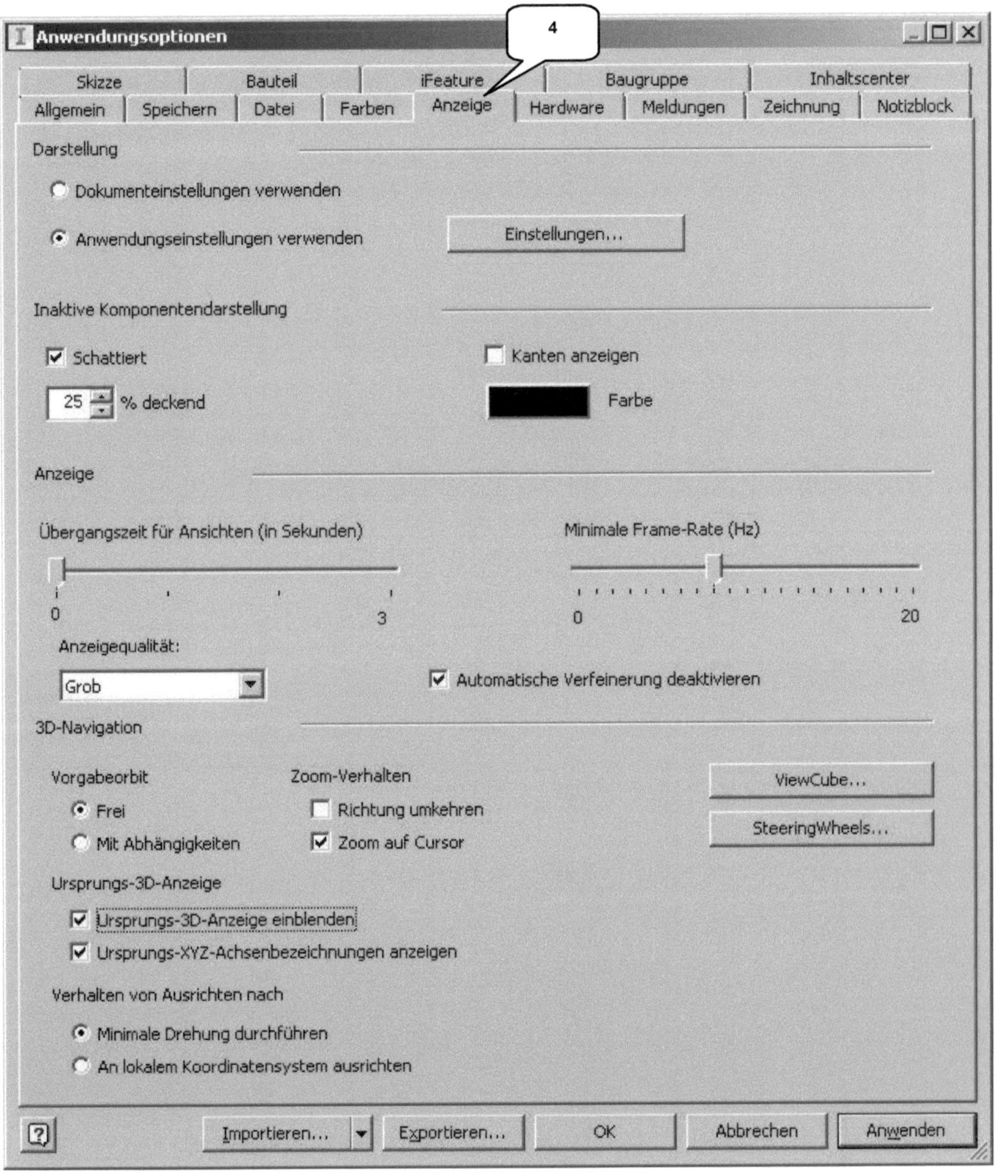
4
Anwendungsoptionen
Skizze
Bauteil
iFeature
Baugruppe
Inhaltscenter
Allgemein
Speichern
Datei
Farben
Anzeige
Hardware
Meldungen
Zeichnung
Notizblock
Darstellung
Dokumenteinstellungen verwenden
Anwendungseinstellungen verwenden
Einstellungen...
Inaktive Komponentendarstellung
Schattiert
Kanten anzeigen
25
% deckend
Farbe
Anzeige
Übergangszeit für Ansichten (in Sekunden)
Minimale Frame-Rate (Hz)
0
3
0
20
Anzeigequalität:
Grob
Automatische Verfeinerung deaktivieren
3D-Navigation
Vorgabeorbit
Frei
Mit Abhängigkeiten
Zoom-Verhalten
Richtung umkehren
Zoom auf Cursor
ViewCube...
SteeringWheels...
Ursprungs-3D-Anzeige
Ursprungs-3D-Anzeige einblenden
Ursprungs-XYZ-Achsenbezeichnungen anzeigen
Verhalten von Ausrichten nach
Minimale Drehung durchführen
An lokalem Koordinatensystem ausrichten
Importieren...
Exportieren...
OK
Abbrechen
Anwenden

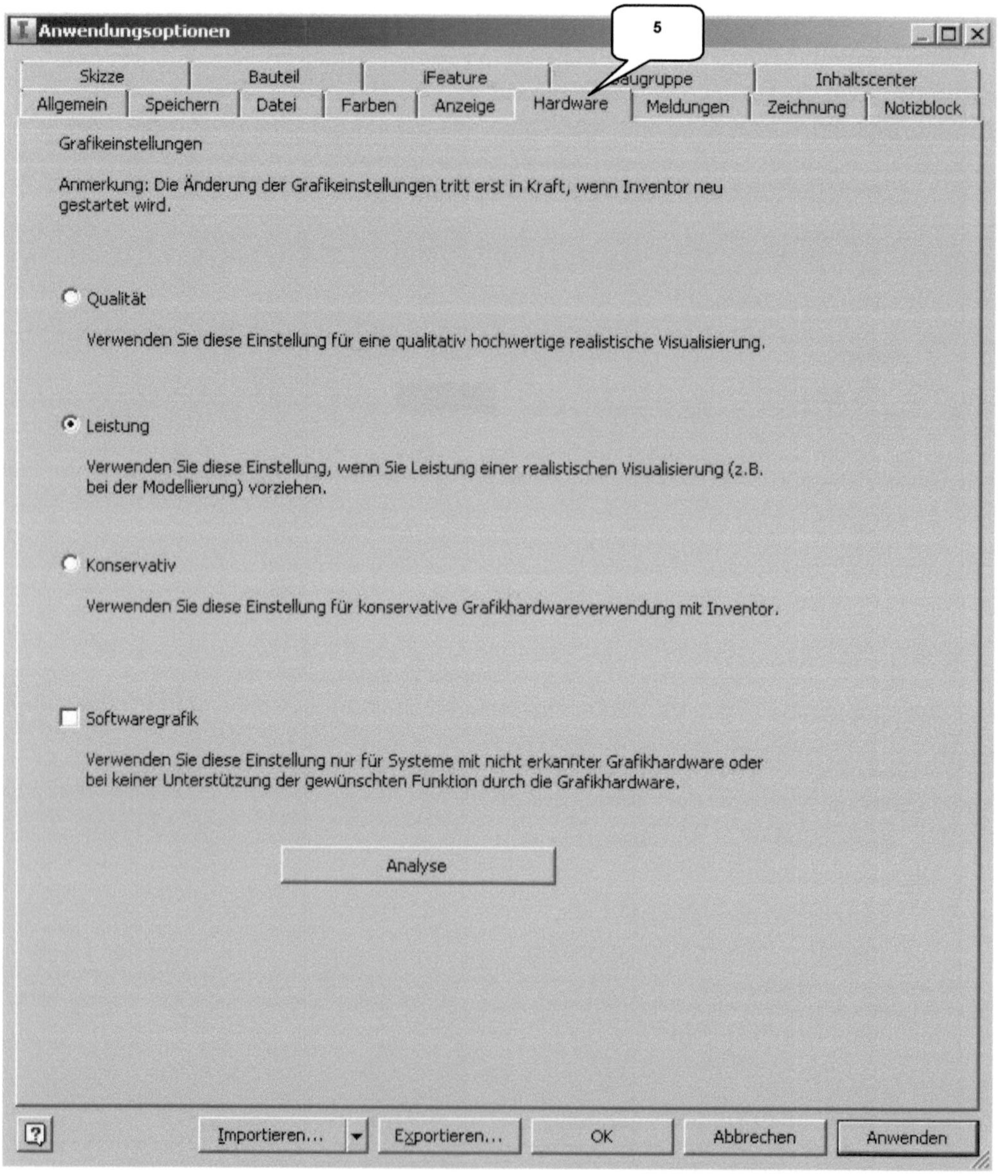
Anwendungsoptionen
5
Skizze
Bauteil
iFeature
Baugruppe
Inhaltscenter
Allgemein
Speichern
Datei
Farben
Anzeige
Hardware
Meldungen
Zeichnung
Notizblock
Grafikeinstellungen
Anmerkung: Die Änderung der Grafikeinstellungen tritt erst in Kraft, wenn Inventor neu gestartet wird.
Qualität
Verwenden Sie diese Einstellung für eine qualitativ hochwertige realistische Visualisierung.
Leistung
Verwenden Sie diese Einstellung, wenn Sie Leistung einer realistischen Visualisierung (z.B. bei der Modellierung) vorziehen.
Konservativ
Verwenden Sie diese Einstellung für konservative Grafikhardwareverwendung mit Inventor.
Softwaregrafik
Verwenden Sie diese Einstellung nur für Systeme mit nicht erkannter Grafikhardware oder bei keiner Unterstützung der gewünschten Funktion durch die Grafikhardware.
Analyse
Importieren...
Exportieren...
OK
Abbrechen
Anwenden

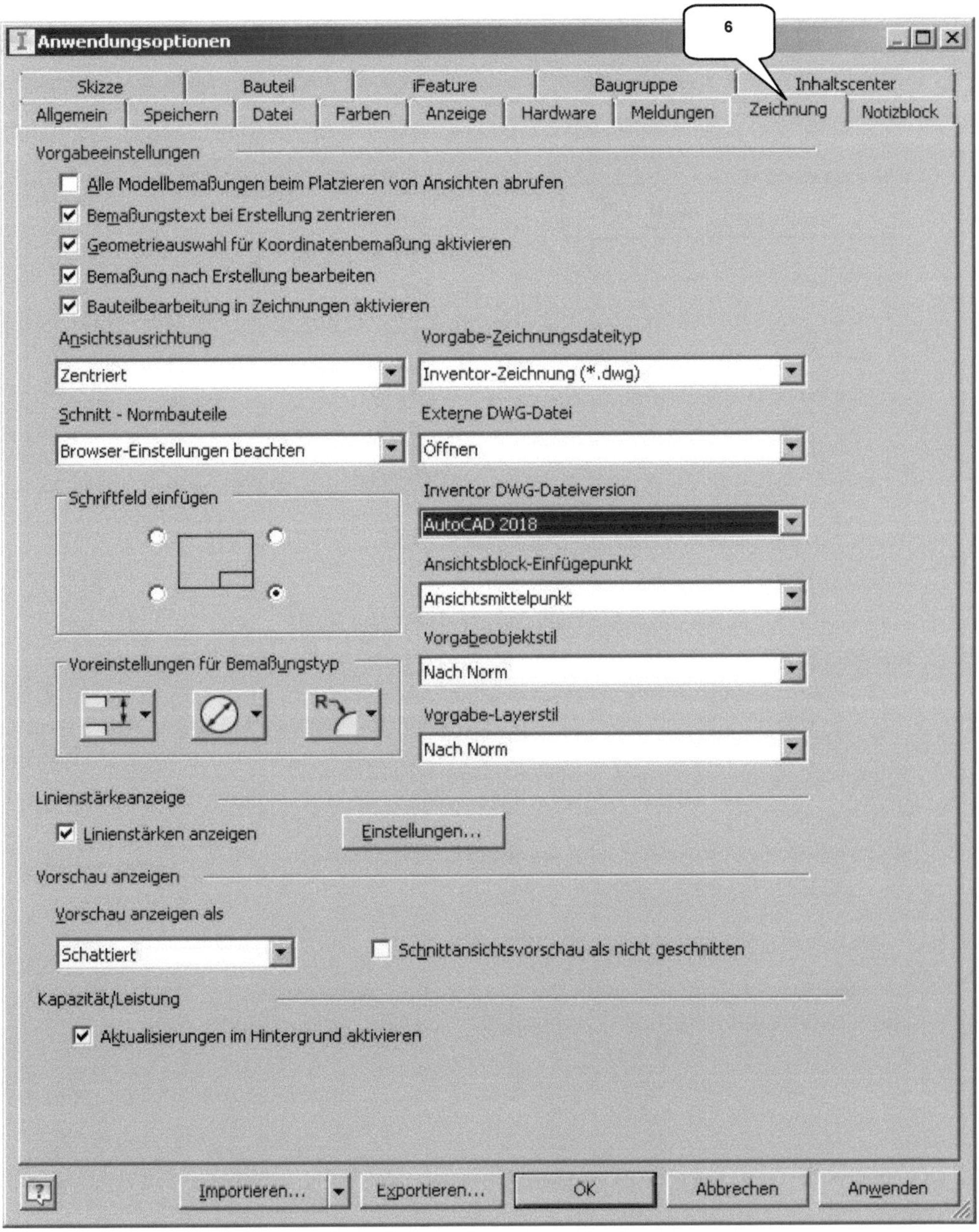
6
Anwendungsoptionen
Skizze
Bauteil
iFeature
Baugruppe
Inhaltscenter
Allgemein
Speichern
Datei
Farben
Anzeige
Hardware
Meldungen
Zeichnung
Notizblock
Vorgabeeinstellungen
Alle Modellbemaßungen beim Platzieren von Ansichten abrufen
Bemaßungstext bei Erstellung zentrieren
Geometrieauswahl für Koordinatenbemaßung aktivieren
Bemaßung nach Erstellung bearbeiten
Bauteilbearbeitung in Zeichnungen aktivieren
Ansichtsausrichtung
Zentriert
Vorgabe-Zeichnungsdateityp
Inventor-Zeichnung (*.dwg)
Schnitt - Normbauteile
Browser-Einstellungen beachten
Externe DWG-Datei
Öffnen
Schriftfeld einfügen
Inventor DWG-Dateiversion
AutoCAD 2018
Ansichtsblock-Einfügepunkt
Ansichtsmittelpunkt
Vorgabeobjektstil
Nach Norm
Voreinstellungen für Bemaßungstyp
Vorgabe-Layerstil
Nach Norm
Linienstärkeanzeige
Linienstärken anzeigen
Einstellungen...
Vorschau anzeigen
Vorschau anzeigen als
Schattiert
Schnittansichtsvorschau als nicht geschnitten
Kapazität/Leistung
Aktualisierungen im Hintergrund aktivieren
Importieren...
Exportieren...
OK
Abbrechen
Anwenden

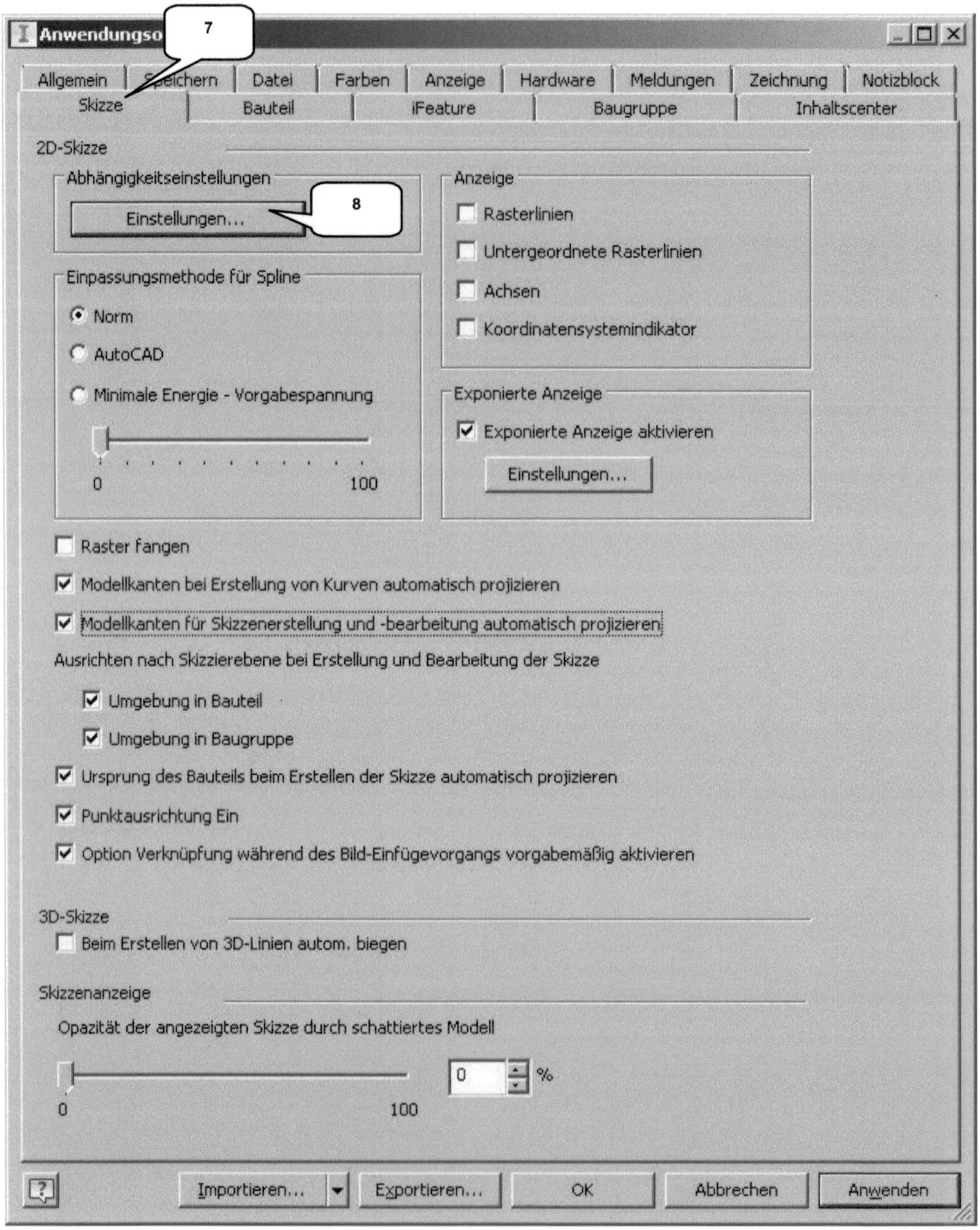
Anwendungsoptionen
7
Allgemein
Speichern
Datei
Farben
Anzeige
Hardware
Meldungen
Zeichnung
Notizblock
Skizze
Bauteil
iFeature
Baugruppe
Inhaltscenter
2D-Skizze
Abhängigkeitseinstellungen
Einstellungen...
8
Anzeige
Rasterlinien
Untergeordnete Rasterlinien
Achsen
Koordinatensystemindikator
Einpassungsmethode für Spline
Norm
AutoCAD
Minimale Energie - Vorgabespannung
0
100
Exponierte Anzeige
Exponierte Anzeige aktivieren
Einstellungen...
Raster fangen
Modellkanten bei Erstellung von Kurven automatisch projizieren
Modellkanten für Skizzenerstellung und -bearbeitung automatisch projizieren
Ausrichten nach Skizzierebene bei Erstellung und Bearbeitung der Skizze
Umgebung in Bauteil
Umgebung in Baugruppe
Ursprung des Bauteils beim Erstellen der Skizze automatisch projizieren
Punktausrichtung Ein
Option Verknüpfung während des Bild-Einfügevorgangs vorgabemäßig aktivieren
3D-Skizze
Beim Erstellen von 3D-Linien autom. biegen
Skizzenanzeige
Opazität der angezeigten Skizze durch schattiertes Modell
0
%
0
100
Importieren...
Exportieren...
OK
Abbrechen
Anwenden

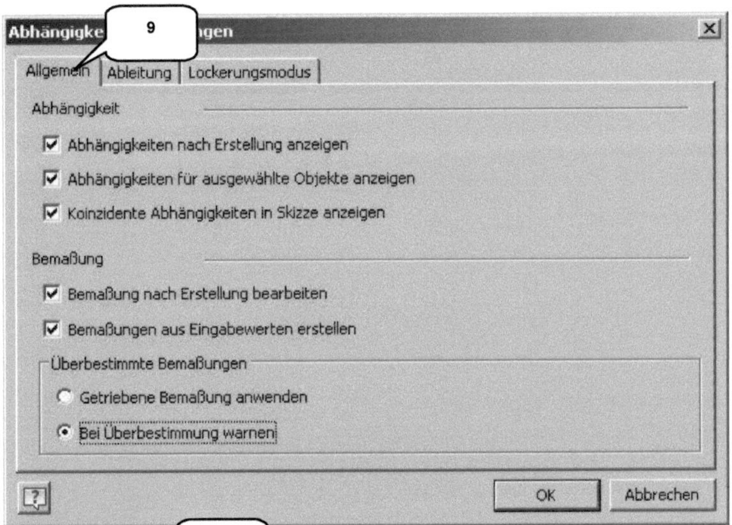
Abhängigke
9
ngen
Allgemein
Ableitung
Lockerungsmodus
Abhängigkeit
Abhängigkeiten nach Erstellung anzeigen
Abhängigkeiten für ausgewählte Objekte anzeigen
Koinzidente Abhängigkeiten in Skizze anzeigen
Bemaßung
Bemaßung nach Erstellung bearbeiten
Bemaßungen aus Eingabewerten erstellen
Überbestimmte Bemaßungen
Getriebene Bemaßung anwenden
Bei Überbestimmung warnen
OK
Abbrechen

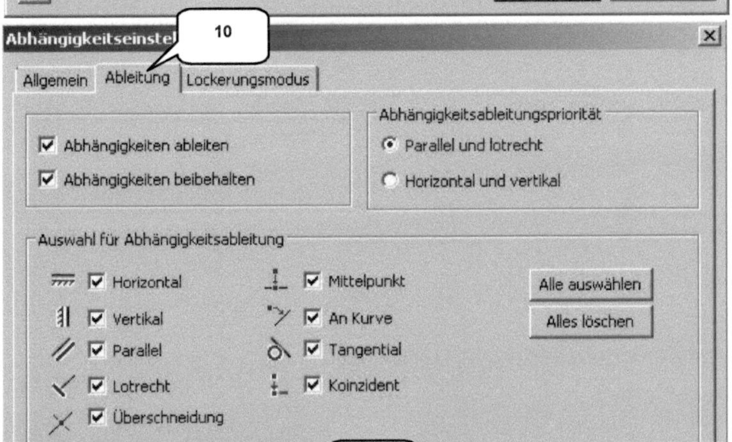
Abhängigkeitseinstel
10
Allgemein
Ableitung
Lockerungsmodus
Abhängigkeiten ableiten
Abhängigkeiten beibehalten
Abhängigkeitsableitungspriorität
Parallel und lotrecht
Horizontal und vertikal
Auswahl für Abhängigkeitsableitung
Horizontal
Vertikal
Parallel
Lotrecht
Überschneidung
Mittelpunkt
An Kurve
Tangential
Koinzident
Alle auswählen
Alles löschen

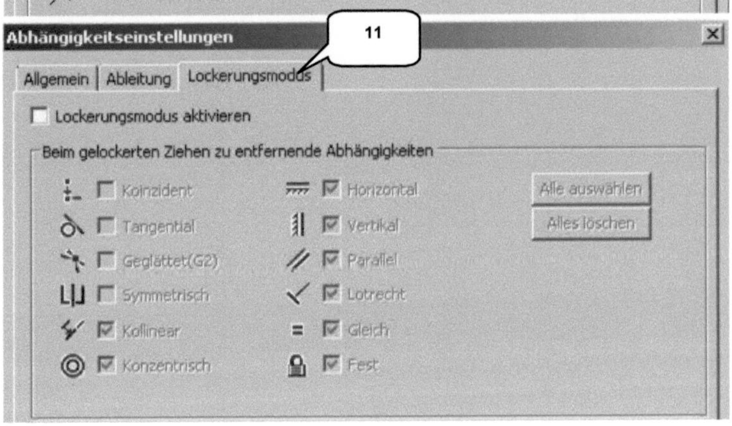
Abhängigkeitseinstellungen
11
Allgemein
Ableitung
Lockerungsmodus
Lockerungsmodus aktivieren
Beim gelockerten Ziehen zu entfernende Abhängigkeiten
Koinzident
Tangential
Geglättet(G2)
Symmetrisch
Kollinear
Konzentrisch
Horizontal
Vertikal
Parallel
Lotrecht
Gleich
Fest
Alle auswählen
Alles löschen

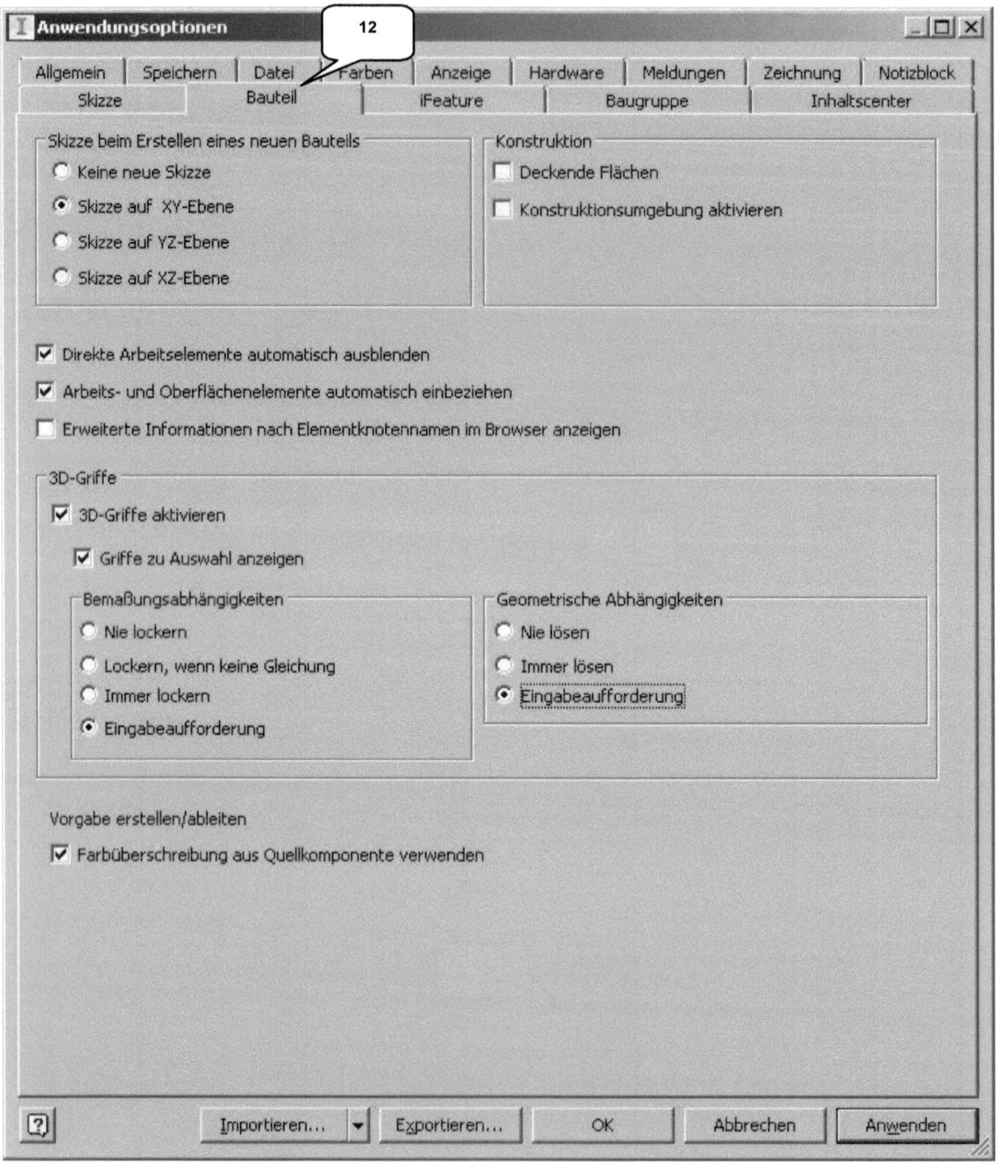
Anwendungsoptionen
12
Allgemein
Speichern
Datei
Farben
Anzeige
Hardware
Meldungen
Zeichnung
Notizblock
Skizze
Bauteil
iFeature
Baugruppe
Inhaltscenter
Skizze beim Erstellen eines neuen Bauteils
Keine neue Skizze
Skizze auf XY-Ebene
Skizze auf YZ-Ebene
Skizze auf XZ-Ebene
Konstruktion
Deckende Flächen
Konstruktionsumgebung aktivieren
Direkte Arbeitselemente automatisch ausblenden
Arbeits- und Oberflächenelemente automatisch einbeziehen
Erweiterte Informationen nach Elementknotennamen im Browser anzeigen
3D-Griffe
3D-Griffe aktivieren
Griffe zu Auswahl anzeigen
Bemaßungsabhängigkeiten
Nie lockern
Lockern, wenn keine Gleichung
Immer lockern
Eingabeaufforderung
Geometrische Abhängigkeiten
Nie lösen
Immer lösen
Eingabeaufforderung
Vorgabe erstellen/ableiten
Farbüberschreibung aus Quellkomponente verwenden
Importieren...
Exportieren...
OK
Abbrechen
Anwenden

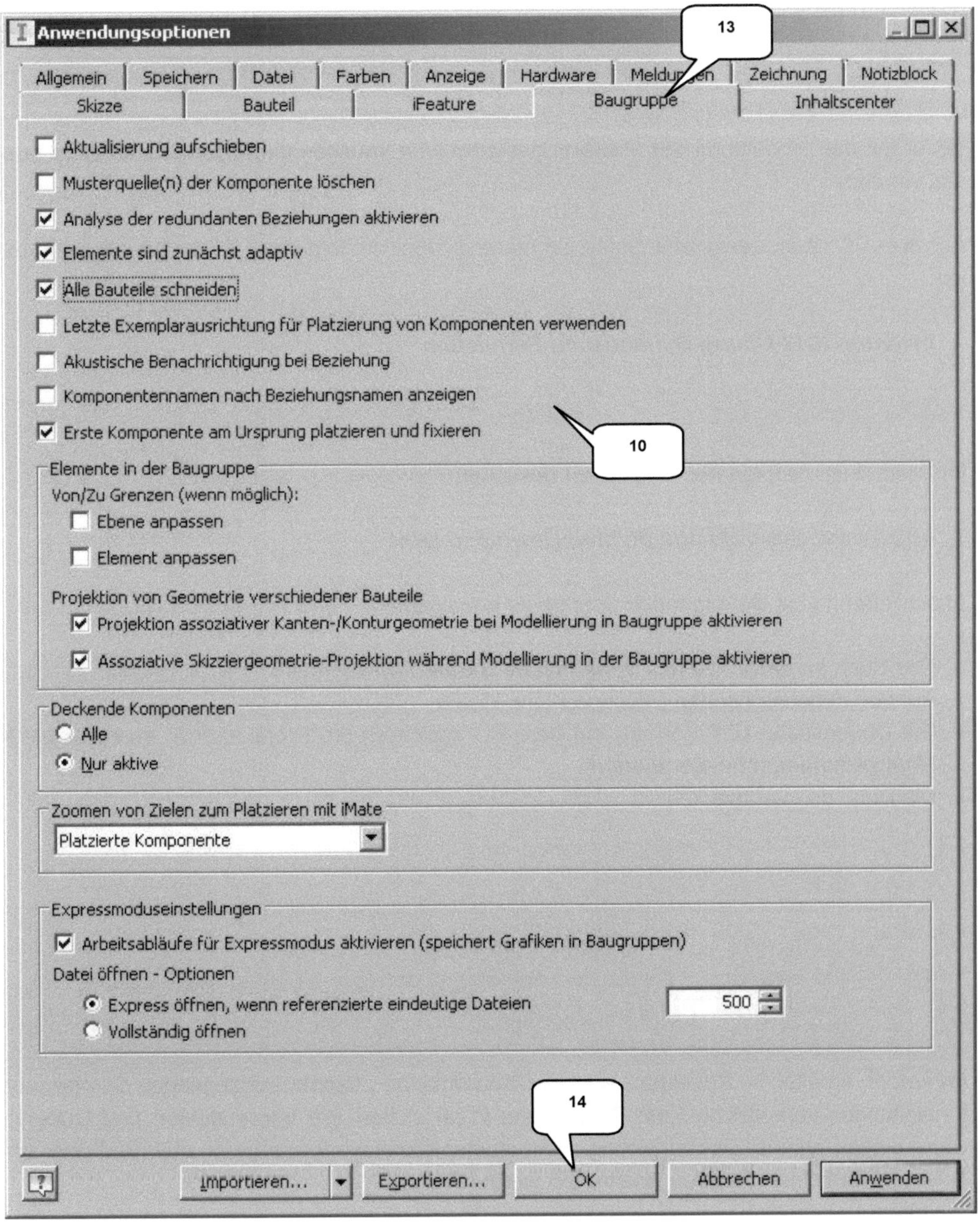
Anwendungsoptionen
13
Allgemein
Speichern
Datei
Farben
Anzeige
Hardware
Meldungen
Zeichnung
Notizblock
Skizze
Bauteil
iFeature
Baugruppe
Inhaltscenter
Aktualisierung aufschieben
Musterquelle(n) der Komponente löschen
Analyse der redundanten Beziehungen aktivieren
Elemente sind zunächst adaptiv
Alle Bauteile schneiden
Letzte Exemplarausrichtung für Platzierung von Komponenten verwenden
Akustische Benachrichtigung bei Beziehung
Komponentennamen nach Beziehungsnamen anzeigen
Erste Komponente am Ursprung platzieren und fixieren
10
Elemente in der Baugruppe
Von/Zu Grenzen (wenn möglich):
Ebene anpassen
Element anpassen
Projektion von Geometrie verschiedener Bauteile
Projektion assoziativer Kanten-/Konturgeometrie bei Modellierung in Baugruppe aktivieren
Assoziative Skizziergeometrie-Projektion während Modellierung in der Baugruppe aktivieren
Deckende Komponenten
Alle
Nur aktive
Zoomen von Zielen zum Platzieren mit iMate
Platzierte Komponente
Expressmoduseinstellungen
Arbeitsabläufe für Expressmodus aktivieren (speichert Grafiken in Baugruppen)
Datei öffnen - Optionen
Express öffnen, wenn referenzierte eindeutige Dateien
500
Vollständig öffnen
14
Importieren...
Exportieren...
OK
Abbrechen
Anwenden

5 Grundlegende Vorbereitungen

5.1 Projektordner erstellen

Bevor mit der Umsetzung des Projekts gestartet wird, müssen die folgenden Arbeiten erledigt werden:

Auf dem PC ist an geeigneter Stelle ein neuer Ordner mit folgender Bezeichnung zu erstellen:

- ***Inventor-2018-Übung-Dynamische-Simulation***

5.2 Download der Übungsdateien

Im Internet ist die folgende Website zu besuchen:

- ***http://www.cad-trainings.de/html/Download.html***

Anschließend sind die folgenden Schritte zu erledigen:

- Das Buch ***Inventor® 2018 - Dynamische Simulation*** suchen
- Auf den nebenstehenden Download-Link klicken
- Die Übungsdatei (ZIP-Format) auf dem PC speichern (im Projektordner ***Inventor-2018-Übung-dynamische-Simulation***)
- Die Datei darin entpacken

5.3 Aktivierung des Einzelbenutzerprojekts

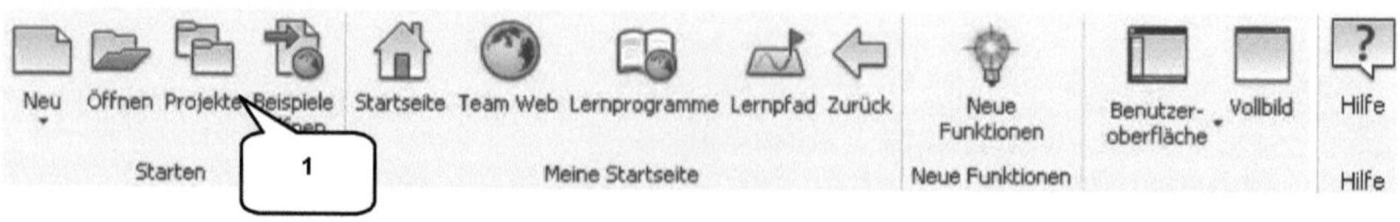

Inventor® arbeitet in Projekten, was die Koordination zusammenhängender Dateien und Einstellungen vereinfacht. Eine Projektdatei (*.ipj) sichert alle Informationen und Querverweise eines Projekts. Das ist wichtig, wenn später komplexe Baugruppen archiviert oder von einem PC auf einen anderen übertragen werden sollen.

Im Register ***Erste Schritte*** (Befehlsgruppe ***Starten***) ist der Befehl **Projekte** zu öffnen, um das Projekt ***Inventor-2018-- -Simulation.ipj*** aktivieren zu können.

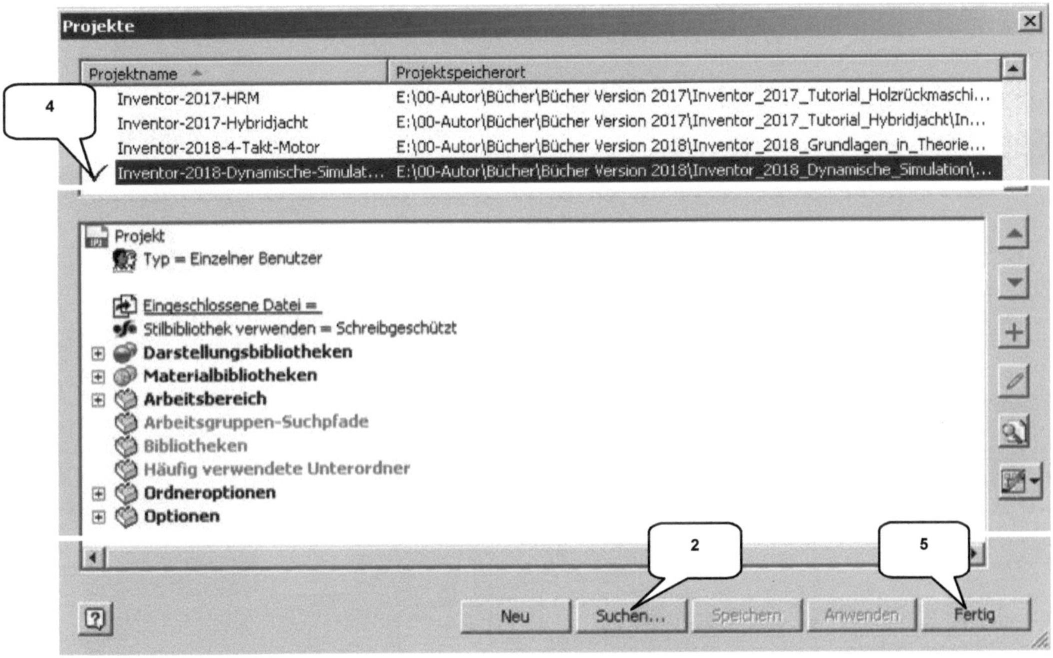

Mit der Option soll der Pfad zum Projektordner ausgewählt und die darin enthaltene Projektdatei ***Inventor-2018-Dynamische-Simulation.ipj*** (3) aktiviert werden.

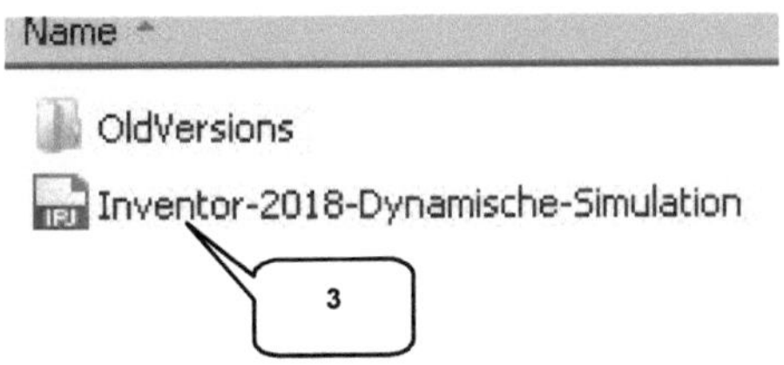

Register ***Erste Schritte***

Projekte (1)

- ***Suchen*** (2)
- Pfad zum Projektordner wählen
- Dateiname: ***Inventor-2018-Dynamische-Simulation.ipj*** (3)
- Öffnen ***Öffnen***

Das Projekt wird automatisch aktiviert, was durch einen kleinen ***Haken*** in der entsprechenden Zeile (4) signalisiert wird.

- Fertig ***Fertig*** (5)

6 Die Baugruppe im Überblick

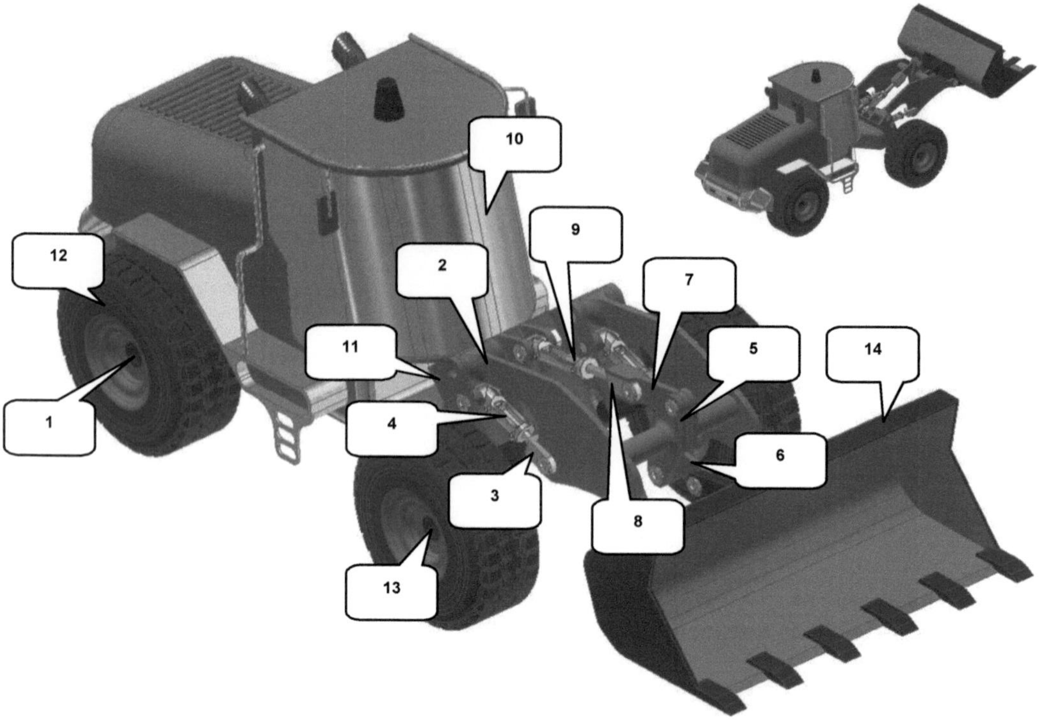

1) Hinterradachse
2) Hubrahmen
3) Hubzylinder-Kolben
4) Hubzylinder-Zylinder
5) Kipphebel
6) Kippschwinge
7) Kippzylinder-Fixierung
8) Kippzylinder-Kolben
9) Kippzylinder-Zylinder
10) Maschinengehäuse
11) Maschinenrahmen
12) Rad
13) Radbolzen
14) Schaufel

7 Die Umgebung der dynamischen Simulation

7.1 Öffnen der Unterbaugruppe UBG_1

Öffnen Sie die Unterbaugruppe ***UBG_1*** im Projektordner:

Öffnen (1)

- Order: Projektordner wählen
- Dateiname: UBG_1 (2)
- Dateityp: *.iam
- Öffnen ***Öffnen***

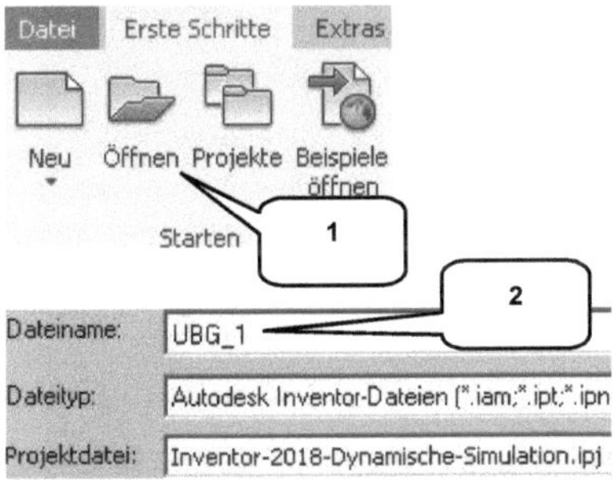

Die Unterbaugruppe ***UBG_1*** besteht aus der Hinterradachse und den beiden Hinterrädern. Die Hinterradachse wurde bereits am Koordinatenursprung der Unterbaugruppe ausgerichtet und fixiert (3). Eines der Räder wurde ebenfalls bereits befestigt: Es ist mit einer axialen Abhängigkeit zur Achse (4) sowie einer Flächenabhängigkeit zu dieser (5) positioniert worden. Das zweite Rad besitzt noch alle Freiheitsgrade und soll erst später ausgerichtet werden (6).

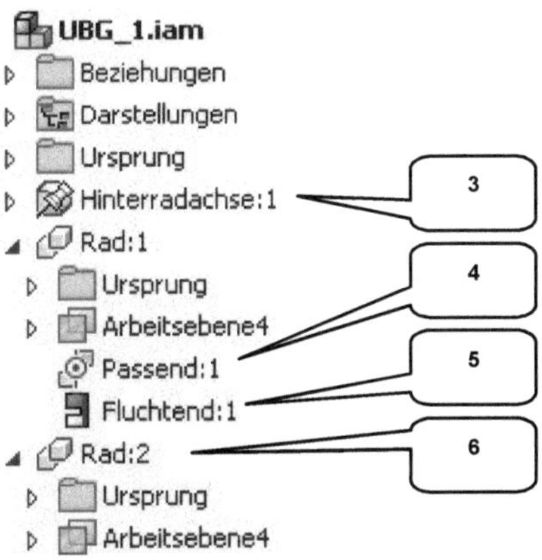

Die aktuelle Konstellation an vorhandenen Abhängigkeiten und Freiheitsgraden soll jetzt im Bereich der dynamischen Simulation genauer untersucht werden.

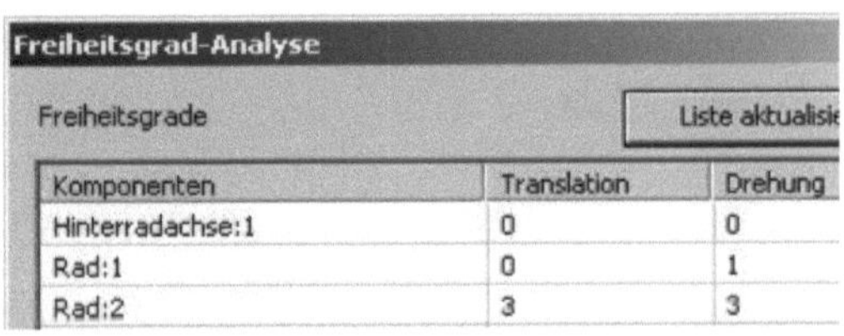

Komponenten	Translation	Drehung
Hinterradachse:1	0	0
Rad:1	0	1
Rad:2	3	3

7.2 In den Bereich der dynamischen Simulation wechseln

Arbeitsbereich:
Dynamische Simulation

Um in den Bereich der dynamischen Simulation wechseln zu können, muss das Register ***Umgebungen*** aktiviert und der Befehl ***Dynamische Simulation*** gestartet werden.

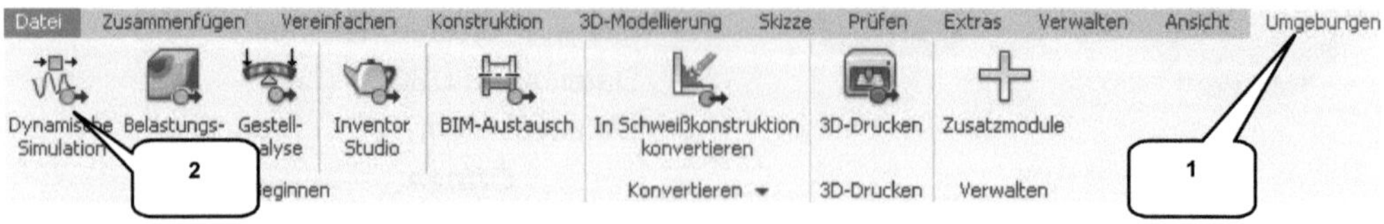

- Register ***Umgebungen*** (1)
- **Dynamische Simulation** (2)

7.3 Grundlegender Aufbau des Simulationsbereiches

7.3.1 Das Lernprogramm

Das Programm wird jetzt ein Hinweisfenster öffnen, in dem die Entscheidung zu treffen ist, ob das ***Lernprogramm*** gestartet werden soll.

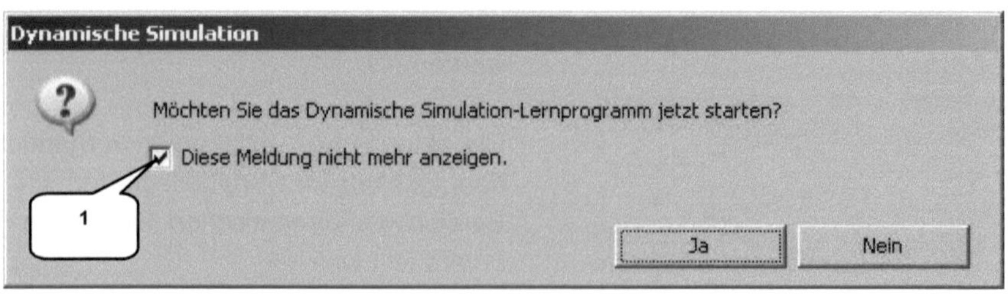

- Aktivieren: Diese Meldung nicht mehr anzeigen. (1)
- ***Ja***

Besteht eine Internetverbindung, so sollte sich der Web-Browser jetzt öffnen.

HINWEIS: Wurde die Option (1) bereits deaktiviert, den Start des Lernprogramms automatisch anzubieten, so wird das oben dargestellte Fenster nicht mehr generiert. Das Lernprogramm kann aber in der Programmhilfe jederzeit wieder gestartet werden (Taste: **F1**).

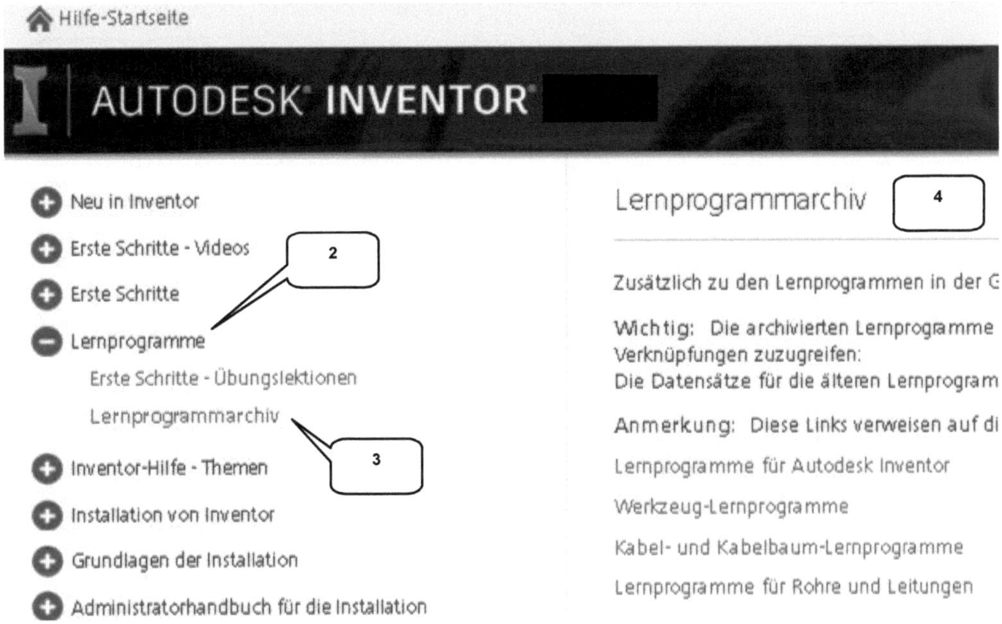

- ***Lernprogramme*** erweitern (2)
- ***Lernprogrammarchiv*** wählen (3)

Im rechten Bereich des Befehlsfensters befindet sich eine Auflistung (4) der verfügbaren Lernprogramme. Per Mausklick gelangen Sie in die jeweiligen Bereiche.

HINWEIS: Das Archiv verweist teilweise auf die Beschreibungen älterer Programmversionen. Es besteht also die Möglichkeit, dass einige der verwendeten Befehle nicht mehr aktuell sind.

- Der Web-Browser kann wieder ***geschlossen*** werden

7.3.2 Die Befehlsgruppen

Zuerst sollten die ***Befehlsgruppen*** auf Vollständigkeit kontrolliert werden:

- ***Rechte Maustaste*** auf einen beliebigen Bereich in der Multifunktionsleiste (1)
- ***Gruppen anzeigen*** (2)
- Kontrollieren, ob alle Befehlsgruppen aktiviert wurden (3)

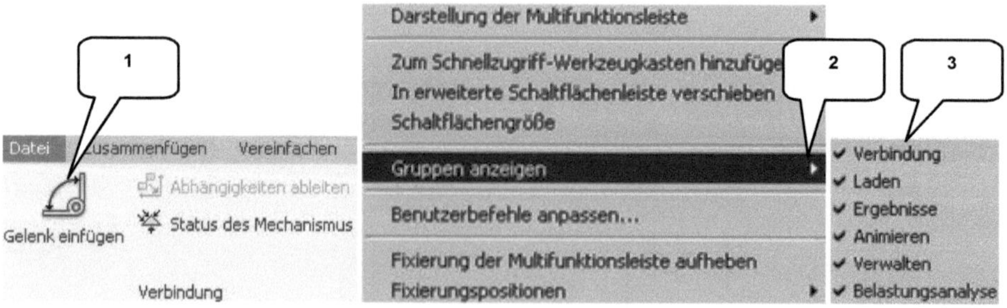

Die folgende tabellarische Übersicht soll die Befehlsgruppen mit den enthaltenen Befehlen darstellen.

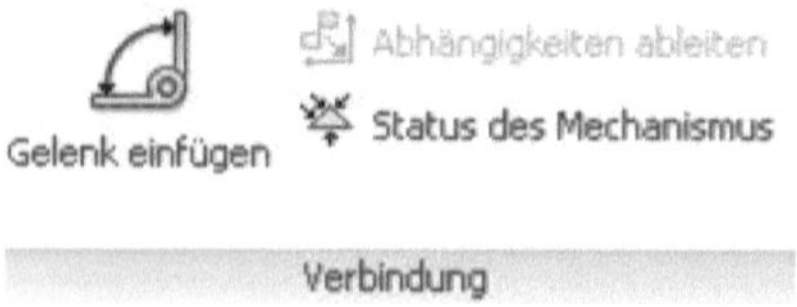

Verbindung

- Einfügen neuer Gelenke
- Ableiten vorhandener Abhängigkeiten
- Status des Mechanismus prüfen

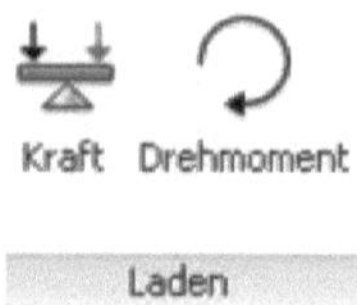

Laden

- Hinzufügen von Kräften
- Hinzufügen von Drehmomenten

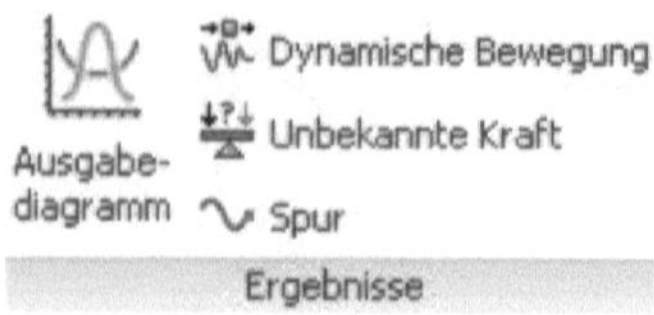

Ergebnisse

- Starten des Ausgabediagramms
- Starten der dynamischen Bewegung
- Unbekannte Kräfte ermitteln
- Spuren einfügen

Animieren

- Film publizieren
- Öffnen von Inventor® Studio

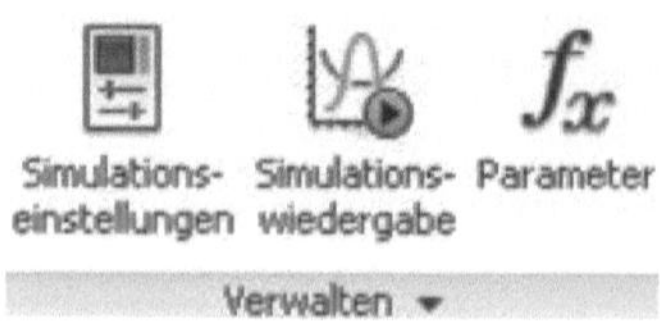

Verwalten

- Simulationseinstellungen bearbeiten
- Simulationswiedergabe starten
- Öffnen des Parametermanagers

	**Belastungsanalyse**	➢ Exportieren der Berechnungsergebnisse in den Bereich der FEM-Analyse
	**Beenden**	➢ Verlassen des Bereiches der dynamischen Simulation

7.3.3 Der Browser und seine Ordner

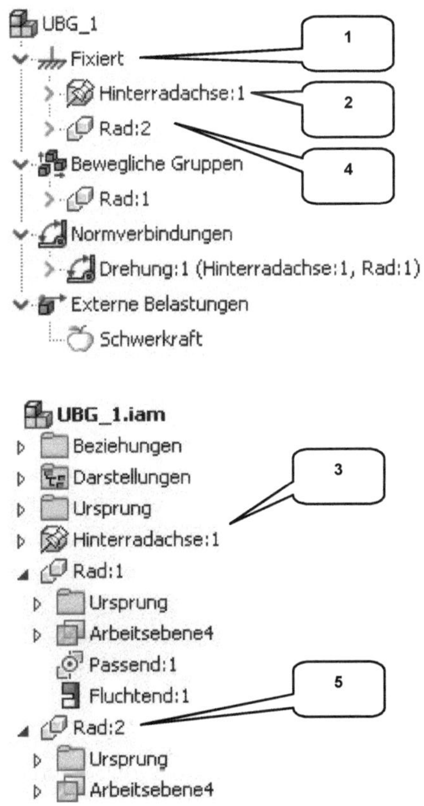

Der ***Browser*** im Bereich der dynamischen Simulation stellt den Mechanismus einer Baugruppe dar. Darin werden alle Komponenten, Gelenke und Belastungen einer Baugruppe aufgelistet. Die folgenden Ordner sollten bereits vorhanden sein:

Ordner ***Fixiert***

Im Ordner ***Fixiert*** (1) werden alle Komponenten aufgelistet, die entweder keinen oder noch alle sechs Freiheitsgrade besitzen. Sie waren im Bereich der Baugruppenmodellierung also entweder noch frei beweglich oder fixiert.

Ordner	***Freiheitsgrade***
Fixiert	0 oder 6

Die Hinterradachse (2) der aktuellen Baugruppe ist im Ordner ***Fixiert*** angeordnet, weil Sie bereits im Baugruppenbereich keine Freiheitsgrade mehr hatte (3). Auch das zweite Rad (4) liegt in diesem Ordner. Es verfügte im Baugruppenbereich noch über alle Freiheitsgrade (5), weil dort keine Abhängigkeiten vergeben wurden.

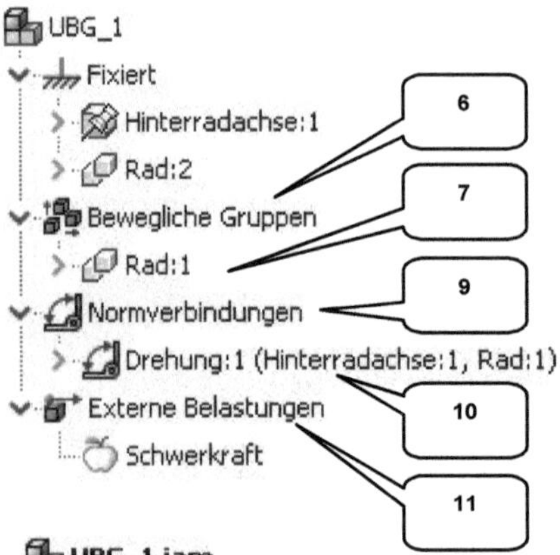

Ordner ***Bewegliche Gruppen***

Im Ordner ***Bewegliche Gruppen*** (6) werden alle Komponenten einer Baugruppe gesammelt, welche zwischen einem und fünf Freiheitsgrade besitzen.

Ordner	*Freiheitsgrade*
Bewegliche Gruppen	1 bis 5

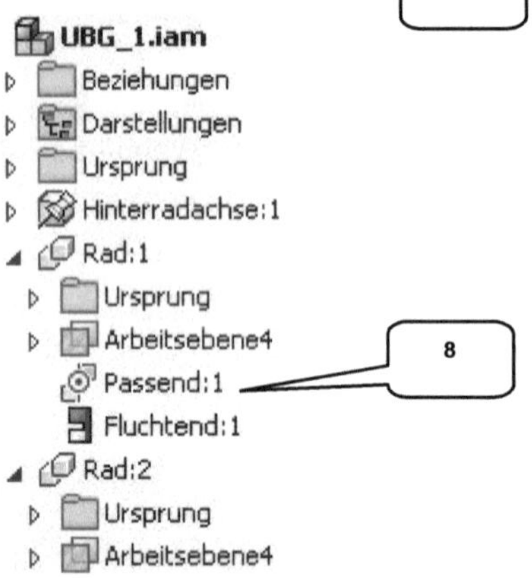

Im Ordner befindet sich das erste Rad (7), weil es noch genau einen (Rotations-) Freiheitsgrad besitzt. Diesem Bauteil wurden bereits im Baugruppenbereich zwei Abhängigkeiten (8) zugewiesen.

Ordner ***Normverbindungen***

Der Ordner ***Normverbindungen*** (9) enthält alle in einer Baugruppe enthaltenen Gelenke. Darin befindet sich momentan nur ein einziges ***Drehgelenk*** (10). Es wurde vom Programm automatisch aus der Kombination der beiden Abhängigkeiten ***Passend*** und ***Fluchtend*** (8) erstellt.

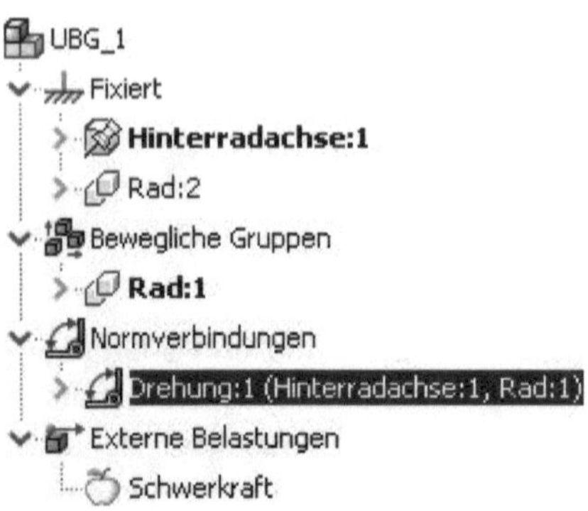

Ordner ***Externe Belastungen***

Der Ordner ***Externe Belastungen*** (11) beinhaltet alle Kräfte und Drehmomente die auf den Mechanismus einwirken. Aktuell ist die (allerdings noch deaktivierte) Schwerkraft darin enthalten.

Desweiteren können die folgenden ***Ordner*** im Browser der dynamischen Simulation erscheinen:

- ***Rollverbindungen***
- ***Schiebeverbindungen***
- ***Kontaktverbindungen***
- ***Kraftverbindungen***

Außerdem können die folgenden symbolischen ***Sonderbedingungen*** auftreten:

- ***Gelenke*** mit internen Kräften, Drehmomenten oder Grenzen
- ***Gelenke*** mit Redundanzen
- ***Objekte***, die deaktiviert oder unterdrückt wurden
- ***Baugruppenabhängigkeiten***, die unterdrückt wurden

Weil die aktuelle Baugruppe recht übersichtlich ist, können die einzelnen Komponenten mit ihren zugehörigen Normverbindungen im Browser relativ schnell lokalisiert werden. Bei größeren Baugruppen wird das dann schon schwieriger. Um im Browser eine Komponente und die zugeordneten Normverbindungen schnell lokalisieren zu können, kann die gesuchte Komponente im Zeichenbereich mit der linken Maustaste angeklickt werden. Im Browser wird das entsprechende Bauteil dann hervorgehoben und die zugeordnete Normverbindung ***fett*** dargestellt.

Betrachtet man den Browser genauer, so findet man im Ordner ***Fixiert*** zum einen die Hinterradachse und zum anderen das Bauteil Rad:2. Die Hinterradachse wurde bereits im Baugruppenbereich fixiert, das zweite Rad hingegen besitzt noch alle sechs Freiheitsgrade und wird daher ebenfalls in diesem Ordner aufgelistet. Bewegt man das Rad:2 bei gedrückter linker Maustaste im Zeichenbereich, so kann man feststellen, dass es keineswegs fixiert ist, sondern sich problemlos bewegen lässt. Das geht allerdings nur beim manuellen Bewegen des Rades per Hand. Bei einer Simulation würde sich das Rad (unter den gegebenen Umständen) nicht bewegen.

Im Ordner ***Bewegliche Gruppen*** wird das Bauteil Rad:1 aufgelistet, da es nur noch einen Freiheitsgrad (Rotation um die Hinterradachse) besitzt. Dreht man dieses Rad jetzt bei gedrückter linker Maustaste etwas, so signalisiert ein dynamischer schwarzer Kraftvektor das vorhandene Gelenk und symbolisiert damit eine manuelle Krafteinwirkung durch das Drehen des Rades.

Im Ordner ***Normverbindungen*** wird ein Drehgelenk angezeigt, welches das Programm automatisch aus den beiden Abhängigkeiten (Achse auf Achse und Fläche auf Fläche) zwischen der Hinterradachse und dem zweiten Rad generiert hat. Erweitert man das Drehgelenk, so findet man darin die ursprünglichen beiden Abhängigkeiten.

Im Ordner ***Externe Belastungen*** befindet sich derzeit nur die Schwerkraft, welche momentan allerdings noch grau hinterlegt, also nicht aktiviert ist.

7.4 Die Baugruppenumgebung und die dynamische Simulation

7.4.1 Freiheitsgrade im Bereich der Baugruppenmodellierung

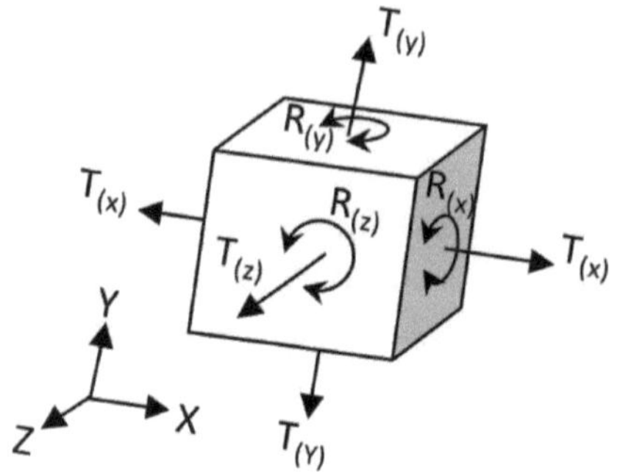

Weil Gelenkverbindungen im Bereich der dynamischen Simulation eine sehr wichtige Rolle spielen, sollten einige wichtige Grundlagen erläutert werden. Eine Komponente in der Inventor® Baugruppenumgebung kann grundsätzlich jede beliebige Position und Ausrichtung einnehmen, da sie dort frei beweglich ist.

Sie verfügt darin über insgesamt sechs Freiheitsgrade und kann sich entlang der drei Achsen (***X***, ***Y***, ***Z***) linear verschieben (Translation T_X, T_Y, T_Z) und außerdem um jede der drei Achsen frei drehen (Rotation R_X, R_Y, R_Z).

7.4.2 Freiheitsgrade im Bereich der dynamischen Simulation

Anders ist es im Bereich der ***dynamischen Simulation***: Hier besitzt eine Komponente grundsätzlich keinen Freiheitsgrad (zumindest nicht während einer Simulation) wenn dies nicht vorab definiert wurde. Soll ein Bauteil also eine bestimmte Bewegung während der Simulation ausführen, so muss es vorab mit dem entsprechenden Gelenk versehen werden.

7.5 Die Simulationseinstellungen

7.5.1 Grundlagen: Simulationseinstellungen

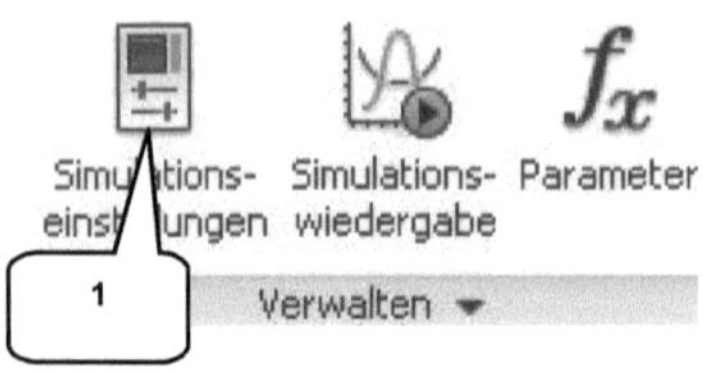

- Befehlsgruppe ***Verwalten***
- Simulationseinstellungen (1)

In den ***Simulationseinstellungen*** kann definiert werden, ob Abhängigkeiten aus dem Baugruppenbereich beim Öffnen des Bereiches der dynamischen Simulation automatisch in Normgelenke konvertiert werden sollen, ob das Programm beim Start auf Redundanzen hinweisen soll und ob mobile Gruppen farblich darzustellen sind.

7.5.2 Abhängigkeiten in Gelenkverbindungen konvertieren

Das Programm kann Abhängigkeiten/ Verbindungen aus der Baugruppenmodellierung automatisch in Gelenke konvertieren, sofern diese Option in den Simulationseinstellungen aktiviert wurde. Je nach Konstellation der Abhängigkeiten entstehen dabei unterschiedliche Verbindungsarten (Gelenkverbindungen). Die folgende tabellarische Übersicht stellt die Kombinationsmöglichkeiten verschiedener Abhängigkeiten und die daraus resultierenden Gelenkverbindungen dar:

Gelenkverbindung	***Option***	***Abhängigkeiten***
Drehung	1	Einfügen
	2	Passend (Linie auf Linie) + (Fläche auf Fläche)
Prismatisch	1	2x Passend (Fläche auf Fläche)
Zylindrisch	1	Passend (Linie auf Linie)
	2	Passend (zylindrische Fläche auf zylindrische Fläche)
Kugelförmig	1	Passend (Punkt auf Punkt)
	2	Passend (kugelförmige Fläche auf kugelförmige Fläche)
Eben	1	Passend (Fläche auf Fläche)
Punkt-Linie	1	Passend (Linie auf Punkt)
	2	Passend (Linie auf kugelförmige Fläche)
Linie-Ebene	1	Passend (Linie auf Fläche)
Punkt-Ebene	1	Passend (Punkt auf Fläche)
	2	Passend (Fläche (planar) auf Fläche (konkav)
Verschweißt	1	Bauteil fixiert

7.5.3 Überprüfen der Simulationseinstellungen

Standardmäßig ist in den ***Simulationseinstellungen*** aktiviert, dass Abhängigkeiten aus dem Baugruppenbereich automatisch in Normgelenke konvertiert werden (besonders bei großen Baugruppen ist das vorteilhaft). Manchmal allerdings sollen Gelenkverbindungen erst im Bereich der dynamischen Simulation erzeugt werden: dann muss diese Option deaktiviert sein. Diese Option soll in der folgenden Übung ausprobiert werden.

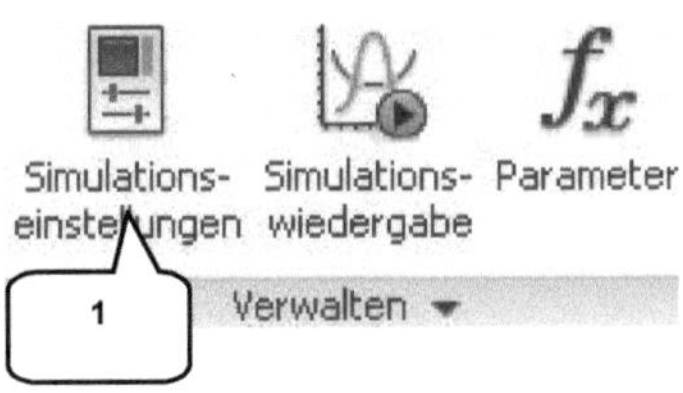

Simulationseinstellungen (1)

- Deaktivieren: Abhängigkeiten automatisch in Normgelenke konvertieren (2)
- Restliche Einstellungen übernehmen
- Nein ***Nein*** (Hinweisfenster) (3)
- OK ***OK*** (4)

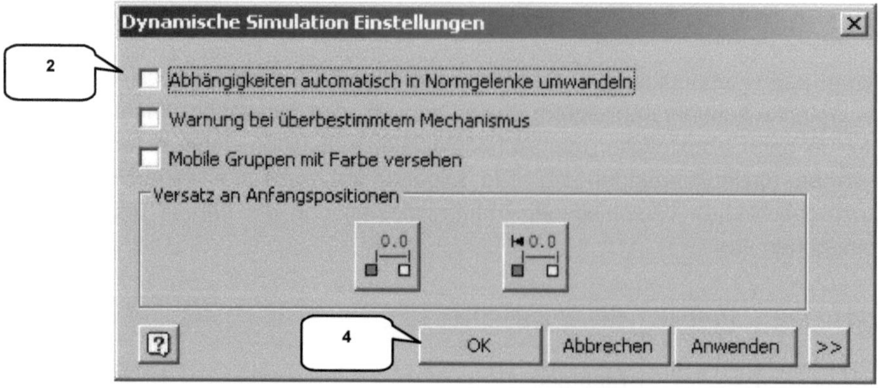

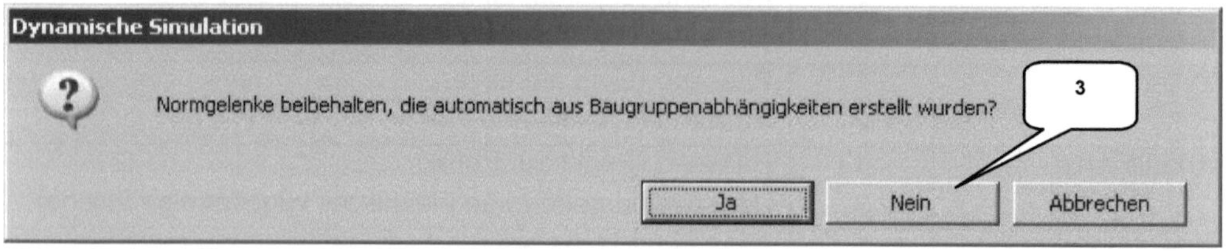

HINWEIS: Wenn die ***Einstellungen*** im Bereich der dynamischen Simulation bearbeitet werden und die darin enthaltene Option ***Abhängigkeiten automatisch in Normgelenke umwandeln*** deaktiviert wird, so erscheint im Programm die oben dargestellte Hinweismeldung. Darin ist festzulegen ob die bereits automatisch konvertierten Gelenke weiterhin in der Baugruppe bleiben sollen, oder vollständig zu entfernen sind. Diese Option sollte mit Bedacht gewählt werden, da eine unbeabsichtigte Löschung aller Gelenke unter Umständen zu erheblichem Mehraufwand führen kann, hier aber nötig ist.

7.6 Gelenkverbindungen einfügen

7.6.1 Grundlagen: Gelenke in der dynamischen Simulation

Bevor das zweite Rad jetzt an der Hinterradachse befestigt werden kann, sollten einige Grundlagen zu den Gelenkverbindungen erläutert werden.

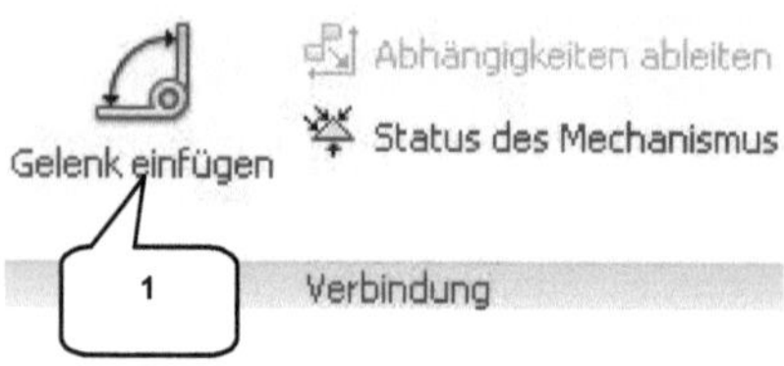

- Befehlsgruppe ***Verbindung***
- **Gelenk einfügen** (1)

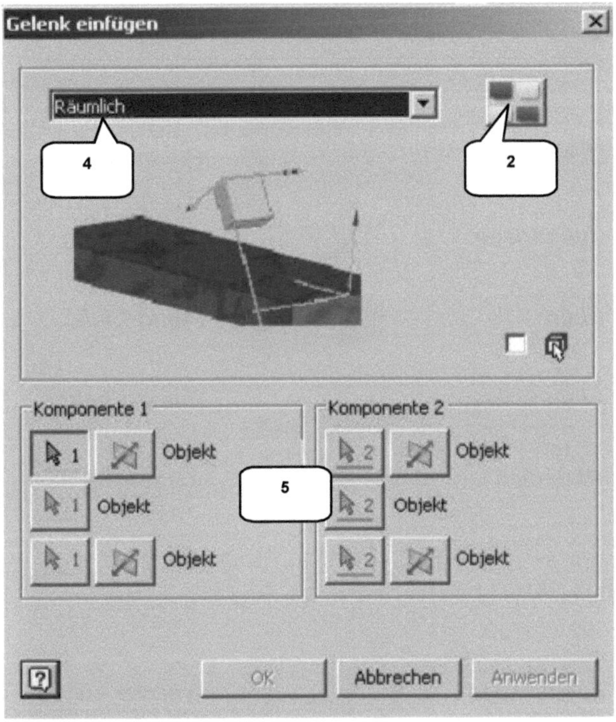

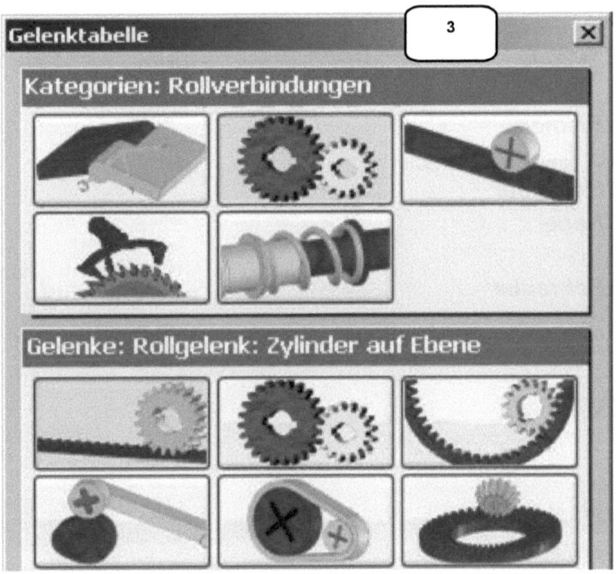

Der Befehl beinhaltet diverse Gelenkverbindungen, die den folgenden Kategorien zugeordnet werden:

- ***Normverbindungen***
- ***Rollverbindungen***
- ***Kontaktverbindungen***
- ***Schiebeverbindungen***
- ***Kraftverbindungen***

Eine tabellarische Übersicht über die verschiedenen Kategorien erhält man durch einen Klick auf das ***Symbol*** (2). Wählt man darin eine der Kategorien aus, so öffnet sich die passende Gelenktabelle (3).

Alle Gelenkverbindungen können auch direkt (ohne die vorherige Auswahl der Kategorie) aus einer Liste (4) heraus aktiviert werden.

Wurde eine der Gelenkverbindungen gewählt, sind die entsprechenden Referenzen zur Positionierung zu definieren. Je nach Gelenktyp können dabei Achsen, Flächen, Punkte oder Körperkanten verwendet werden.

In der folgenden Übersicht wurden die Kategorien und ihre enthaltenen Gelenkverbindungen aufgelistet:

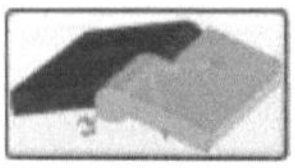

Normverbindungen

 ***Drehung***

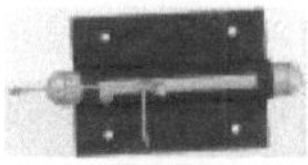 ***Zylindrisch***

 ***Eben***

 ***Linie-Ebene***

 ***Räumlich***

 ***Prismatisch***

 ***Kugelförmig***

 ***Punkt-Linie***

 ***Punkt-Ebene***

 ***Verschweißt***

Rollverbindungen

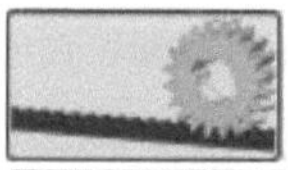 ***Zylinder auf Ebene***

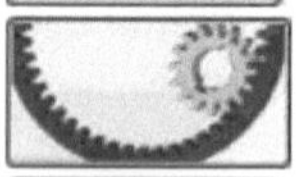 ***Zylinder in Zylinder***

 ***Riemen***

 ***Kegel auf Kegel***

 ***Schraube***

 ***Zylinder auf Zylinder***

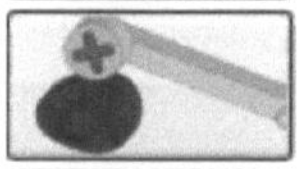 ***Zylinder auf Kurve***

 ***Kegel auf Ebene***

 ***Kegel in Kegel***

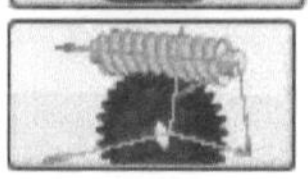 ***Schneckenrad***

Kontaktverbindungen

 ***2D-Kontakt***

Gleitverbindungen

Zylinder auf Ebene

Zylinder in Zylinder

Punkt auf Kurve

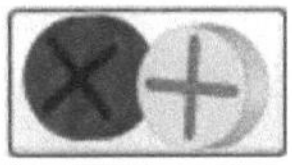

Zylinder auf Zylinder

Zylinder auf Kurve

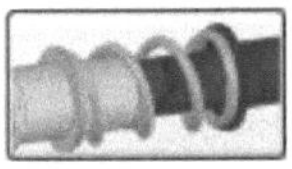

Kraftverbindungen

3D-Kontakt

Feder/ Dämpfung/ Buchse

7.6.2 Erstellen eines Drehgelenks

Das zweite (noch unbefestigte) Rad soll jetzt über ein ***Drehgelenk*** mit der Hinterradachse verbunden werden.

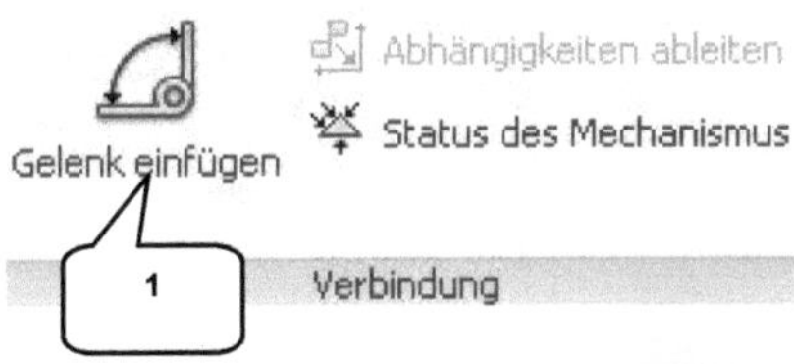

- Befehlsgruppe ***Verbindung***
- Gelenk einfügen (1)
- Auswahlmenü erweitern (2)
- Drehung (3)
- Komponente 1 (Z-Achse): Bohrungszylinder (Rad:2) (4)
- Komponente 1 (Ursprung): Bohrungskante (Rad:2) (5)
- Komponente 2 (Z-Achse): Zylinder (Hinterradachse:1) (6)
- Komponente 2 (Ursprung): Kreiskante (Hinterradachse:1) (7)
- OK ***OK***

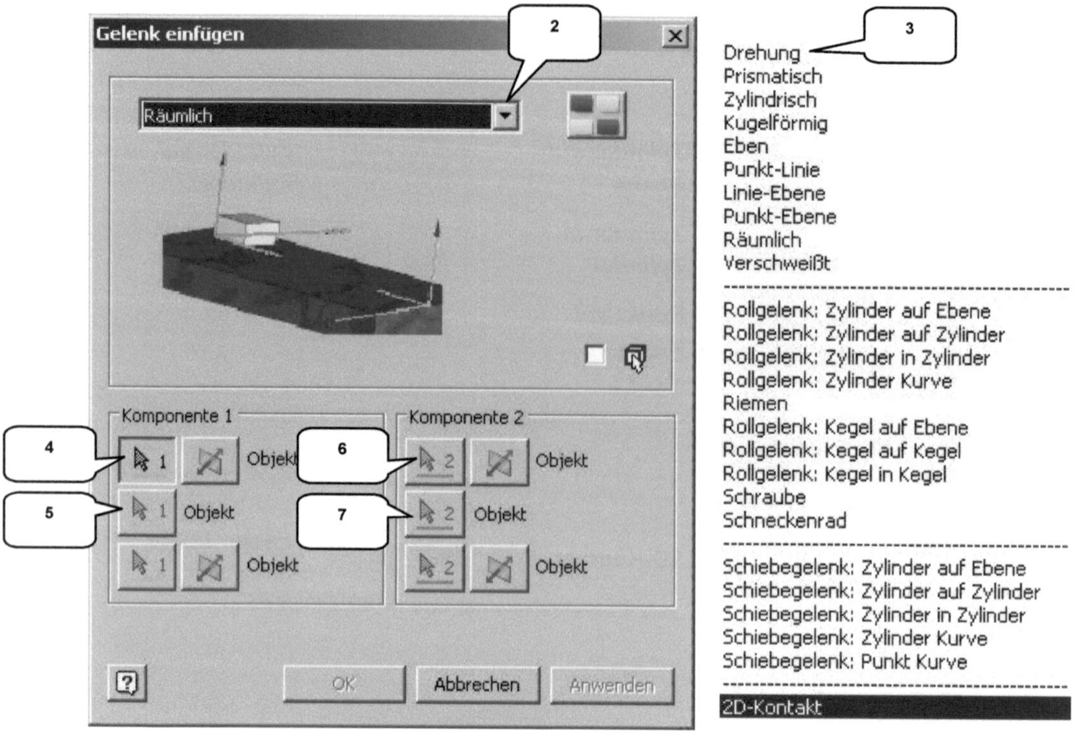

HINWEIS: Bei der Platzierung von Gelenkverbindungen sollte stets die noch unbefestigte Komponente ausgewählt werden. Vorhandene Abhängigkeiten könnten ansonsten unbeabsichtigt gelöscht werden.

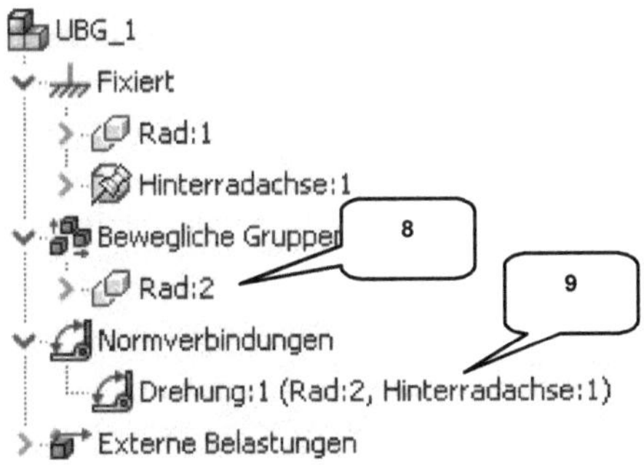

Im Browser ist jetzt zu sehen, dass das zweite Rad aus dem Ordner ***Fixiert*** in den Ordner ***Bewegliche Gruppen*** verschoben wurde (8). Weiterhin ist zu sehen, dass zwischen beiden Komponenten ein Drehgelenk erzeugt wurde (9). Dreht man das zweite Rad bei gedrückter linker Maustaste darauf, so erscheint ein schwarzer Pfeil: er stellt einen Kraftvektor dar, der das neue Drehgelenk bestätigt.

7.6.3 Gelenke von vorhandenen Abhängigkeiten ableiten

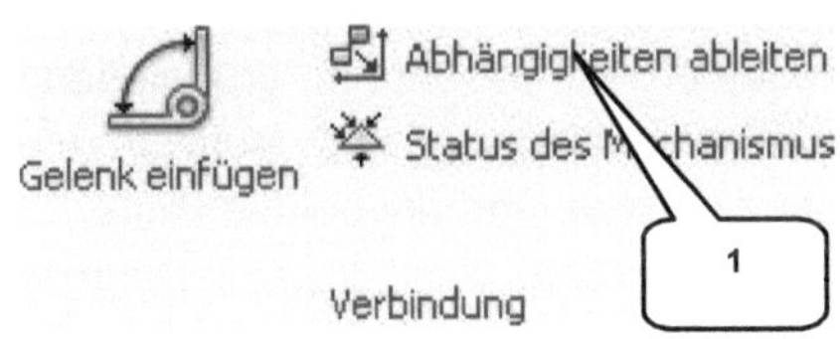

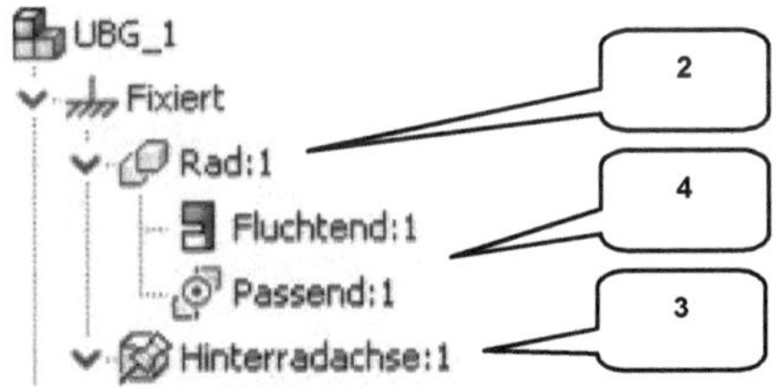

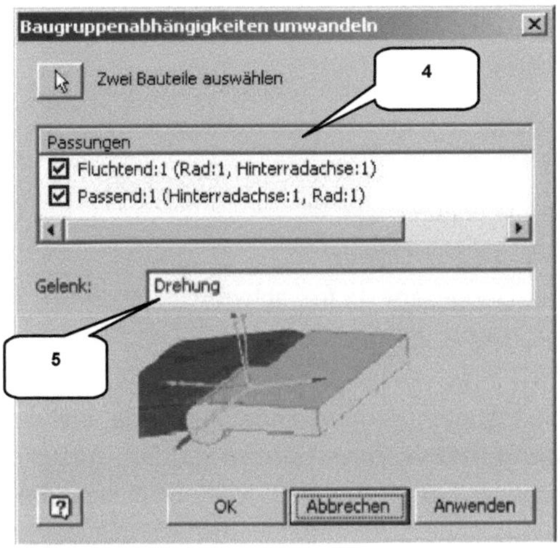

Nachdem eines der Räder durch ein Drehgelenk mit der Hinterradachse verbunden wurde, soll nun auch das zweite Rad damit verbunden werden. Neben der Möglichkeit Gelenke über den Befehl ***Gelenk einfügen*** zu erzeugen, können diese auch - sofern noch „unbenutzte" Abhängigkeiten vorhanden sind - von bereits im Baugruppenbereich definierten Abhängigkeiten abgeleitet werden.

Abhängigkeiten ableiten (1)

- Nacheinander im Browser auf die beiden Bauteile ***Rad:1*** (2) und ***Hinterradachse:1*** (3) klicken

Im Befehlsfenster werden jetzt die Passungen (Abhängigkeiten) ***Fluchtend*** und ***Passend*** (4) angezeigt, die zwischen den beiden Bauteilen bestehen und das Programm kombiniert daraus automatisch ein ***Drehgelenk*** (5).

- OK ***OK*** (Befehlsfenster)

Die Unterbaugruppe ***UBG_1.iam*** kann jetzt ***gespeichert*** und ***geschlossen*** werden.

7.7 Montage der Hauptbaugruppe

7.7.1 Öffnen der Hauptbaugruppe

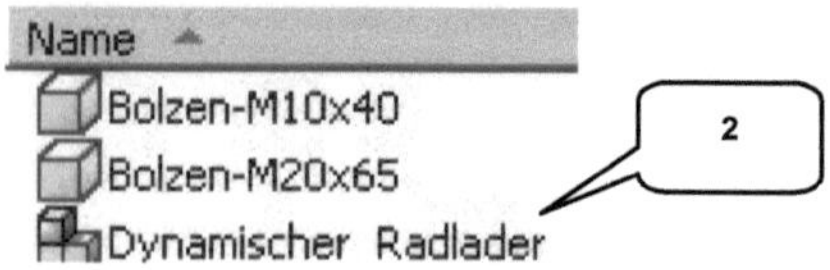

Öffnen Sie die Hauptbaugruppe ***Dynamischer_Radlader.iam*** welche jetzt komplettiert werden soll.

Öffnen (1)

- Order: Projektordner wählen
- Dateiname: Dynamischer_Radlader (2)
- Dateityp: *.iam
- Öffnen ***Öffnen***

Der Radlader wurde bereits grundlegend zusammengesetzt und muss lediglich um die Hinterradachse und die beiden Hinterräder ergänzt werden. Weil diese 3 Bauteile bereits in der vorangegangenen Übung in der Unterbaugruppe ***UBG_1.iam*** zusammengesetzt wurden, kann diese Unterbaugruppe in einem Schritt eingefügt werden.

7.7.2 Platzieren der Unterbaugruppe UBG_1

Arbeitsbereich:
Baugruppe (Zusammenfügen)

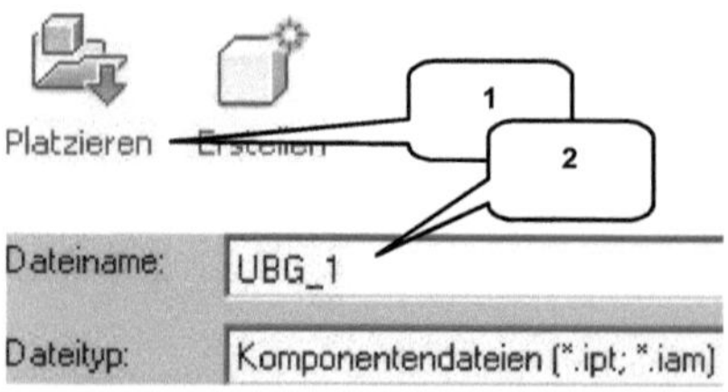

Komponente platzieren (1)

- UBG_1 (2)
- Dateityp: *.iam
- Öffnen ***Öffnen***
- Baugruppe 1x frei ablegen
- Taste: ESC

Nachdem die Unterbaugruppe ***UBG_1.iam*** in die Hauptbaugruppe eingefügt wurde, soll sie durch ein Drehgelenk mit dem Bauteil ***Maschinengehäuse.ipt*** verbunden werden. Anstelle einer Kombination einer axialen Abhängigkeit mit einer Flächenabhängigkeit soll diesmal bereits im Baugruppenbereich eine Gelenkverbindung definiert werden.

7.7.3 Unterbaugruppe UBG_1 drehbar lagern

Im Bereich der Baugruppenmodellierung gibt es neben der Möglichkeit, Komponenten durch das Setzen von Abhängigkeiten miteinander zu verbinden auch die Möglichkeit, ***Gelenkverbindungen*** zu erzeugen. Sie kombinieren verschiedene Abhängigkeiten miteinander und weisen Komponenten in einem Schritt den gewünschten Bewegungsablauf zu. Dabei werden genauso viele Freiheitsgrade übrig gelassen, wie das Gelenk benötigt. Neben der wesentlich schnelleren Platzierung von Gelenkeigenschaften hat dieser Befehl einen weiteren Vorteil: Die im Bereich der dynamischen Simulation gewünschten Gelenkverbindungen können bereits im Bereich der Baugruppenmodellierung eindeutig definiert werden. Bei der Konvertierung von Abhängigkeitskonstellationen für den Bereich der dynamischen Simulation können somit keine Fehlinterpretationen des Programms beim Konvertieren von Abhängigkeiten in Gelenkverbindungen auftreten.

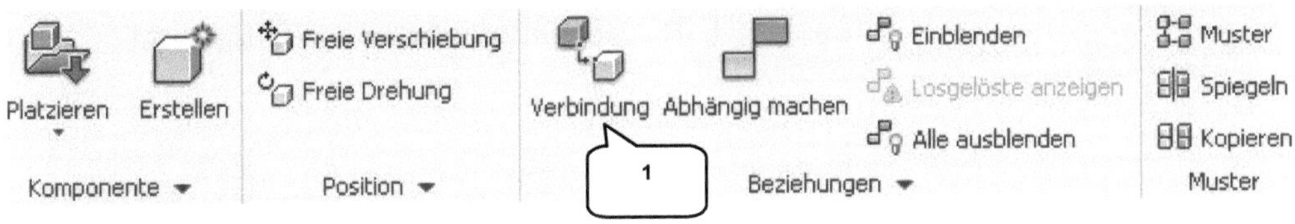

Verbindung (1)

- Typ: Drehbar (2)
- Abstand: 0 mm (3)
- Verbinden 1: Mittleren Ursprungspunkt der Hinterachse wählen (4)
- Verbinden 2: Mittleren Ursprungspunkt der Zylinderbohrung am Gehäuse wählen (5)
- ***OK***

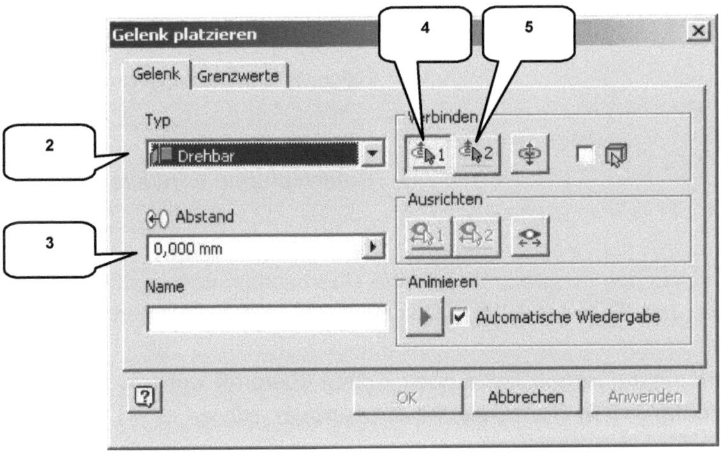

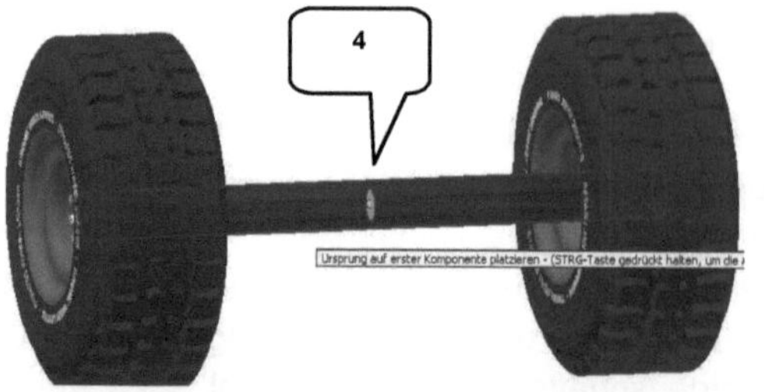

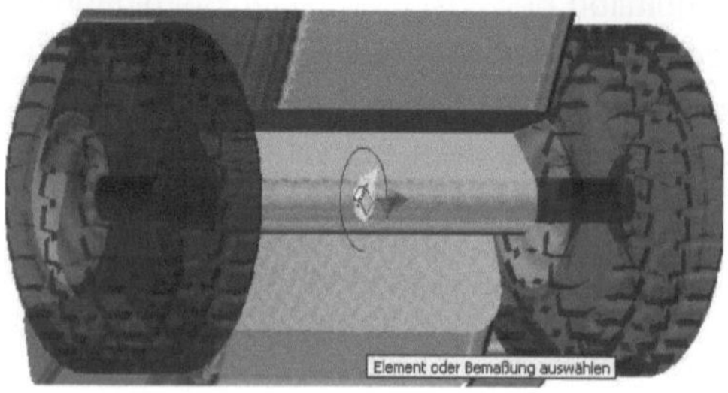

Sobald die beiden Referenzpunkte ausgewählt wurden, verschiebt das Programm die Unterbaugruppe ***UBG_1.iam*** in die Bohrung des ***Maschinengehäuses***.

Die Baugruppe sollte zu diesem Zeitpunkt noch einmal ***gespeichert*** werden, da anschließend in den Bereich der ***dynamischen Simulation*** gewechselt wird.

7.8 Der Radlader im Bereich der dynamischen Simulation

7.8.1 Überprüfen der Simulationseinstellungen

Arbeitsbereich:
Dynamische Simulation

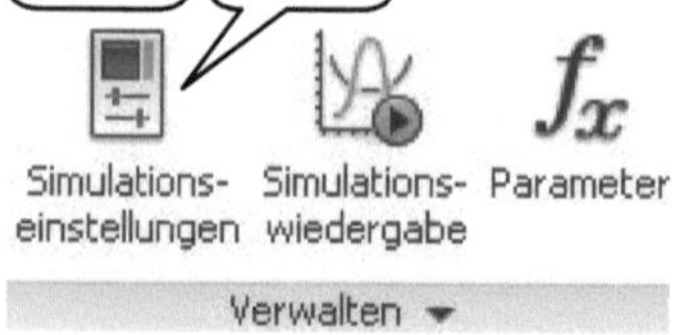

- Register ***Umgebungen*** (1)
  Dynamische Simulation (2)
- Befehlsgruppe ***Verwalten***
  Simulationseinstellungen (3)

HINWEIS: Der Hinweis des Programms auf eine Überbestimmung des Mechanismus kann mit ***OK*** bestätigt werden. Es weist dabei lediglich auf vorhandene Redundanzen hin.

In den ***Simulationseinstellungen*** sollte noch einmal überprüft werden, ob die Option ***Abhängigkeiten automatisch in Normgelenke umwandeln*** aktiviert ist (4). Das Fenster kann danach wieder geschlossen werden.

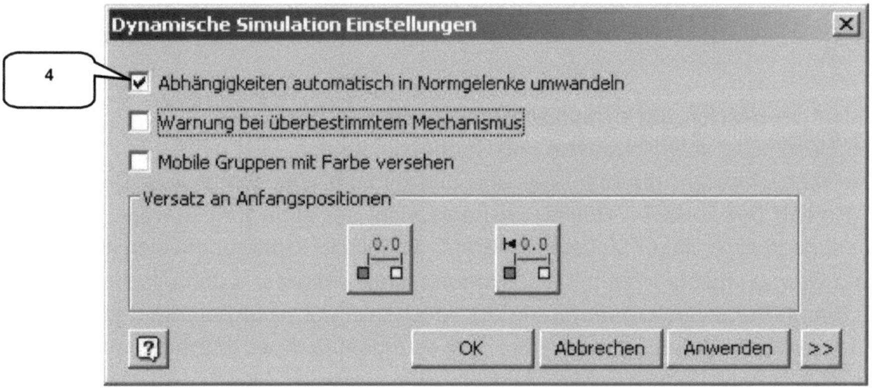

7.8.2 Betrachten der automatisch erstellten Normverbindungen

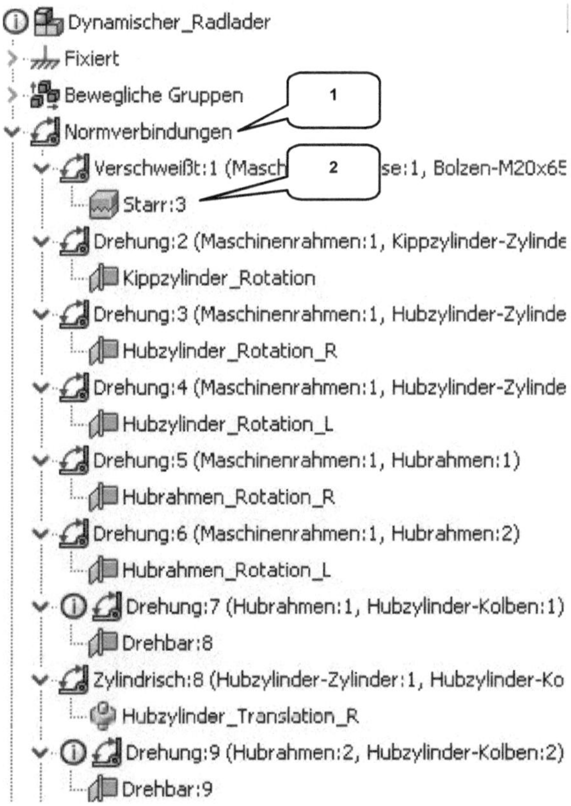

Weil es in den Simulationseinstellungen im letzten Arbeitsschritt so definiert wurde, hat das Programm alle Verbindungen und Abhängigkeiten bereits in Normgelenke konvertiert. Erweitert man im Browser den Ordner ***Normverbindungen*** (1) so findet man darin alle bereits vorhandenen Normgelenke. Erweitert man die einzelnen Gelenke (2) so findet man darin die jeweiligen Verbindungen oder Abhängigkeiten aus dem Baugruppenbereich, aus denen die Gelenke erstellt wurden.

Der Klick der rechten Maustaste auf eine der Verbindungen oder Abhängigkeiten erscheint das Kontextmenu. Darin finden sich Optionen, diese Verbindungen oder Abhängigkeiten zu löschen oder zu unterdrücken, was weiterhin eine Änderung des jeweiligen Gelenkes nach sich zieht.

7.9 Manuelle und automatische Simulation

7.9.1 Was ist eine Simulation

Eine Simulation im Bereich der dynamischen Simulation ist die Berechnung eines Mechanismus unter Beachtung aller Parameter und Randbedingungen. Hier gibt es grundsätzlich 2 verschiedene Möglichkeiten: die manuelle und die automatische Simulation. Die manuelle Simulation (Befehl: ***Dynamische Bewegung***) entspricht der einfachen Bewegung des Mechanismus bei gedrückter linker Maustaste darauf, wobei alle Kräfte und Gelenke in die Berechnung des Bewegungsablaufes mit einbezogen werden. Bei der automatischen Simulation (Befehl: ***Simulationswiedergabe***) kann der Mechanismus nicht per Hand bewegt werden. Das Programm berechnet den exakten Bewegungsablauf des Mechanismus automatisch.

7.9.2 Grundlagen: Dynamische Bauteilbewegung (manuelle Simulation)

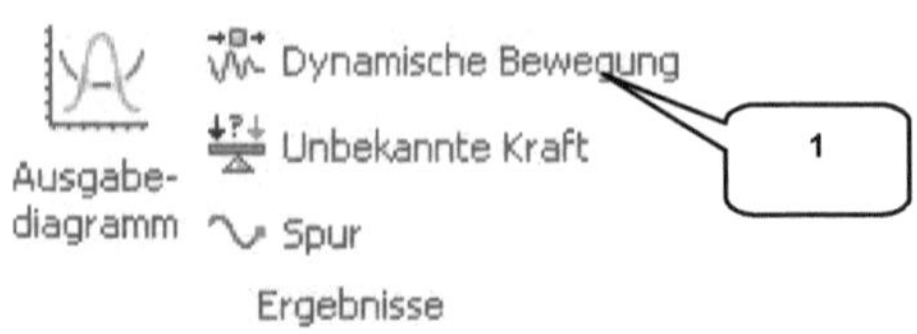

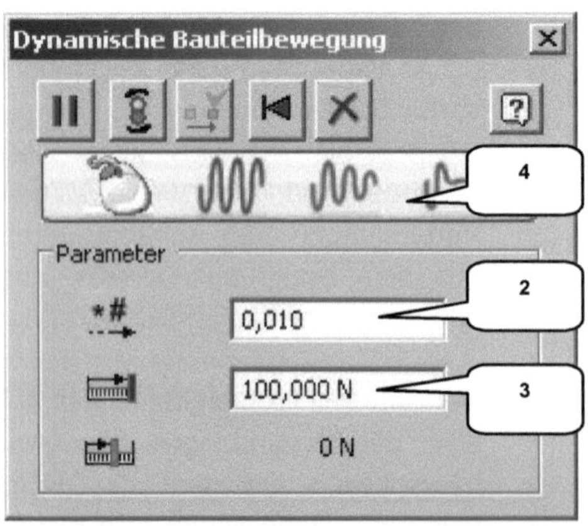

➢ Befehlsgruppe ***Ergebnisse***

Dynamische Bewegung (1)

Bei der ***dynamischen Bauteilbewegung*** wird der Mechanismus durch die Bewegung der Maus bei gedrückter linker Maustaste auf ein Bauteil animiert. Die Mausbewegung simuliert hierbei eine äußere Krafteinwirkung deren Multiplikationsfaktor (2) und Maximalwert (3) zu definieren sind.

Optional kann bei dieser Simulation ungedämpft, leicht gedämpft oder mit einer starken Dämpfung gearbeitet werden (4).

Das Befehlsfenster kann bereits wieder ***geschlossen*** werden (5).

HINWEIS: Leider reagiert das Programm auf diesen Befehl sehr sensibel, was häufig einen Programmabsturz zur Folge hat. Hier hilft dann oft nur ein Neustart des Programms.

7.9.3 Grundlagen: Simulationswiedergabe (automatische Simulation)

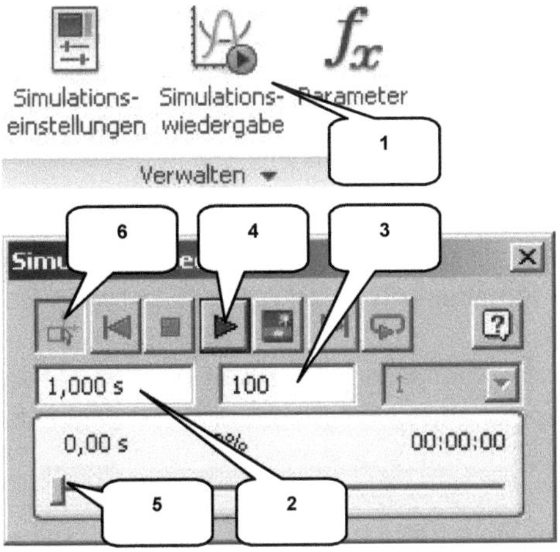

- Befehlsgruppe ***Verwalten***
- Simulationswiedergabe (1)

In der ***Simulationswiedergabe*** wird der gesamte Mechanismus unter Beachtung der voreingestellten Parameter (wie z. B. Reibung und Dämpfung) und unter Einwirkung äußerer Kräfte und Drehmomente (automatisch) simuliert. Die Simulationsdauer (2) und die daraus resultierende Anzahl an Bildberechnungen (3) kann frei definiert werden. Nach Simulationsstart (4) signalisiert der Schieberegler (5) den zeitlichen Verlauf. Durch den Konstruktionsmodus (6) wird die eigentliche Simulation verlassen.

7.9.4 Starten der ersten Simulation

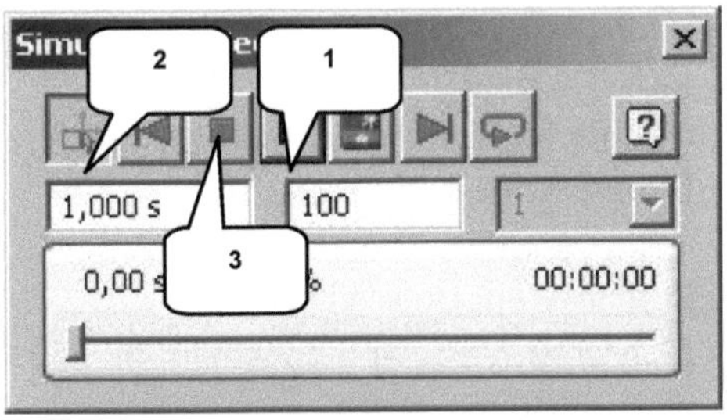

Um die erste Simulation durchführen zu können muss im Fenster ***Simulationswiedergabe*** die Wiedergabe gestartet werden.

- ***Wiedergabe*** (1)
- Simulation vollständig ablaufen lassen
- ***Konstruktionsmodus*** (2)

HINWEIS: Der Button ■ ***Stopp*** (3) beendet eine Simulation vorzeitig. Der Button ***Konstruktionsmodus*** (2) lässt das Programm in den Konstruktionsbereich zurückkehren.

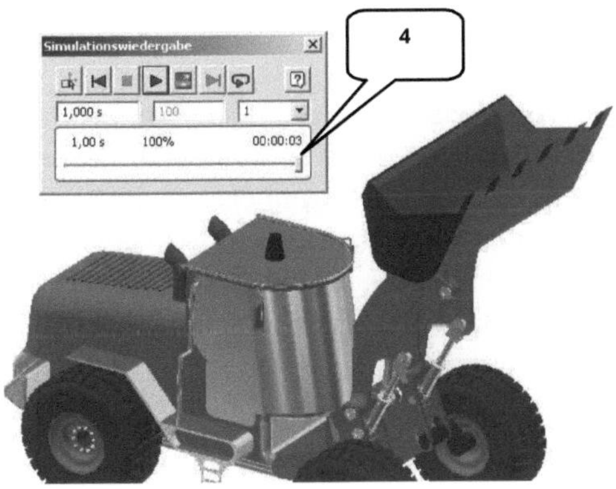

Leider war der Schieberegler (4) das Einzige, was sich während der Simulation bewegte: der Rest der Baugruppe ***blieb starr!***

Der Grund ist folgender: Eine Simulation erfordert mindestens eine Gelenkverbindung und mindestens eine Kraft/ einen Antrieb. Gelenkverbindungen gibt es genügend in der Baugruppe, allerdings wurden noch keine Kräfte aktiviert.

7.10 Definition der Schwerkraft

7.10.1 Die Normalfallbeschleunigung

Die einfachste Möglichkeit den gesamten Mechanismus anzutreiben, ist die Definition der Normalfallbeschleunigung. Im Browser befindet sich an unterster Stelle ein Ordner ***externe Belastungen***, welcher zu erweitern und die darin enthaltene ***Schwerkraft*** zu bearbeiten ist.

Da der Radlader auf der XZ-Ebene steht, muss die Normalfallbeschleunigung in negativer Richtung der Y-Achse wirken. Hierfür ist im entsprechenden Eingabebereich der Wert der Normalfallbeschleunigung (g) in der Zeile g[Y] mit -9810 mm/s^2 festzulegen.

HINWEIS: Sollte sich die Richtung der Schwerkraft nicht definieren lassen und der gesamte Browser noch grau dargestellt sein, so befinden Sie sich unter Umständen noch im Simulationsmodus. In diesem Fall muss im Fenster der Simulationswiedergabe der Button ***Konstruktionsmodus*** gewählt werden (siehe vorheriges Kapitel).

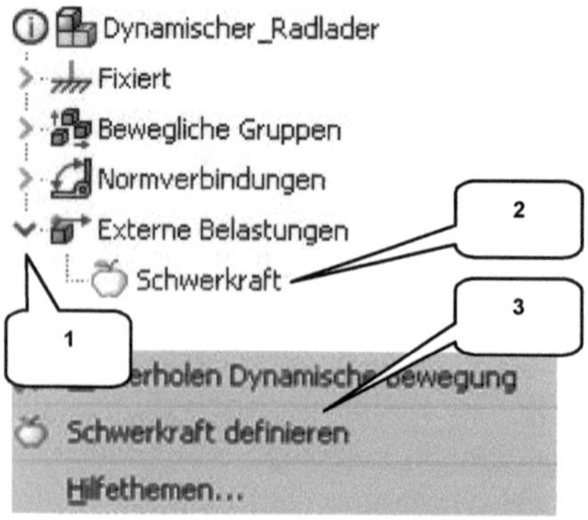

- ***Externe Belastungen*** erweitern (1)
- ***Rechte Maustaste*** auf ***Schwerkraft*** (2)
- ***Schwerkraft definieren*** (3)

- Deaktivieren: Unterdrücken (4)
- Aktivieren: Vektorkomponenten (5)
- g[Y]: -9810 mm/s^2 (6)
- ***OK***

Newtons Apfel sollte jetzt im Browser gelb dargestellt werden, was durch die aktivierte Schwerkraft symbolisiert wird. Der Richtungsvektor der Schwerkraft wird durch einen gelben Pfeil (6) dargestellt. Speichern Sie die Baugruppe sollte vor dem nächsten Schritt gespeichert werden.

Speichern (Ja für alle)

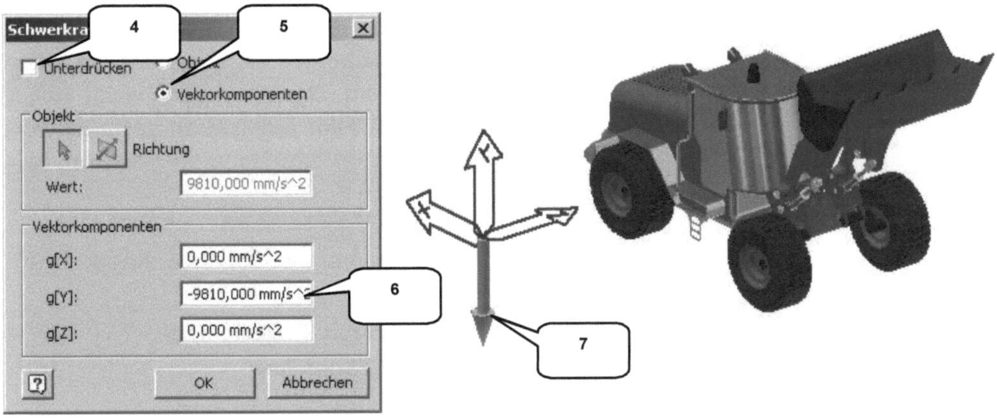

7.10.2 Ausführen und Aufzeichnen der Simulation

Vor der nächsten Simulation sollte der Hubapparat des Radladers bei gedrückter linker Maustaste leicht nach oben bewegt werden (siehe Abbildung).

- Hubapparat nach oben bewegen (1)
- ***Wiedergabe*** (2)
- Simulation ablaufen lassen
- ***Konstruktionsmodus*** (3)

Die Schwerkraft müsste den Hubapparat während der Simulation nach unten bewegt haben, wobei allerdings alle anderen Bauteile durchschlagen wurden (4). Das Programm erkennt Kollisionen leider auch im Bereich der dynamischen Simulation nicht automatisch.

HINWEIS: Das Programm erkennt weder im Bereich der Baugruppenmodellierung noch im Bereich der dynamischen Simulation automatisch ***Kollisionen***, wenn die hierfür benötigten Kontrollmechanismen nicht vorab definiert wurden. Im Bereich der Baugruppenmodellierung können Bewegungen begrenzt oder Kontaktsätze definiert werden: Kollisionen werden dann automatisch erkannt und Bewegungen begrenzt. Solche Möglichkeiten gibt es natürlich auch im Bereich der dynamischen Simulation.

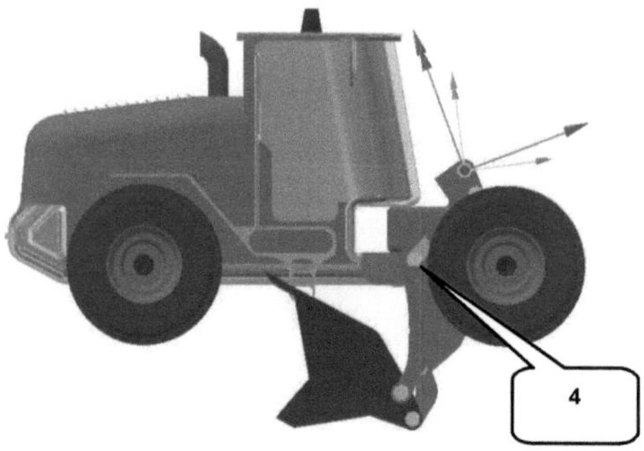

Die letzte Simulation soll noch einmal wiederholt werden um sie zusätzlich als Video zu speichern. Das ist möglich wenn vorher der Befehl ***Film publizieren*** gestartet wurde.

Film publizieren (5)

- Dateiname: Dyn-Sim-01-Schwerkraft (6)
- Dateityp: *.avi
- Speicherort: Projektordner
- ***Speichern***

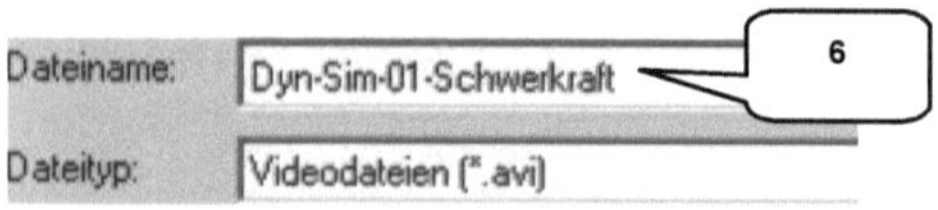

- Komprimierung: Microsoft Video 1 (7)
- Qualität: 100 % (8)
- ***OK***

- ***Wiedergabe*** (9)
- Simulation ablaufen lassen
- ***Konstruktionsmodus*** (10)

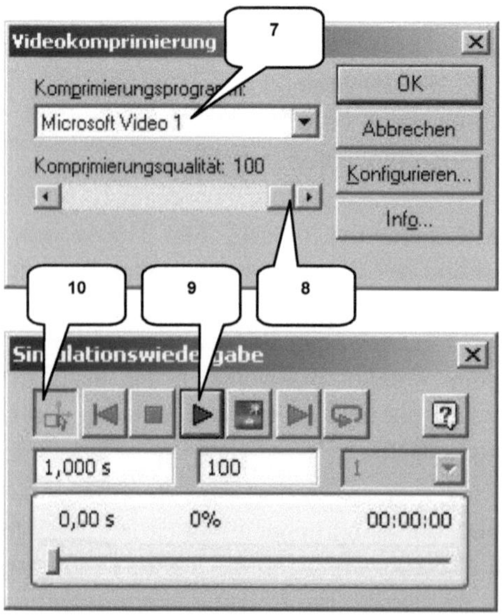

Nach der erfolgten Simulation und dem anschließenden Wechsel in den Konstruktionsmodus, muss der Befehl ***Film publizieren*** erneut angeklickt werden, um die Videoaufnahme zu beenden.

Film publizieren (5)

Die Videodatei ***Dyn-Sim-01-Schwerkraft.avi*** (11) kann jetzt im Projektordner gestartet werden, wofür ein beliebiger Video-Player benötigt wird.

Die Auswertung der Simulation lässt darauf schließen, dass der Mechanismus der Baugruppe grundlegend überarbeitet werden muss, um einen funktionstüchtigen Bewegungsablauf zu erreichen.

Der Bereich der dynamischen Simulation sollte jetzt verlassen werden um im Bereich der Baugruppenmodellierung erste Optimierungen an der Baugruppe vorzunehmen.

✔ **Fertigstellen** (12)

7.11 Begrenzen der Hubbewegung

7.11.1 Festlegen der Grenzwerte für die Hubbewegung

Arbeitsbereich:
Baugruppe (Zusammenfügen)

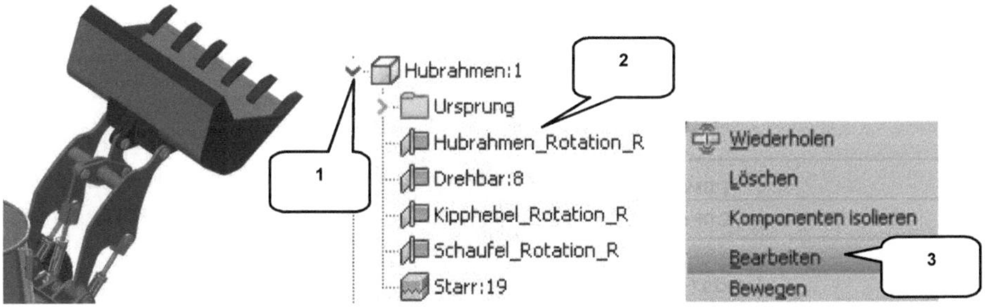

Im ersten Schritt soll der (unkontrollierte) freie Fall des Hubapparates begrenzt werden, wofür eine der vorhandenen Gelenkverbindungen zu bearbeiten ist.

Wird im Browser das Bauteil ***Hubrahmen:1*** erweitert, findet man darin 4 verschiedene Drehgelenke (zu erkennen am Symbol) sowie eine starre Verbindung ( ). Beim Klicken mit der rechten Maustaste auf das Drehgelenk ***Hubrahmen_Rotation_R*** erscheint ein Kontextmenu. Wird darin die Option ***Bearbeiten*** ausgewählt, öffnet sich das Befehlsfenster ***Gelenk bearbeiten***.

- Bauteil ***Hubrahmen:1*** im Browser erweitern (1)
- ***Rechte Maustaste*** auf Drehgelenk ***Hubrahmen_Rotation_R*** (2)
- ***Bearbeiten*** (3)

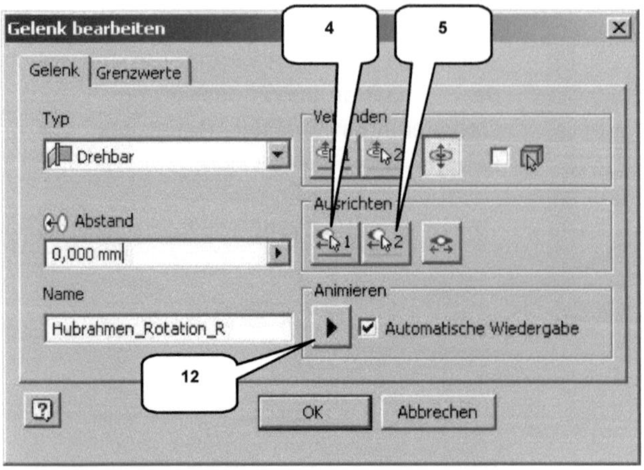

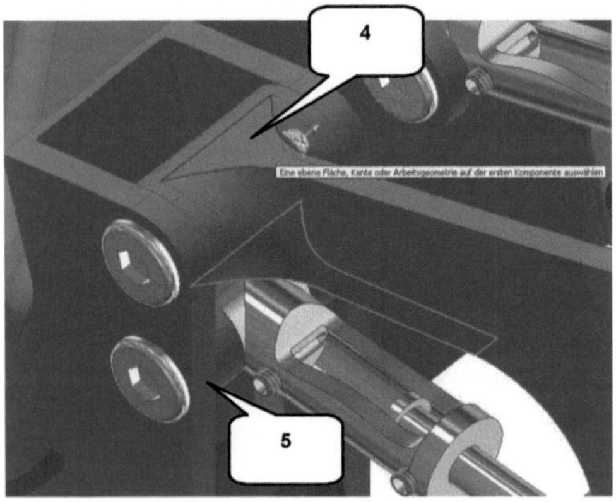

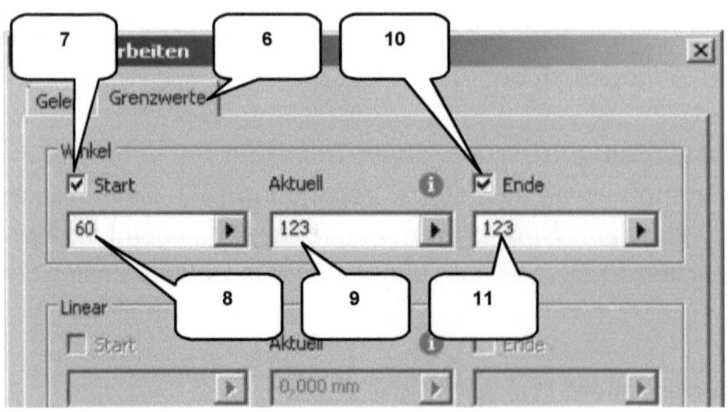

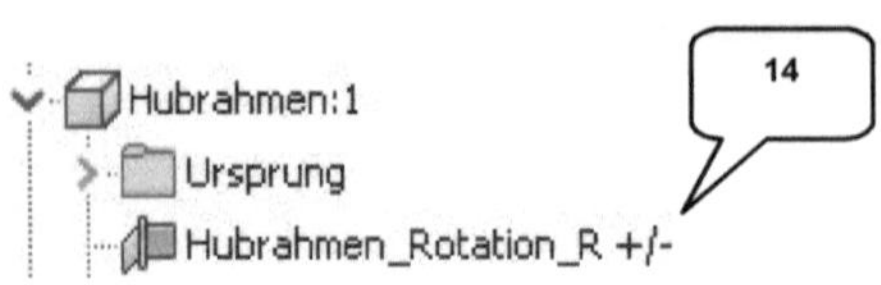

Durch die zusätzliche Definition einer Winkelbegrenzung soll die Drehbewegung des Gelenks eingeschränkt werden, was sich anschließend auch in den Bereich der dynamischen Simulation übertragen sollte.

- Ausrichten 1: Fläche Hubrahmen:1 (4)
- Ausrichten 2: Fläche Maschinenrahmen:1 (5)

Im Register ***Grenzwerte*** kann jetzt der Winkel definiert werden:

- Register ***Grenzwerte*** (6)
- Aktivieren: Start (7)
- Startwinkel: 60 ° (8)
- Aktueller Winkel: 123 ° (9)
- Aktivieren: Ende (10)
- Endwinkel: 123 ° (11)
- OK ***OK***

Die Begrenzung der Drehbewegung wird im Browser durch ein +/- ***Symbol*** (14) gekennzeichnet und ist dadurch leicht zu erkennen. Das Hubsystem kann jetzt bei gedrückter linker Maustaste nach oben gezogen werden, bis die in Abbildung (13) dargestellte Position erreicht wurde. Die Baugruppe ist im Anschluss daran zu speichern.

Speichern

HINWEIS: Sollte das Programm das Setzen der letzten Winkelbegrenzung nicht akzeptieren, so hilft es manchmal, den Befehl zu beenden, die Position des Hubsystems leicht zu verändern und den Befehl zu wiederholen. Leider reagiert das Programm bei solchen Arbeitsschritten teilweise etwas sensibel.

7.11.2 Ausführen und Aufzeichnen der Simulation

Arbeitsbereich:
Dynamische Simulation

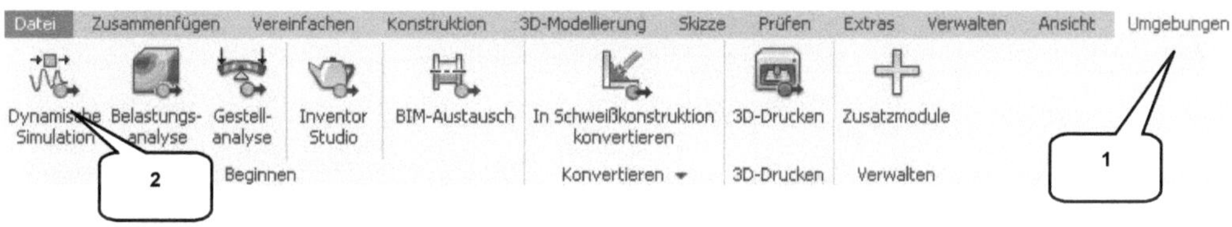

- Register ***Umgebungen*** (1)
- **Dynamische Simulation** (2)

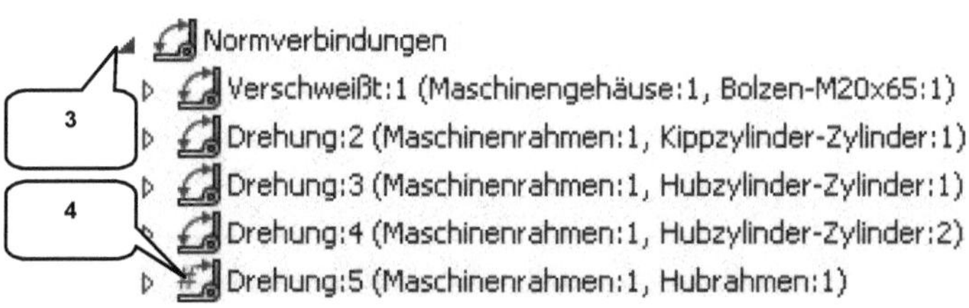

Ob die Bearbeitung des Drehgelenks auch in den Bereich der dynamischen Simulation übernommen wurde, sollte überprüft werden.

Hierfür ist im Browser der Ordner ***Normverbindungen*** zu erweitern und darin das Drehgelenk zwischen den Bauteilen Maschinenrahmen:1 und Hubrahmen:1 (3) zu lokalisieren. Achten Sie dabei einfach auf ein ***Drehgelenk*** mit einem # - Symbol.

Klicken Sie mit der rechten Maustaste darauf und wählen Sie im Kontextmenu die ***Eigenschaften***. Wechseln Sie darin ins Register ***Freiheitsgrad*** und kontrollieren Sie in den Anfangsbedingungen die Grenzwerte (60° bis 123°). Schließen Sie das Befehlsfenster anschließend und überprüfen Sie die Auswirkungen der neuen Einstellungen auf den Mechanismus, wofür eine weitere Simulation durchzuführen ist.

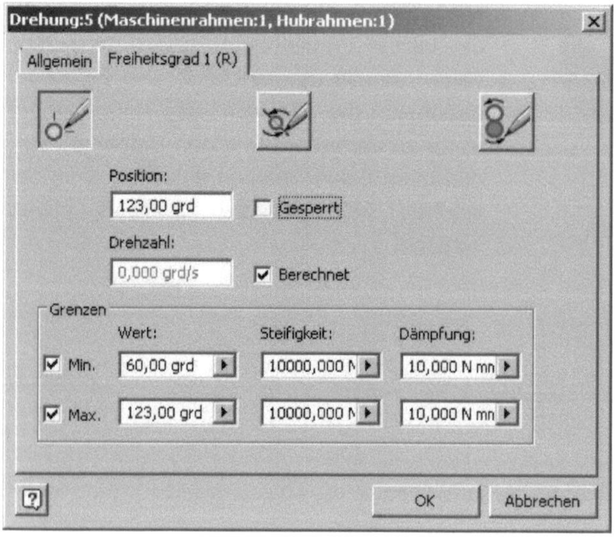

- Ordner ***Normverbindungen*** erweitern (3)
- ***Rechte Maustaste*** auf Drehgelenk der Bauteile Maschinenrahmen:1 und Hubrahmen:1 (4)
- Option: Eigenschaften (5)
- Grenzwerte kontrollieren (6)
- ***OK***

Sollten die Grenzwerte übereinstimmen, soll eine neue Simulation jetzt ihre Funktionalität überprüfen.

Film publizieren

- Dateiname: Dyn-Sim-02-Hubbegrenzung (3)
- Dateityp: *.avi
- ***Speichern***

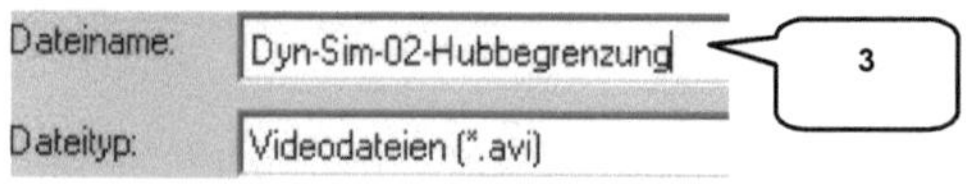

- Komprimierung: Microsoft Video 1 (4)
- Qualität: 100 % (5)
- ***OK***

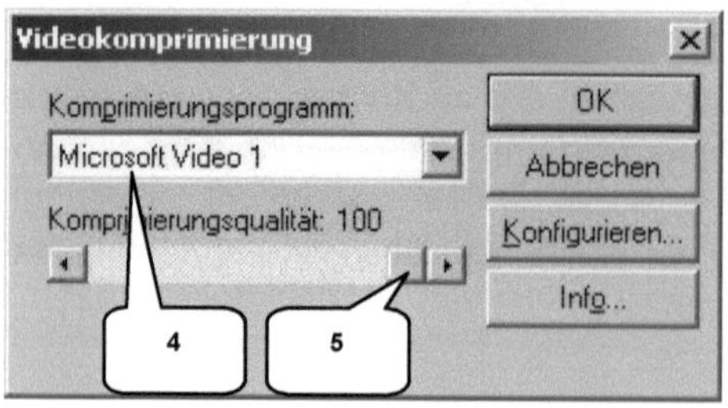

- ***Wiedergabe*** (6)
- Simulation ablaufen lassen
- ***Konstruktionsmodus*** (7)

Film publizieren

Das Hubsystem fällt und schlägt hart auf, sobald der Grenzwert des Drehwinkels erreicht wurde.

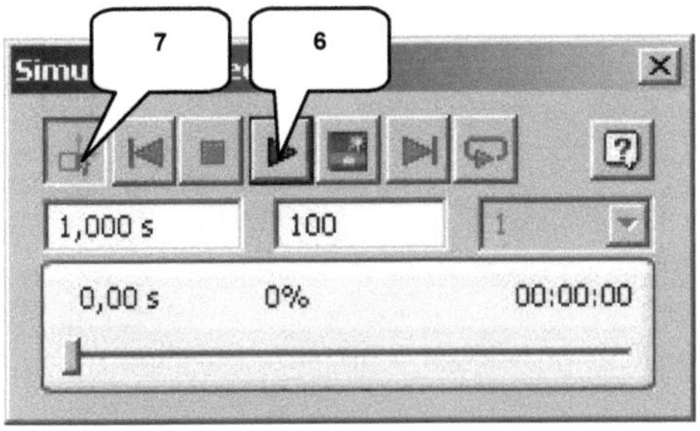

Eine Kollision zwischen Hubrahmen und Maschinenrahmen findet nicht mehr statt, nur die Schaufel schwingt noch frei und schlägt dabei ggf. durch die angrenzenden Bauteile hindurch. Um jetzt auch die Schaufel in ihrer Bewegung zu begrenzen und damit weitere Kollisionen zu vermeiden, könnte auch das Drehgelenk der Schaufel

mit Grenzwerten versehen werden. Oder man verwendet eine andere Option: das Hinzufügen eines ***3D-Kontaktes***. Hierzu sollten vorab allerdings einige Grundlagen zum Thema ***Gelenkverbindungen*** erläutert werden.

7.12 Begrenzen der Kippbewegung

7.12.1 Grundlagen: 3D-Kontakt

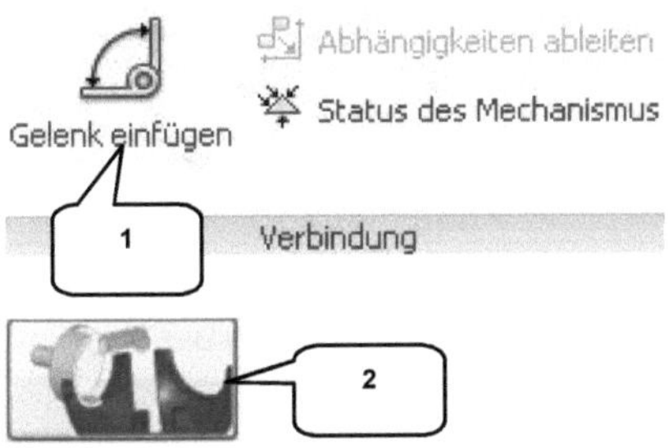

- Befehlsgruppe ***Verbindung***
- Gelenk einfügen (1)
- Auswahl: 3D-Kontakt (2)

Der ***3D-Kontakt*** ermöglicht es Kollisionen zwischen zwei Bauteilen zu erkennen und den Bewegungsablauf bei Kontakt zu stoppen. Er gleicht damit dem ***Kontaktsatz*** im Baugruppenbereich.

7.12.2 Einfügen eines 3D-Kontaktes

Betrachtet man den Bewegungsapparat, so stellt man fest, dass die Schaufel über verschiedene Bauteile mit dem Kippzylinder verbunden ist. Die unkontrollierte Schwingung der Schaufel hat unter anderem zur Folge, dass der Kolben des Kippzylinders ungebremst in den Zylinder eintaucht. Würde man also diese beiden Bauteile bei Kontakt stoppen, so überträgt sich das letztendlich auch auf die Bewegung der Schaufel.

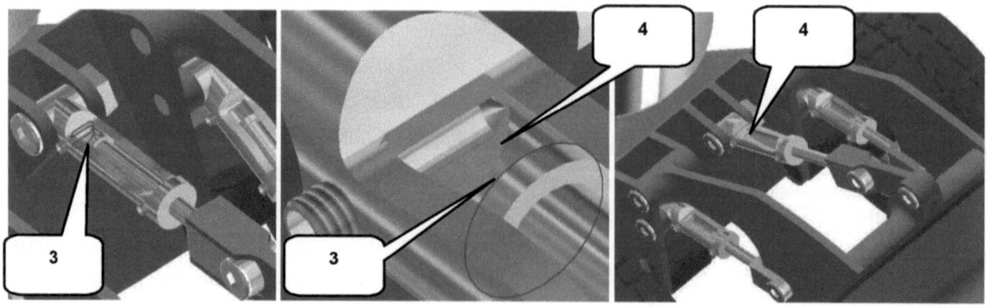

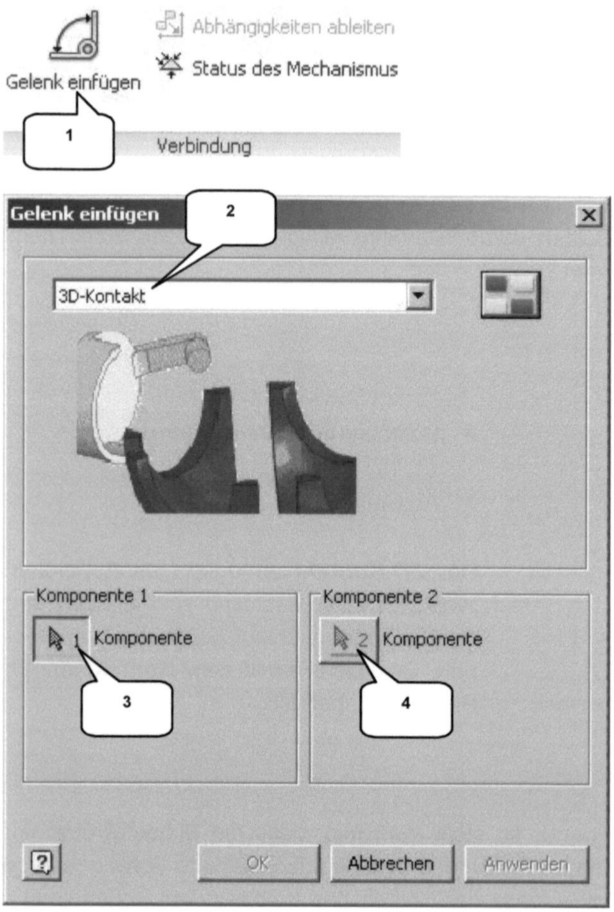

Kolben und Zylinder des Kippzylinders sollen jetzt also mit einer zusätzlichen Gelenkverbindung - einem ***3D-Kontakt*** - versehen werden. Der Zylinder wurde zu diesem Zweck an der oberen Seite präpariert, so dass der Blick in dessen Innenbereich und damit auch auf den Kolben darin frei ist. Als Referenzen auszuwählen sind die jeweiligen runden Kanten von Kolben und Zylinder.

Gelenk einfügen (1)

- Auswahl: 3D-Kontakt (2)
- Komponente 1: Bohrungskante Kippzylinder-Kolben:1 (3)
- Komponente 2: Zylinderkante Kippzylinder-Zylinder:1 (4)
- OK ***OK***

Speichern

HINWEIS: Es sind die jeweiligen Zylinderkanten auszuwählen, nicht die Flächen!

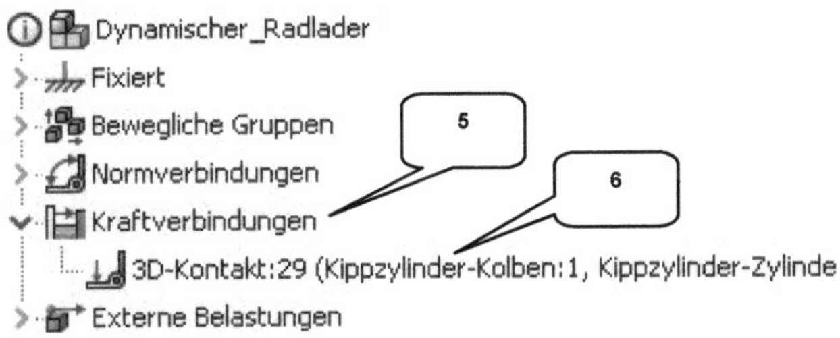

Der Browser erweitert sich jetzt um den neuen Ordner ***Kraftverbindungen*** (5). Darin enthalten ist der soeben erstellte ***3D-Kontakt*** (6).

HINWEIS: Gelenkverbindungen werden automatisch nummeriert (z. B. 3D-Kontakt***:29***). Diese Nummerierung kann von den Abbildungen hier im Buch abweichen, was allerdings keine Rolle spielt. Wichtig ist nur die korrekte Bauteilkonstellation. Die Bauteile werden in Klammern hinter der Gelenkverbindung angegeben (z. B. Kippzylinder-Kolben:1, Kippzylinder-Zylinder:1). Ihre Reihenfolge spielt dabei ebenfalls keine Rolle.

7.12.3 Ausführen und Aufzeichnen der Simulation

Eine Simulation soll zeigen, ob der 3D-Kontakt das gewünschte Ergebnis erzielen kann.

Film publizieren
- Dateiname:
  Dyn-Sim-03-Kippbegrenzung (1)
- Dateityp: *.avi
- Speichern ***Speichern***

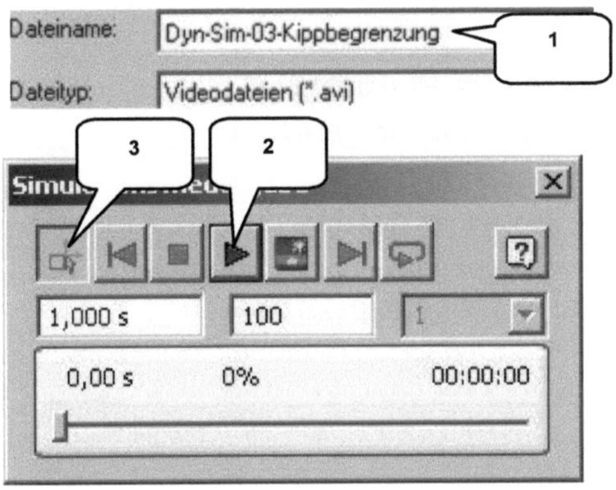

- Komprimierung: Microsoft Video 1
- Qualität: 100 %
- OK ***OK***

- ***Wiedergabe*** (2)
- Simulation ablaufen lassen
- ***Konstruktionsmodus*** (3)

Film publizieren

Hubsystem und Schaufel fallen während der Simulation ungebremst nach unten, bis beide Hubrahmen den maximalen Winkel erreicht haben.

Auch die Schaufel schwingt jetzt nicht mehr völlig frei, sondern wird in ihrer Bewegung begrenzt. Im nächsten Schritt soll die Abwärtsbewegung verlangsamt werden, um das harte Aufschlagen des Hubapparates beim Erreichen des maximalen Winkels zu dämpfen. Das Programm bietet entsprechende Möglichkeiten in den ***Eigenschaften*** vorhandener Gelenkverbindungen.

7.13 Dämpfen der Hub- und Kippbewegungen

7.13.1 Dämpfen der Hubzylinder

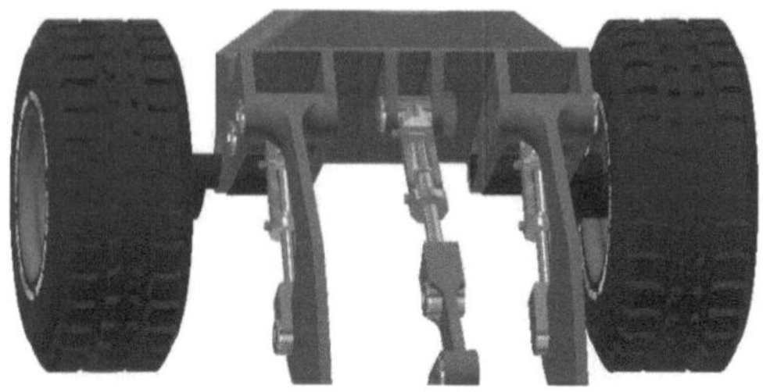

Die Dämpfung des Hubapparates soll über die Bearbeitung der zylindrischen Gelenkverbindungen beider Hubzylinder sowie des Kippzylinders erreicht werden.

Da sich die Suche nach der richtigen Gelenkverbindung bereits jetzt als schwierig erweisen könnte (im Ordner Normverbindungen sind bereits einige Verbindungen enthalten), soll die Gelenkverbindung über die Option ***Suchen*** im Kontextmenü der rechten Maustaste lokalisiert werden.

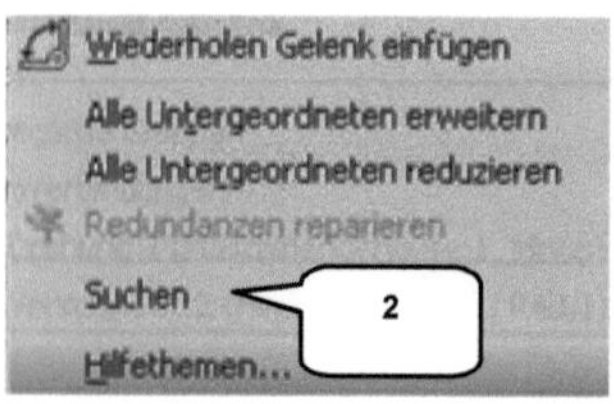

- ***Rechte Maustaste*** auf ***Dynamischer_Radlader*** (1)
- ***Suchen*** (2)
- Objekttyp: Gelenke (3)
- Suchbegriff: Hubzylinder-Kolben:1 (4)
- Weitersuchen ***Weitersuchen***

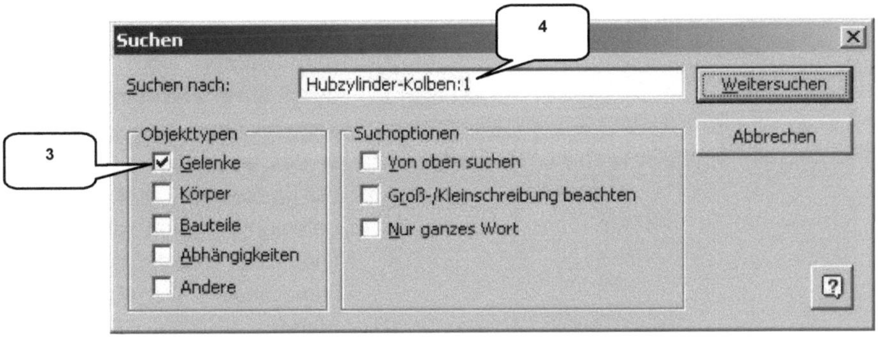

Das Programm wird jetzt im Browser nach und nach alle Gelenkverbindungen markieren, in denen das gesuchte Bauteil enthalten ist. Jetzt muss so oft auf den Button **_Weitersuchen_** geklickt werden, bis die folgende Gelenkverbindung markiert wird:

- ***Zylindrisch (Hubzylinder-Zylinder:1, Hubzylinder-Kolben:1)*** (6)

Wurde die Gelenkverbindung lokalisiert, kann das Befehlsfenster ***Suchen*** wieder geschlossen werden. Um die gesuchte Gelenkverbindung zu bearbeiten, muss mit der rechten Maustaste im Browser darauf geklickt und im Kontextmenü die Option ***Eigenschaften*** ausgewählt werden. Wechselt man im neu geöffneten Befehlsfenster in das Register ***Freiheitsgrad (T)***, so kann im Bereich der ***Gelenkkraft*** eine Dämpfung festgelegt werden, welche den Bewegungsablauf verlangsamen wird.

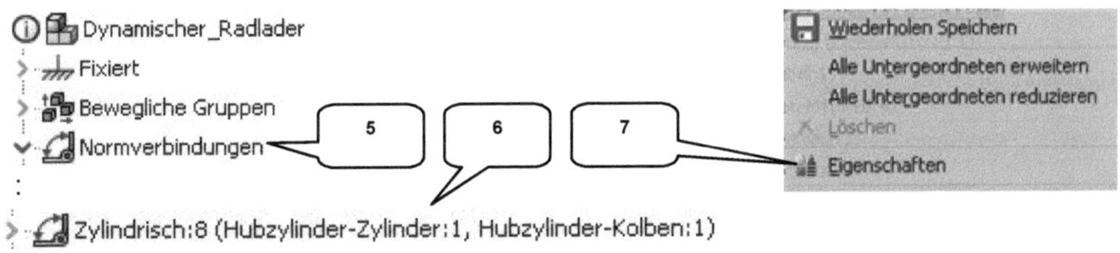

- ***Normverbindungen*** erweitern (5) (ggf.)
- ***Rechte Maustaste*** auf zylindrische Gelenkverbindung der Bauteile ***Hubzylinder-Kolben:1, Hubzylinder-Zylinder:1*** (6)
- ***Eigenschaften*** (7)
- Register ***Freiheitsgrad (T)*** (8)
- Gelenkkraft bearbeiten (9)
- Gelenkkraft aktivieren (10)
- Dämpfung: 1 N s/mm (11)
- ***OK***

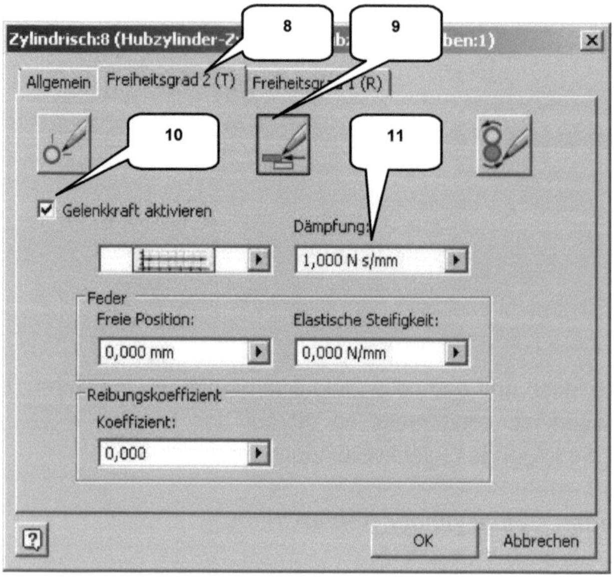

Modifizierte Gelenkverbindungen werden vom Programm durch ein # ***Rautensymbol*** gekennzeichnet, was im Browser in das vorhandene Gelenksymbol (in diesem Fall des Drehgelenks) integriert wird. Das zylindrische Gelenk des zweiten Hubzylinders soll ebenfalls gedämpft werden. Entscheiden Sie selbst, ob Sie das Drehgelenk zwischen den Bauteilen ***Hubzylinder-Zylinder:2*** und ***Hubzylinder-Kolben:2*** per Suchbefehl oder auf die herkömmliche Art und Weise im Browser lokalisieren wollen.

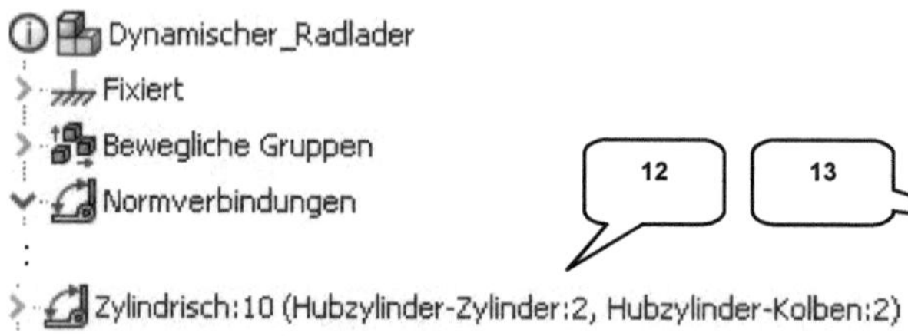

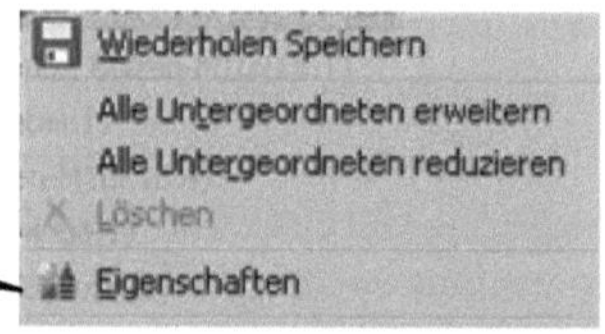

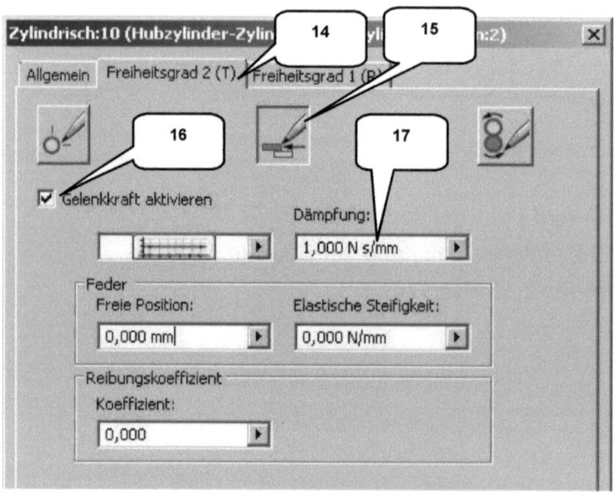

- ***Rechte Maustaste*** auf zylindrische Gelenkverbindung der Bauteile ***Hubzylinder-Zylinder:2, Hubzylinder-Kolben:2*** (12)
- ***Eigenschaften*** (13)
- Register ***Freiheitsgrad*** (T) (14)
- Gelenkkraft bearbeiten (15)
- Gelenkkraft aktivieren (16)
- Dämpfung: 1 N s/mm (17)
- ***OK***

7.13.2 Dämpfen des Kippzylinders

Nach den Hubzylindern soll jetzt auch der Kippzylinder gedämpft werden, wofür ebenfalls die Eigenschaften der zylindrischen Gelenkverbindung zu bearbeiten sind.

- ➢ ***Rechte Maustaste*** auf zylindrische Gelenkverbindung der Bauteile ***Kippzylinder-Zylinder:1, Kippzylinder-Kolben:1*** (1)
- ➢ ***Eigenschaften*** (2)

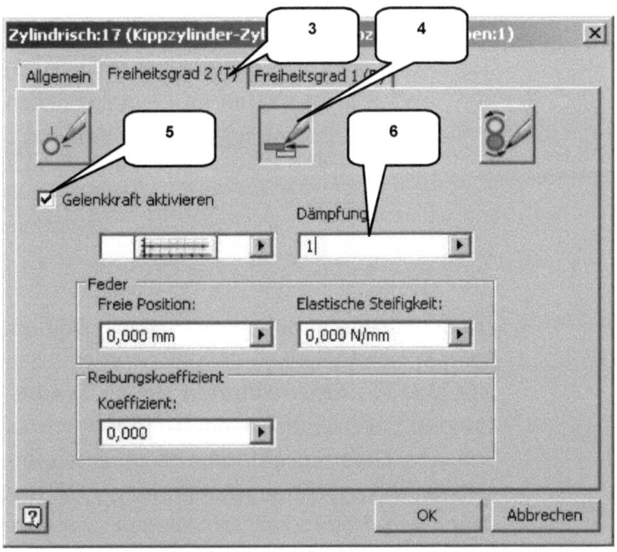

- ➢ Register ***Freiheitsgrad*** (T) (3)
- ➢ Gelenkkraft bearbeiten (4)
- ➢ Gelenkkraft aktivieren (5)
- ➢ Dämpfung: 1 N s/mm (6)
- ➢ OK ***OK***

Speichern

Eine neue Simulation soll zeigen, ob die geänderten Einstellungen im Bereich der Dämpfung der drei zylindrischen Gelenkverbindungen zielführend waren. F

7.13.3 Ausführen und Aufzeichnen der Simulation

Um zu Überprüfen, ob der Bewegungsablauf der jetzt gedämpften Zylinder auch wirklich verlangsamt wurde, soll eine weitere Simulation ausgeführt und aufgezeichnet werden.

Film publizieren

- Dateiname: Dyn-Sim-04-Dämpfung (1)
- Dateityp: *.avi
- Speichern ***Speichern***

- Komprimierung: Microsoft Video 1
- Qualität: 100 %
- OK ***OK***

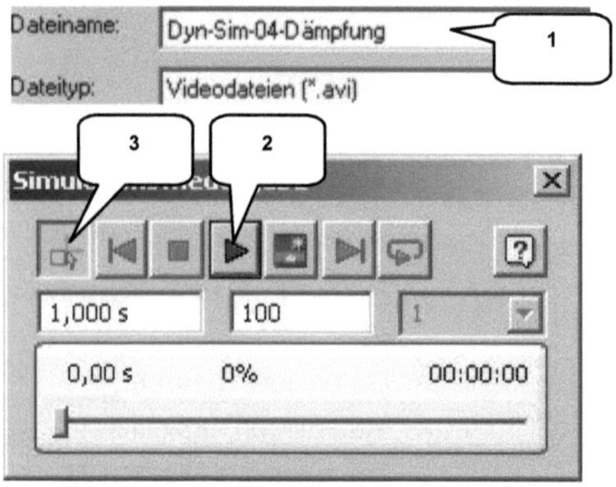

- ***Wiedergabe*** (2)
- Simulation ablaufen lassen
- ***Konstruktionsmodus*** (3)

Film publizieren

Der gesamte Hubapparat bewegt sich jetzt wesentlich langsamer nach unten und auch die Schaufel dreht sich nur noch langsam um ihre Rotationssachse: Die Dämpfung zeigt ihre Wirkung.

7.14 Definition der Reibungskoeffizienten

7.14.1 Drehgelenke mit Reibungskoeffizient und Reibradius versehen

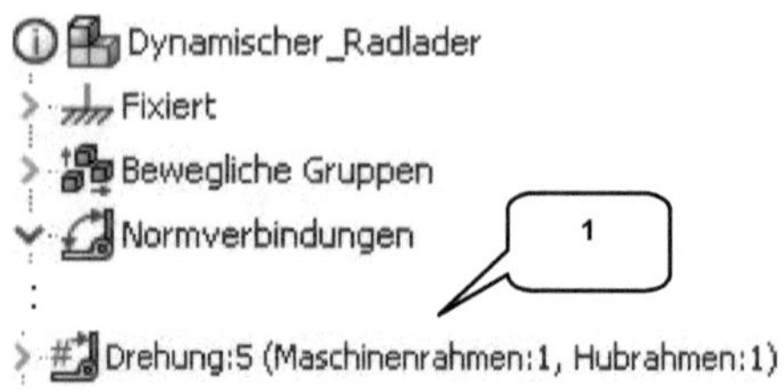

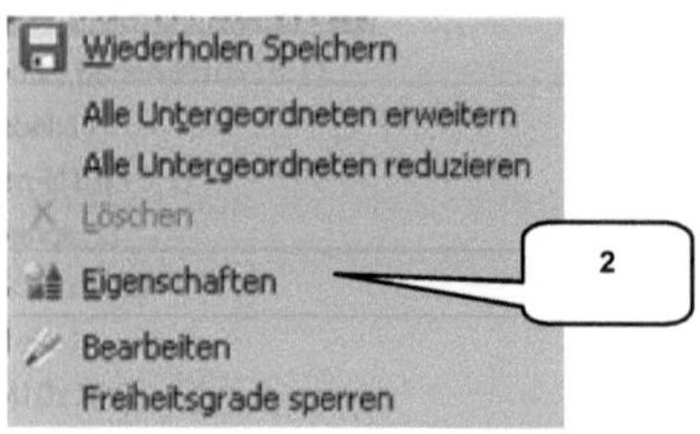

Neben Dämpfungen können auch ***Reibungen*** in Normgelenken definiert werden. Hierfür sind die ***Eigenschaften*** der zu bearbeitenden Gelenkverbindung zu öffnen um darin das ***Gelenkdrehmoment*** zu aktivieren. Neben dem Reibungskoeffizienten ist dort auch ein Reibradius festzulegen, der sich durch die geometrische Größe des Bauteils definiert. Um die Abwärtsbewegung des Hubapparates weiter zu verlangsamen, sollen die Drehgelenke zwischen den beiden Hubrahmen und dem Maschinenrahmen zusätzlich mit einem Reibungskoeffizienten versehen werden.

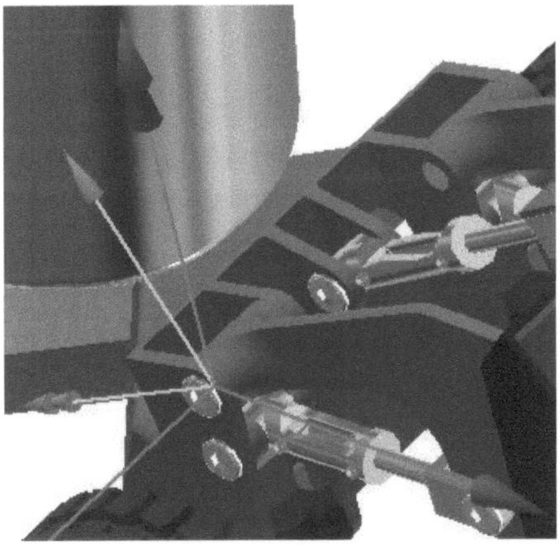

- ***Rechte Maustaste*** auf das Drehgelenk der Bauteile ***Maschinenrahmen:1, Hubrahmen:1*** (1)
- ***Eigenschaften*** (2)

Als Reibungskoeffizienten soll der Wert 0,1 eingetragen werden und der Reibradius ist mit 5 mm festzulegen (er resultiert aus dem Durchmesser des Gewindebolzens D = 10 mm). Das Drehgelenk zwischen den Bauteilen Maschinenrahmen:1 und Hubrahmen:2 ist danach ebenfalls zu bearbeiten.

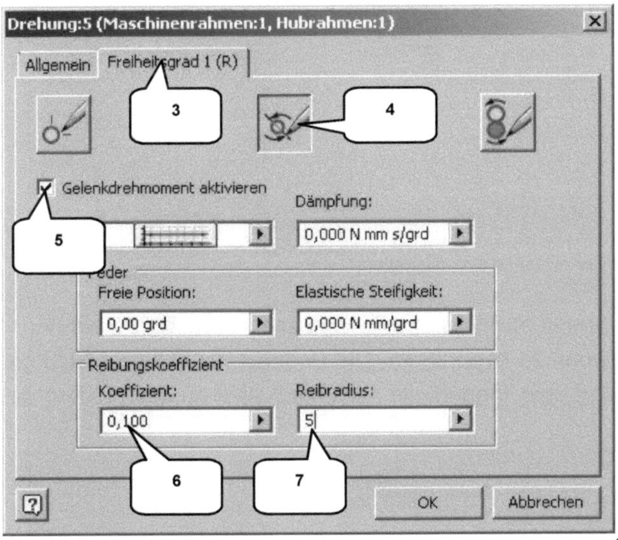

- Register ***Freiheitsgrad*** (R) (3)
- Gelenkdrehmoment bearbeiten (4)
- Gelenkdrehmoment aktivieren (5)
- Reibungskoeffizient: 0,1 (6)
- Reibradius: 5 mm (7)
- OK ***OK***

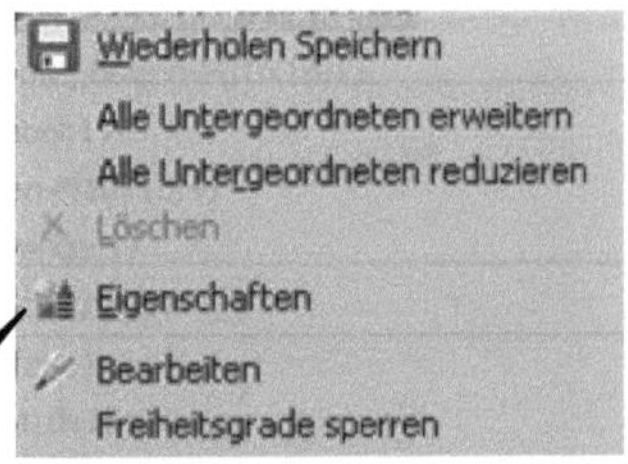

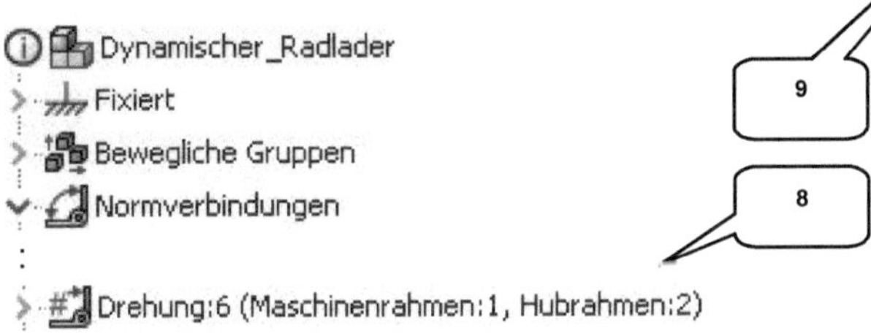

- ***Rechte Maustaste*** auf zylindrische Gelenkverbindung der Bauteile ***Maschinenrahmen:1, Hubrahmen:2*** (8)
- ***Eigenschaften*** (9)

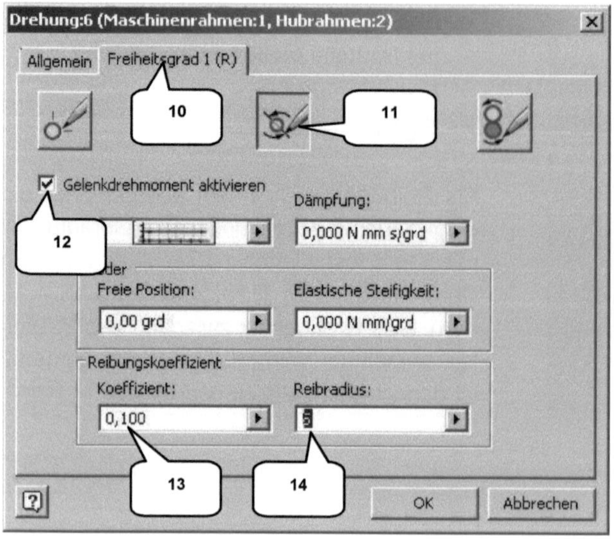

- Register ***Freiheitsgrad*** (R) (10)
- Gelenkdrehmoment bearbeiten (11)
- Gelenkdrehmoment aktivieren (12)
- Reibungskoeffizient: 0,1 (13)
- Reibradius: 5 mm (14)
- OK ***OK***

Speichern

7.15 Die Bodenplatte

7.15.1 Platzieren und Ausrichten der Bodenplatte

Arbeitsbereich:
Baugruppe (Zusammenfügen)

Der Bereich der dynamischen Simulation muss kurzfristig verlassen werden, um ein neues Bauteil (***Bodenplatte***) in die Baugruppe zu importieren. Die Bodenplatte soll unterhalb des Radladers abgelegt und anschließend über tangentiale Abhängigkeiten zu den Rädern des Radladers befestigt werden (3).

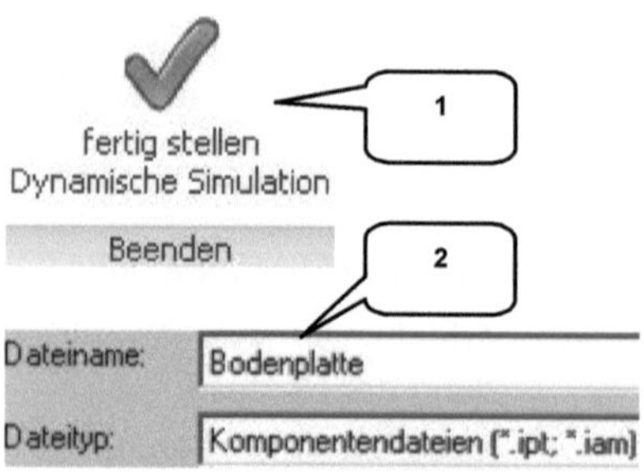

Fertigstellen (1)

Komponente platzieren

- Dateiname: Bodenplatte (2)
- Dateityp: *.ipt
- Öffnen ***Öffnen***
- Bauteil 1x frei ablegen
- Taste: ***ESC***

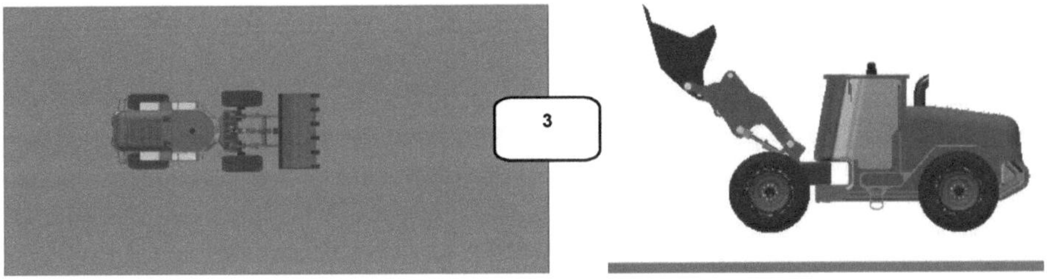

7.15.2 Ausrichten der Bodenplatte am Radlader

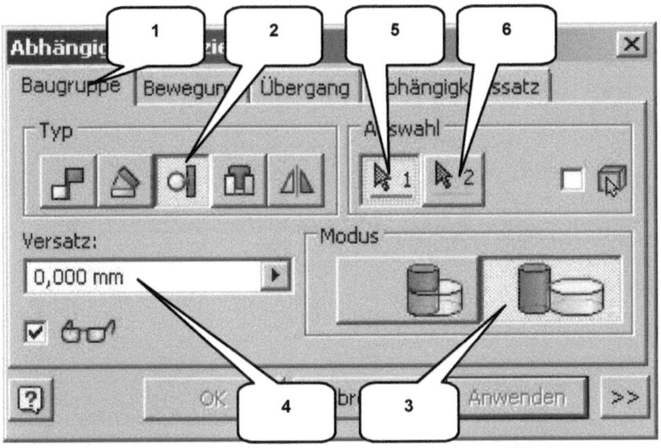

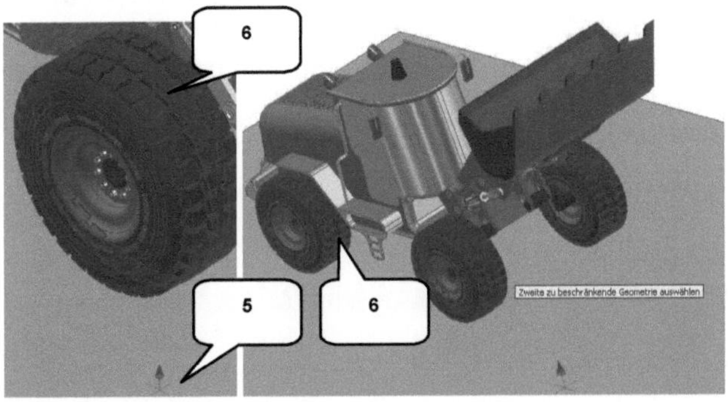

Zur tangentialen Ausrichtung der Bodenplatte an den Rädern des Radladers ist der Befehl ***Abhängig machen*** zu verwenden. Beginnen Sie mit einem Rad der Vorderachse.

Abhängig machen

- Register ***Baugruppe*** (1)
- Typ: Tangential (2)
- Modus: Außerhalb (3)
- Versatz: 0 mm (4)
- Auswahl 1: Oberfläche Bodenplatte (5)
- Auswahl 2: Lauffläche Rad (6)
- Anwenden ***Anwenden***

Platzieren Sie anschließend eine weitere tangentiale Abhängigkeit zwischen der Bodenplatte und einem Rad der Hinterachse.

HINWEIS: An den Rädern befindet sich in der Mitte der Lauffläche jeweils eine durchgängige zylindrische Fläche (6), welche als Referenz für die tangentiale Abhängigkeit zu verwenden ist.

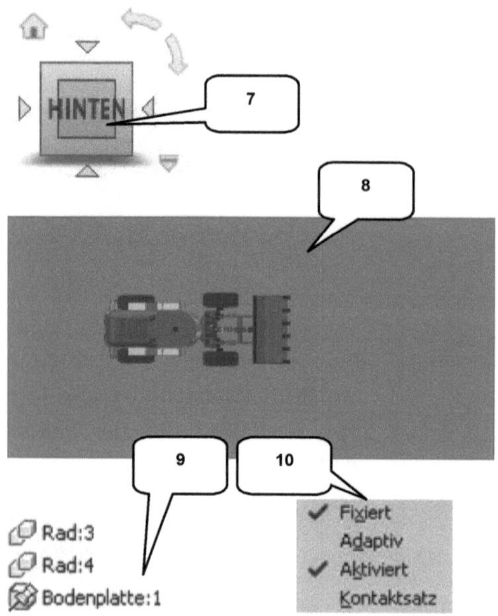

Bevor die Bodenplatte fixiert werden kann sollte sie am Radlader ausgerichtet werden. Hierfür ist am ***ViewCube*** die Ansicht ***HINTEN*** zu wählen, um die Bodenplatte danach bei gedrückter linker Maustaste (siehe nebenstehende Abbildung) zu positionieren.

- ***ViewCube-Ansicht: HINTEN*** (7)
- Bodenplatte ausrichten (8)

- ***Rechte Maustaste*** auf ***Bodenplatte*** (9)
- ***Fixiert*** (10)

Speichern (Ja für alle)

- OK ***OK*** (geändertes Datenformat)

7.15.3 Ausführen und Aufzeichnen der Simulation

Natürlich sollten die Auswirkungen der zuletzt erfolgt Einstellungen in den Gelenken (Reibung) und auch das Verhalten des Hubapparates im Zusammenspiel mit der neu eingefügten Bodenplatte im Bereich der dynamischen Simulation untersucht werden. Wechseln Sie dafür in diesen Bereich und ändern Sie zur besseren Ansicht die Ausrichtung der Baugruppe am ***ViewCube*** in die Ansicht ***UNTEN***.

Arbeitsbereich:
Dynamische Simulation

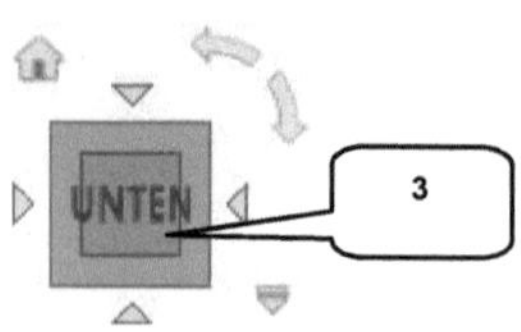

- Register ***Umgebungen*** (1)
- Dynamische Simulation (2)

- ***ViewCube-Ansicht: UNTEN*** (3)

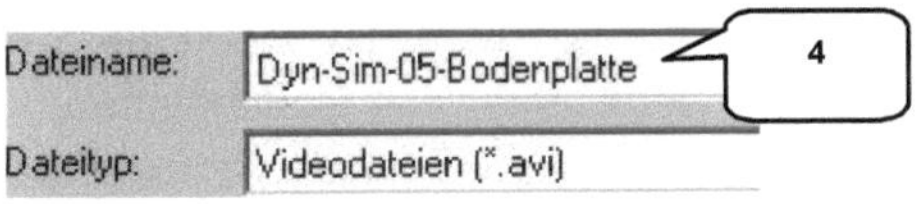

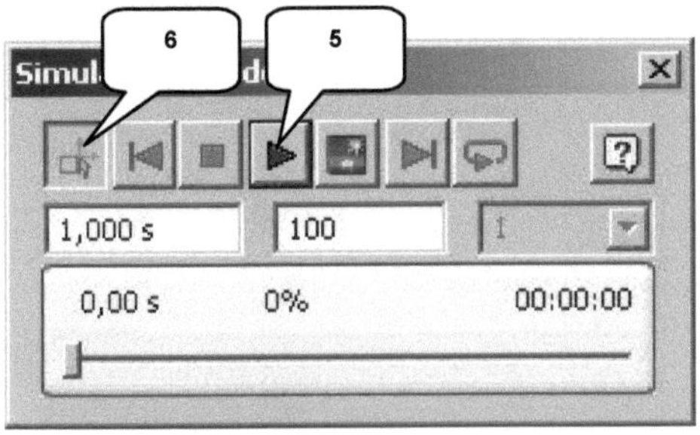

Film publizieren

- Dateiname:
  Dyn-Sim-05-Bodenplatte (4)
- Dateityp: *.avi
- ***Speichern***

- Komprimierung: Microsoft Video 1
- Qualität: 100 %
- ***OK***

- ***Wiedergabe*** (5)
- Simulation ablaufen lassen
- ***Konstruktionsmodus*** (6)

Film publizieren

Die Abwärtsbewegung des Hubapparates verläuft jetzt noch etwas langsamer und entspricht dem gewünschten Resultat. Allerdings gibt es ein neues Problem: die Schaufel des Radladers kollidiert mit der Bodenplatte. Um dieses Problem zu beheben, könnten eine Bewegungsbegrenzung definiert oder ein 3D-Kontakt festgelegt werden. Aber es gibt neben diesen Optionen noch weitere Möglichkeiten: z. B. die Platzierung eines ***2D-Kontaktes***.

7.16 2D-Kontakt zwischen Schaufel und Bodenplatte erzeugen

7.16.1 Grundlagen: 2D-Kontakt

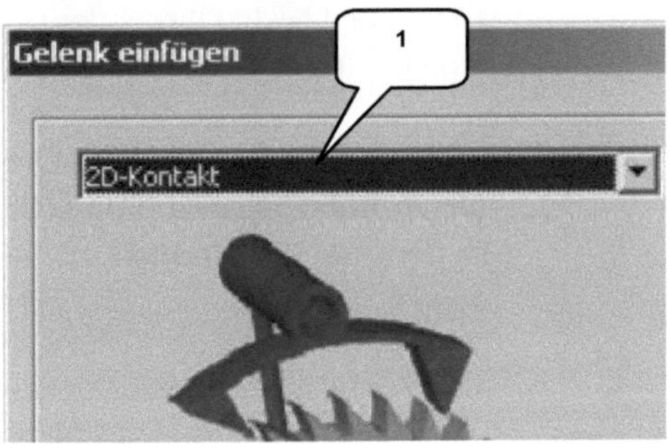

Auch ***2D-Kontakte*** (1) sollen Kollisionen zwischen zwei Bauteilen vermeiden. Allerdings funktioniert das nur, wenn dafür die Seitenflächen zweier Bauteile als Referenzen ausgewählt werden, deren Bewegungsabläufe planparallel zueinander verlaufen.

7.16.2 Platzieren des 2D-Kontaktes

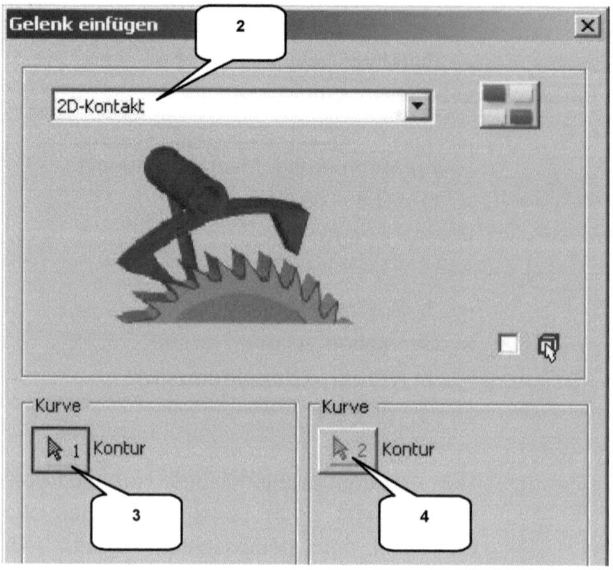

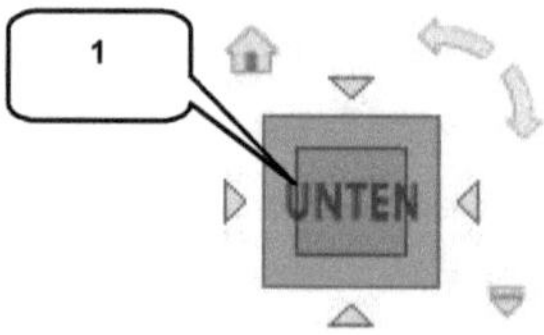

Der folgende Arbeitsschritt wird nur funktionieren, wenn die Seitenflächen von Bodenplatte und Schaufel parallel zueinander liegen (es sollte bereits so eingestellt sein), ansonsten müsste eine Ausrichtung erfolgen.

- ***ViewCube-Ansicht: UNTEN*** (1)

Gelenk einfügen

- Auswahl: 2D-Kontakt (2)
- Komponente 1: Seitenfläche der Schaufel (3)
- Komponente 2: Seitenfläche der Bodenplatte (4)
- OK ***OK***

Speichern

HINWEIS: Es ist die schmale Seitenfläche der Bodenplatte zu wählen! Nicht Ober- oder Unterseite des Bauteils

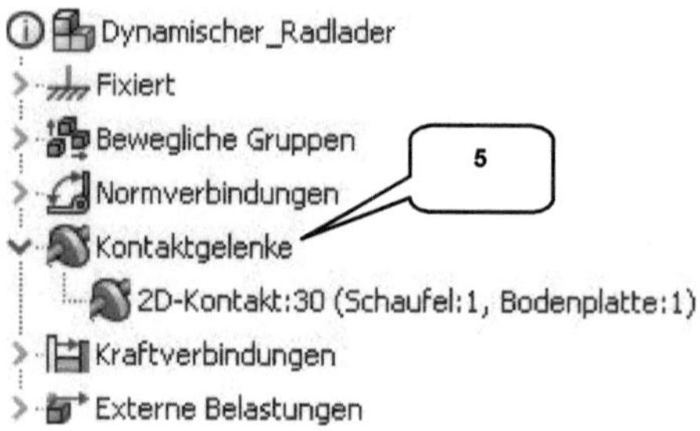

Im Browser wird der neue Ordner ***Kontaktgelenke*** (5) erstellt, in dem der ***2D-Kontakt*** zu finden ist.

7.16.3 Ausführen und Aufzeichnen der Simulation

Ob der 2D-Kontakt in der Lage ist, die Kollision zwischen Schaufel und Bodenplatte zu unterbinden, soll in einer Simulation überprüft werden.

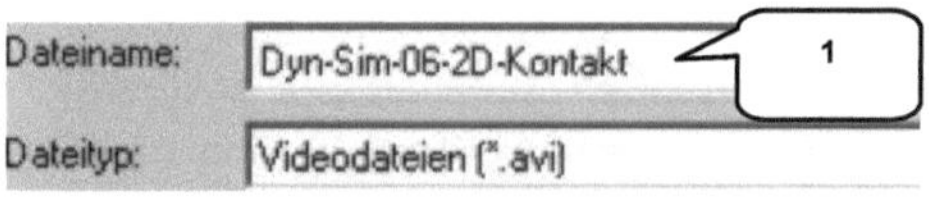

Film publizieren
- Dateiname: Dyn-Sim-06-2D-Kontakt (1)
- Dateityp: *.avi
- Speichern ***Speichern***

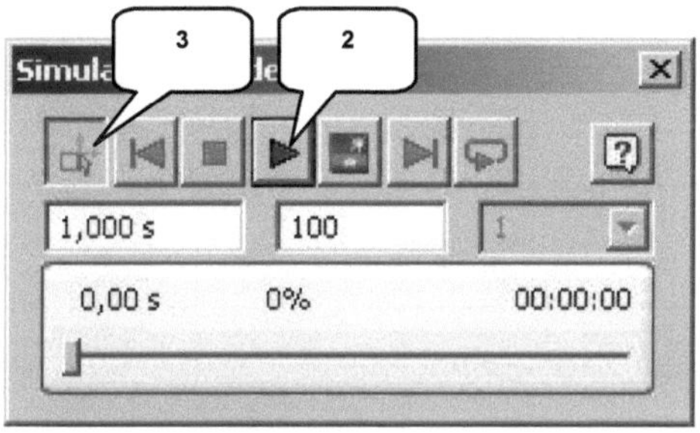

- Komprimierung: Microsoft Video 1
- Qualität: 100 %
- OK ***OK***

- ***Wiedergabe*** (2)
- Simulation ablaufen lassen
- ***Konstruktionsmodus*** (3)

Film publizieren

Verläuft alles nach Plan, so sollte sich der gesamte Hubapparat langsam nach unten bewegen, bis die Schaufel die Bodenplatte berührt (4). Bereits kurz davor verlangsamt sich die Bewegung, weil das Programm jetzt einen erhöhten Rechenaufwand leisten muss. Die Spitze der Schaufel trifft auf die Bodenplatte und das Gewicht des gesamten Hubapparates drückt den restlichen Teil der Schaufel weiter nach unten. Ein Eindringen der Schaufel in die Bodenplatte allerdings wird erfolgreich verhindert.

7.17 Einfügen eines Feder-Dämpfer-Systems

7.17.1 Grundlagen: Feder/ Dämpfung/ Buchse

Im nächsten Arbeitsschritt soll das Fahrwerk im vorderen Bereich des Radladers mit einem Feder- Dämpfer-System versehen werden. Das Programm verfügt über eine entsprechende Gelenkverbindung mit der Bezeichnung ***Feder/ Dämpfung/ Buchse*** (1).

In der folgenden tabellarischen Übersicht sind die verfügbaren Gelenktypen des Befehls aufgelistet:

Typ	*Parameter*	
Spiralfeder	Steifigkeit, freie Länge, Dämpfung, Abmessungen	
Feder	Steifigkeit, freie Länge, Dämpfung, Abmessungen	
Federdämpfung	Steifigkeit, freie Länge, Dämpfung, Abmessungen	
Dämpfung	Dämpfung, Abmessungen	
Buchse	Kraft, Abmessungen	

Welcher Typ auch immer verwendet wird, die grundlegende Vorgehensweise bei der Platzierung ist immer dieselbe: Zuerst sind die Referenzen zweier Bauteile auszuwählen, wobei nur runde Flächen oder Kanten genutzt werden können, aus denen das Programm den Mittelpunkt bestimmen kann. Danach werden der Typ und die entsprechenden Parameter in den Eigenschaften des Gelenks festgelegt. Wie in der oberen Tabelle zu sehen ist, beinhaltet jeder Typ auch unterschiedliche Parameter, welche sich während der Simulation auch unterschiedlich auf den Mechanismus auswirken.

Übernehmen Sie die beschriebene Vorgehensweise und platzieren Sie jetzt zwei Federsysteme an der Vorderachse des Radladers.

7.17.2 Platzieren des Federsystems an der Vorderachse

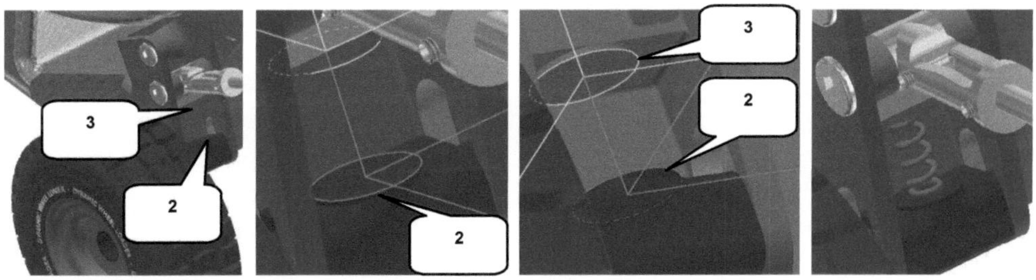

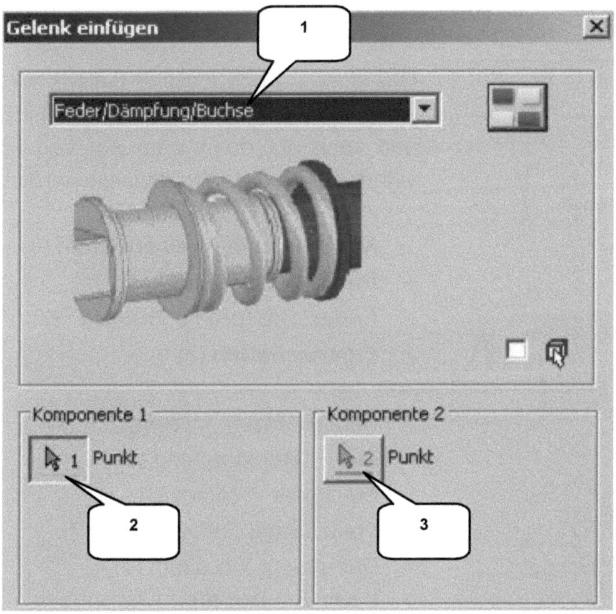

Der erste Federdämpfer soll zwischen den Bauteilen ***Rad-Bolzen-VR:1*** und ***Maschinenrahmen:1*** platziert werden, wobei die jeweiligen Zylinderkanten als Referenzen auszuwählen sind.

Gelenk einfügen

- Auswahl: Feder/ Dämpfung/ Buchse (1)
- Komponente 1: Zylinderkante Rad-Bolzen-VR:1 (2)
- Komponente 2: Zylinderkante Maschinenrahmen:1 (3)
- Anwenden ***Anwenden***

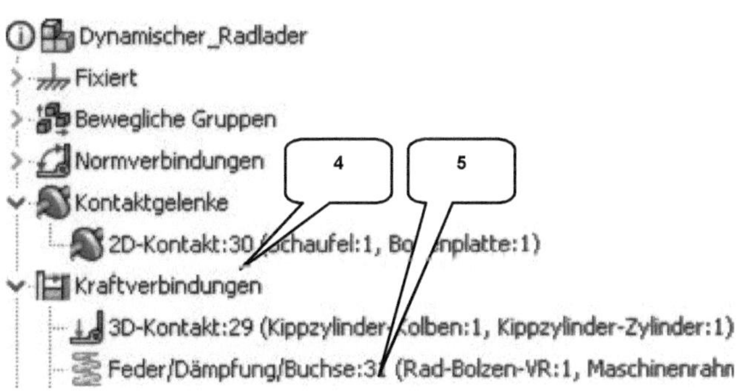

War die Übung erfolgreich, so müsste im Ordner ***Kraftverbindungen*** (4) das neue ***Federgelenk*** (5) bereits angezeigt werden.

Speichern

7.17.3 Bearbeiten des Federsystems

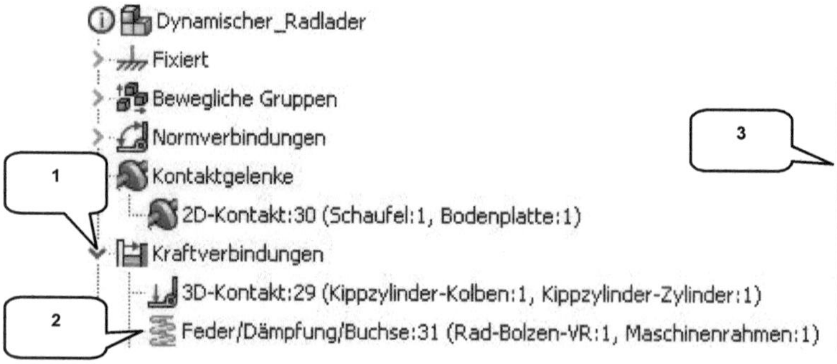

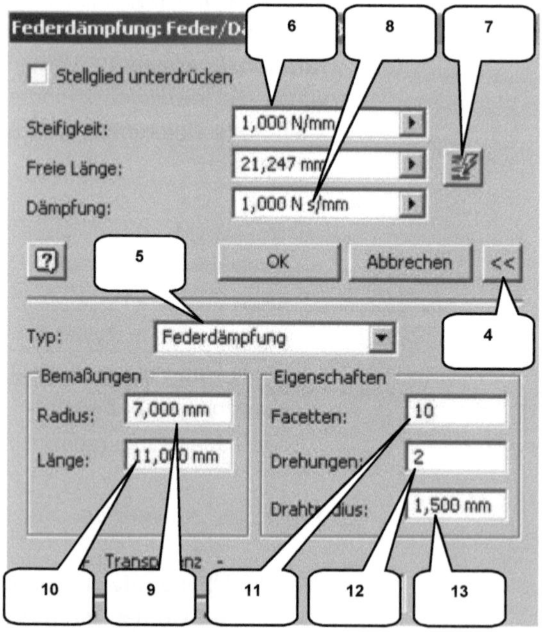

Das derzeit noch inaktive Gelenk wird durch eine graue ***Feder*** symbolisiert und kann nur durch eine Bearbeitung seiner ***Eigenschaften*** aktiviert werden.

- ***Kraftverbindungen*** erweitern (1)
- ***Rechte Maustaste*** auf ***Feder/ Dämpfung/ Buchse*** (2)
- ***Eigenschaften*** (3)

- Befehlsfenster >> erweitern (4)
- Typ: Federdämpfung (5)
- Steifigkeit: 1 N/mm (6)
- Freie Länge: Aktualisieren (7)
- Dämpfung: 1 N s/mm (8)
- Radius: 7 mm (9)
- Länge: 11 mm (10)
- Facetten: 10 (11)
- Drehungen: 2 (12)
- Drahtradius: 1,5 mm (13)
- ***OK***

- Speichern

Eine identische Federdämpfung kann jetzt auf der linken Seite der Vorderachse zwischen den Bauteilen ***Maschinenrahmen:1*** und ***Rad-Bolzen-VL:1*** platziert werden, wobei dieselben Eigenschaften zu verwenden sind. Speichern und schließen Sie die Baugruppe danach.

HINWEIS: Werden ***Feder-Dämpfer-Systeme*** dynamisch beansprucht, dann werden ihre physikalischen Eigenschaften (Steifigkeit, Dämpfung, freie Länge) in die Simulation mit einbezogen. Die Eingabewerte in den Bereichen Bemaßungen und Eigenschaften haben hingegen keinen Einfluss auf die Berechnungsergebnisse: sie dienen nur der Darstellung.

Speichern
Baugruppe schließen

7.18 Schraubverbindungen
7.18.1 Öffnen einer neuen Baugruppe

Arbeitsbereich:
Baugruppe (Zusammenfügen)

Sollen in einer Baugruppe Schraubverbindungen als kombinierte Axial- und Rotationsbewegung simuliert werden, so bietet das Programm dafür ebenfalls eine Option: das Gelenk ***Schraubverbindung***. Weil dieser Gelenktyp in unserer Baugruppe eigentlich keine wirkliche Funktion zu erfüllen hat, soll speziell zur Darstellung des Befehls eine andere Baugruppe geöffnet werden.

Öffnen
- Dateiname: BG_Schraubverbindung (1)
- Dateityp: *.iam
- ***Öffnen***

Auch in dieser Baugruppendatei findet man den Radlader, allerdings noch unvollständig. Bis auf eine Sechskantmutter wurden alle enthaltenen Komponenten bereits befestigt. Sie soll jetzt vorbereitend auf den Bereich der dynamischen Simulation mit zwei Abhängigkeiten versehen werden: einer axialen Abhängigkeit und einer Flächenabhängigkeit.

7.18.2 Positionieren der Sechskantmutter

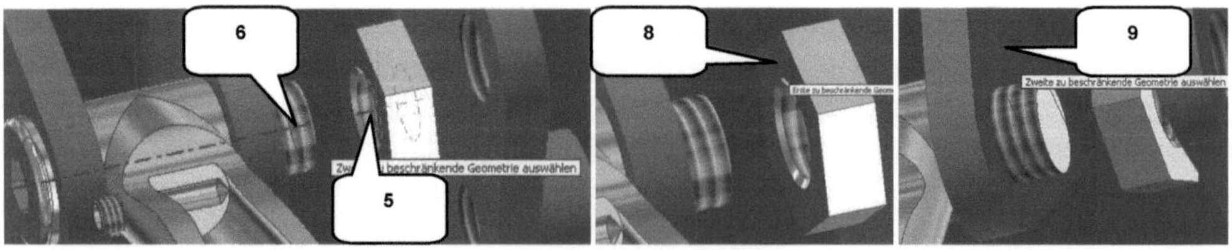

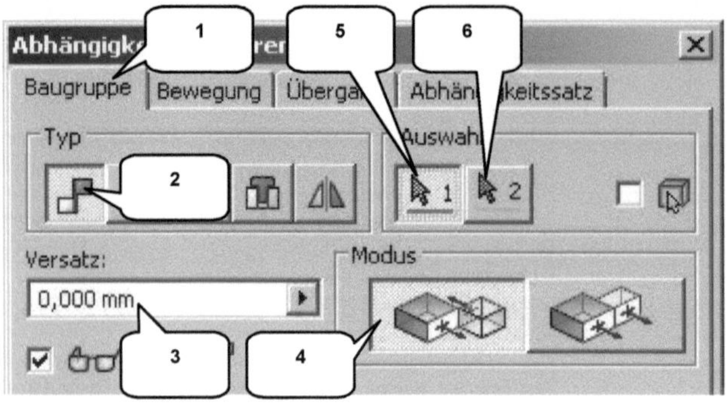

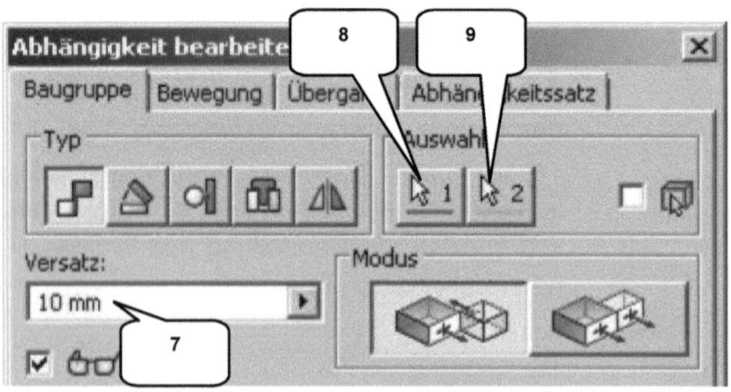

Abhängig machen

- Register ***Baugruppe*** (1)
- Typ: Passend (2)
- Versatz: 0 mm (3)
- Modus: Passend (4)
- Auswahl 1: Gewindefläche Sechskantmutter (5)
- Auswahl 2: Gewindefläche Schraube (6)
- Anwenden ***Anwenden***

- Versatz: ***10 mm*** (7)
- Auswahl 1: Seitenfläche Sechskantmutter (8)
- Auswahl 2: Seitenfläche Maschinenrahmen (9)
- OK ***OK***

HINWEIS: Sollte sich das Setzen der zweiten (Flächen-) Abhängigkeit als schwierig erweisen, weil die Sechskantmutter nach dem Setzen der ersten (axialen) Abhängigkeit möglicherweise zu dicht am Maschinenrahmen angeordnet wurde, so müsste die Sechskantmutter vorher manuell etwas davon entfernt werden (der Befehl muss in diesem Fall unterbrochen werden, um die Sechskantmutter etwas zu verschieben).

Die zuletzt erzeugte Flächenabhängigkeit muss direkt nach dem Setzen wieder deaktiviert werden (sie diente lediglich zur Positionierung der Sechskantmutter und darf für die folgenden Arbeitsschritte nicht weiter aktiviert bleiben). Anschließend ist darauf zu achten, dass die Sechskantmutter nicht mehr bewegt wird!

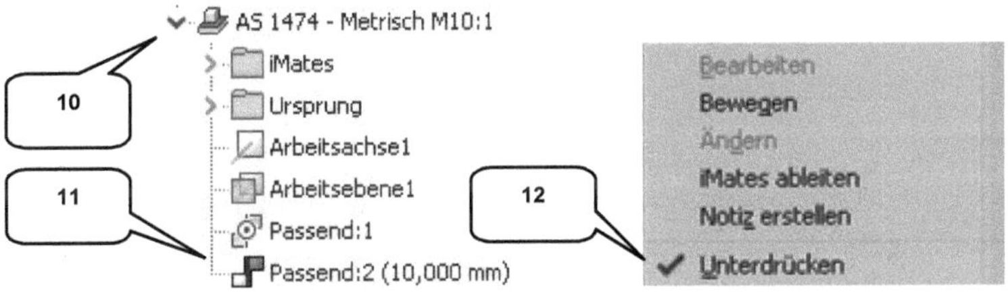

- ➢ ***Sechskantmutter AS 1474 - Metrisch M10:1*** erweitern (10)
- ➢ ***Rechte Maustaste*** auf Abhängigkeit ***Passend:2*** (11)
- ➢ Option: ***Unterdrücken*** (12)

Speichern

7.18.3 Grundlagen: Schraubgelenk

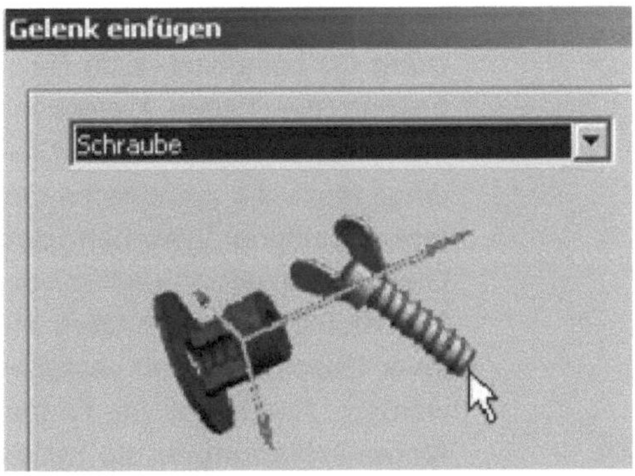

Der Bewegungsablauf einer Schraube die in eine Gewindebohrung geschraubt wird, oder einer Mutter die auf einen Gewindebolzen geschraubt wird, ist eine kombinierte Bewegung, bestehend aus einer translatorischen und einer rotatorischen Bewegung. Im Bereich der dynamischen Simulation gibt es speziell zur Darstellung solcher Bewegungsabläufe das Gelenk ***Schraube***, dessen Anwendung in der folgenden Übung erklärt werden soll.

7.18.4 Einfügen einer Schraubverbindung

Nachdem die Sechskantmutter in Position gebracht wurde, sind jetzt im Bereich der ***dynamischen Simulation*** ein ***Schraubgelenk*** zu definieren und die Referenzen (Bohrungs- und Zylinderkanten) sowie die Steigung festzulegen.

Arbeitsbereich:
Dynamische Simulation

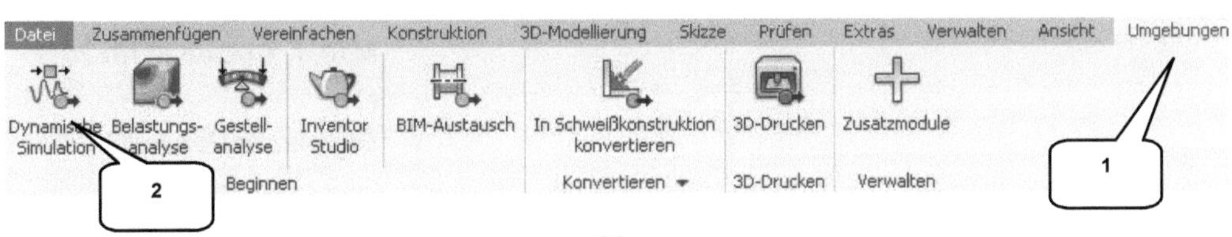

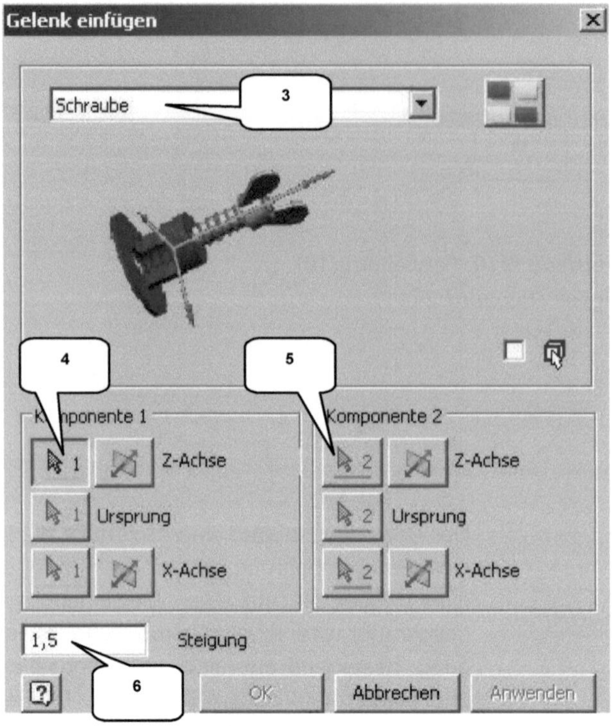

- Register ***Umgebungen*** (1)
- Dynamische Simulation (2)

Gelenk einfügen

- Auswahl: Schraube (3)
- Z-Achse 1: Bohrungskante Sechskantmutter (4)
- Z-Achse 2: Zylinderkante Gewindebolzen (5)
- Steigung: 1,5 mm (6)
- OK ***OK***

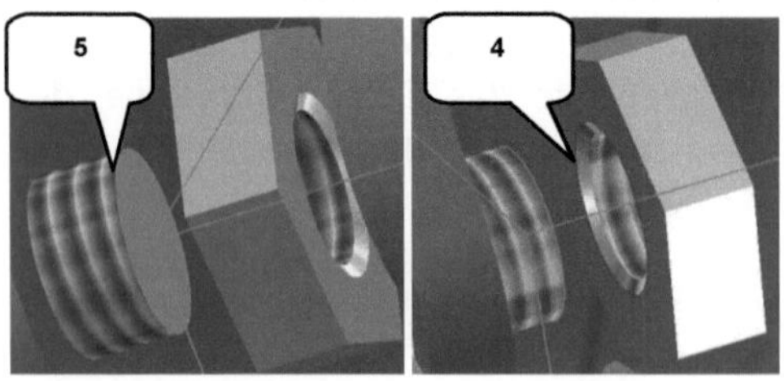

Im Browser wird der neue Ordner ***Rollverbindungen*** (7) erzeugt, der die ***Schraubverbindung*** (8) beinhaltet. Eine Bearbeitung der neuen Gelenkverbindung ist nicht nötig. Allerdings muss die zylindrische Gelenkverbindung zwischen dem Gewindebolzen und der Sechskantmutter zusätzlich mit einer Geschwindigkeit versehen werden. Hierfür ist im Ordner ***Normverbindungen*** die zylindrische Gelenkverbindung zwischen dem Bolzen und der Sechskantmutter zu lokalisieren und zu bearbeiten.

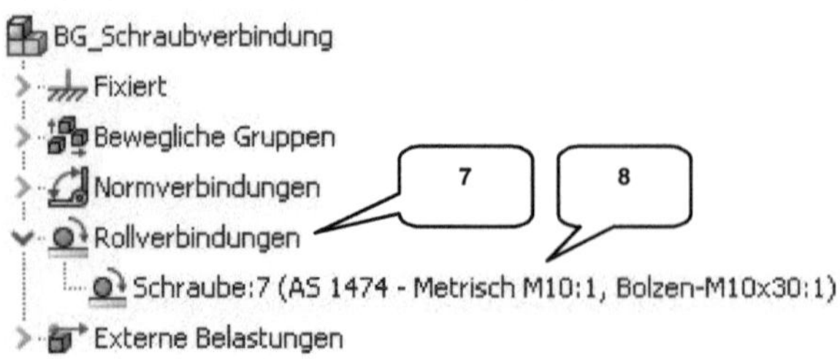

- ***Normverbindungen*** erweitern (9)
- ***Rechte Maustaste*** auf zylindrisches Gelenk der Bauteile ***AS 1474 - Metrisch M10:1, Bolzen-M10x30:1*** (10)
- ***Eigenschaften*** (11)

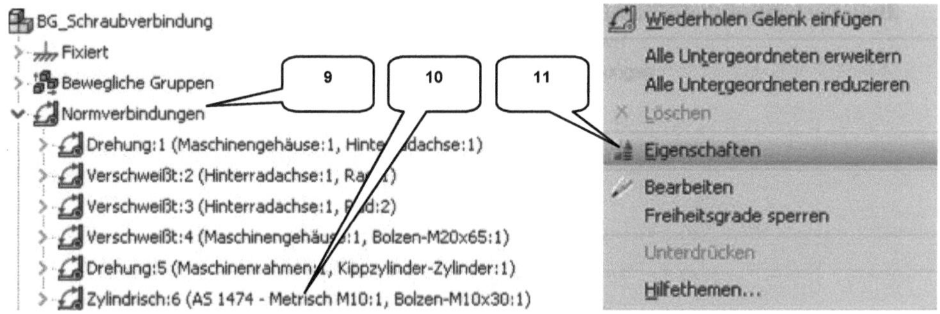

In den Eigenschaften des zylindrischen Gelenks ist das Register ***Freiheitsgrad*** (R) zu öffnen. Um die Bewegung der Sechskantmutter, analog des Abstandes zwischen Sechskantmutter und Maschinenrahmen und der Steigung des Gewindes gestalten zu können, sollte die folgende Überlegung angestellt werden: Der Abstand zwischen Maschinenrahmen und Sechskantmutter beträgt 10 mm und Bolzen sowie Sechskantmutter sind mit einem metrisches Gewinde M10 mit der Steigung 1,5 mm versehen worden. Die Sechskantmutter muss sich also insgesamt 10 / 1,5 Mal drehen um die 10 mm Entfernung in einer Sekunde zu überwinden. Die resultierende Winkelgeschwindigkeit berechnet sich demzufolge aus dem Produkt (360 ° x 10) / 1,5 was bei einer Simulationsdauer von einer Sekunde einer ***Winkelgeschwindigkeit*** von ***2400 Grad/ Sekunde*** entspricht.

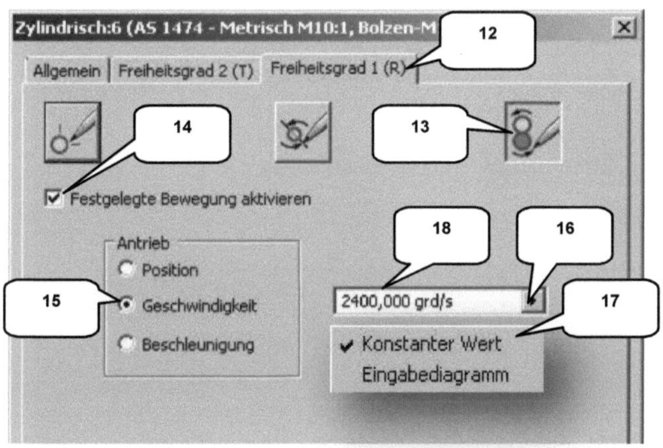

- Register ***Freiheitsgrad*** (R) (12)
- Festgelegte Bewegung bearbeiten (13)
- Festgelegte Bewegung aktivieren (14)
- Geschwindigkeit (15)
- Eingabefeld erweitern (16)
- Konstanter Wert (17)
- Eingabe: 2400 grd/s (18)
- OK ***OK***

7.18.5 Ausführen und Aufzeichnen der Simulation

Mit einer weiteren Simulation soll überprüft werden, ob die Einstellungen der Gelenke zu einem sinnvollen Ergebnis führen und die Sechskantmutter passend auf den Bolzen geschraubt wird.

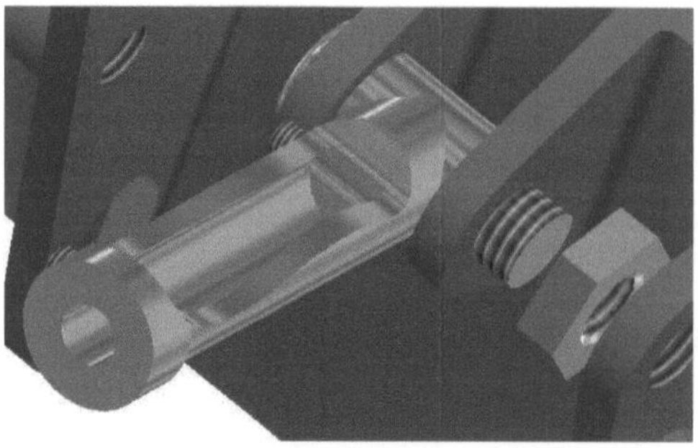

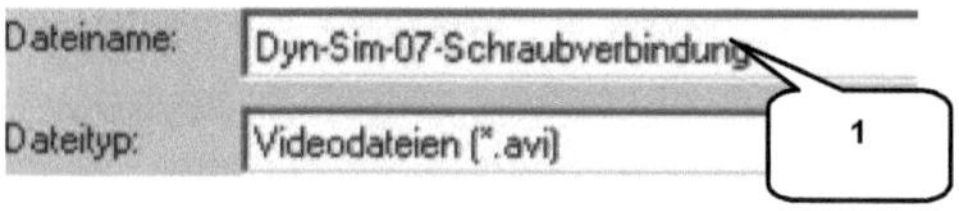

Film publizieren
- Dateiname: Dyn-Sim-07-Schraubverbindung (1)
- Dateityp: *.avi
- Speichern ***Speichern***

- Komprimierung: Microsoft Video 1
- Qualität: 100 %
- OK ***OK***

- ***Wiedergabe*** (2)
- Simulation ablaufen lassen
- ***Konstruktionsmodus*** (3)

Film publizieren

Verlief alles nach Plan, so sollte sich die Sechskantmutter rotierend in Richtung des Maschinenrahmens bewegen und diesen am Ende der Simulation erreicht haben. Sollte sich die Sechskantmutter in die entgegengesetzte Richtung bewegen, so müssten die Eigenschaften der zylindrischen Gelenkverbindung erneut bearbeitet werden, um den Wert der Winkelgeschwindigkeit zu negieren (-2400 grd/s).

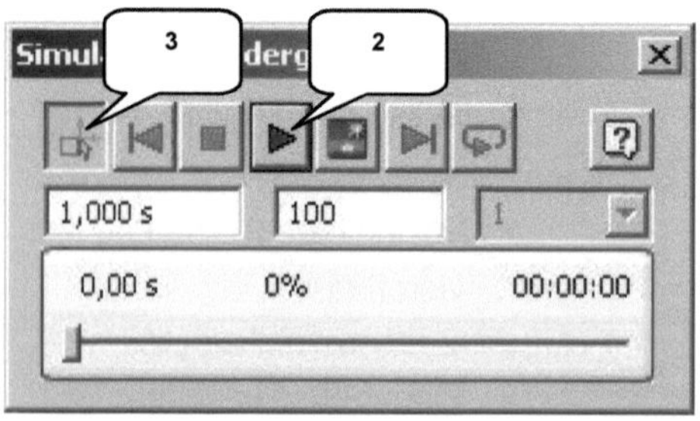

Die Baugruppe kann jetzt gespeichert und anschließend bereits wieder geschlossen werden.

Speichern
Fertigstellen

Baugruppe schließen

7.19 Rollbewegung eines Rades
7.19.1 Öffnen der Baugruppe

Arbeitsbereich:
Baugruppe (Zusammenfügen)

Für die nächste Übung wird eine andere, bereits vorhandene Baugruppe benötigt, welche jetzt zu öffnen ist.

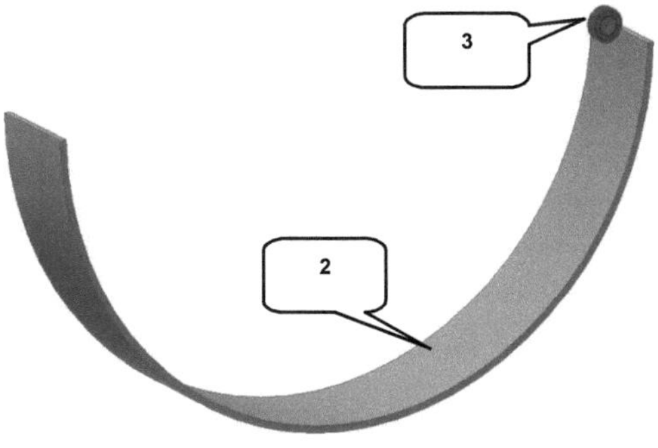

Öffnen

- Dateiname: BG_Zylinder_Zylinder (1)
- Dateityp: *.iam
- Öffnen ***Öffnen***

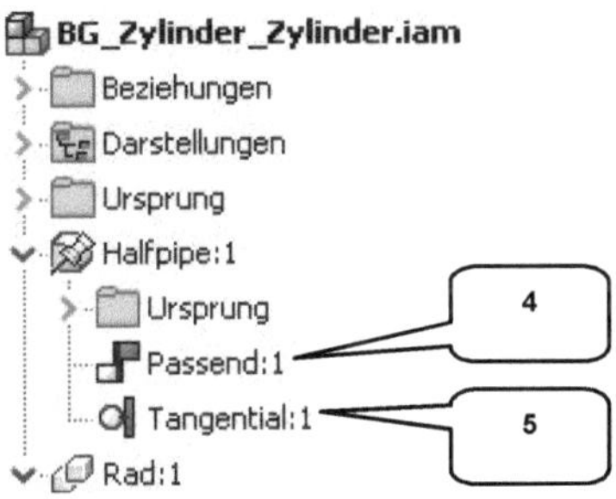

Darin befinden sich lediglich 2 Komponenten: eine Halfpipe (2) und ein Rad (3). Die Halfpipe wurde am Koordinatenursprung platziert und fixiert. Das Rad wurde an der XY-Ebene der Baugruppe angeordnet (4) und verfügt weiterhin über eine tangentiale Abhängigkeit zur Halfpipe (5). Wird das Rad jetzt im Baugruppenbereich bei gedrückter linker Maustaste nach unten bewegt, so folgt es dem Verlauf der Halfpipe. Wechseln Sie jetzt in den Bereich der dynamischen Simulation, um darin eine realistische Rollbewegung des Rades entlang der Halfpipe zu erzeugen.

7.19.2 Ausführen und Aufzeichnen der Simulation

Arbeitsbereich:
Dynamische Simulation

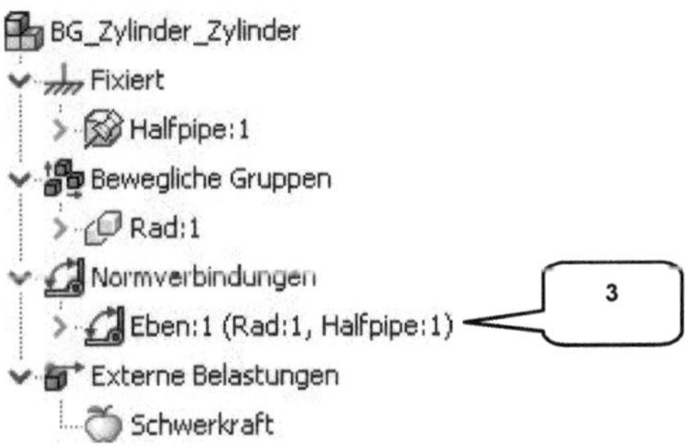

- Register ***Umgebungen*** (1)
- **Dynamische Simulation** (2)

Erweitert man im Browser den Ordner ***Normverbindungen***, so ist zu erkennen, dass die Flächenabhängigkeit zwischen dem Rad und der XY-Ebene in die Gelenkverbindung ***Eben*** (3) konvertiert wurde. Die tangentiale Abhängigkeit zwischen Rad und Halfpipe hingegen existiert nicht mehr.

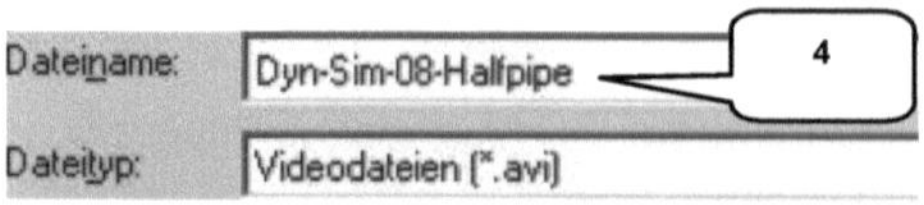

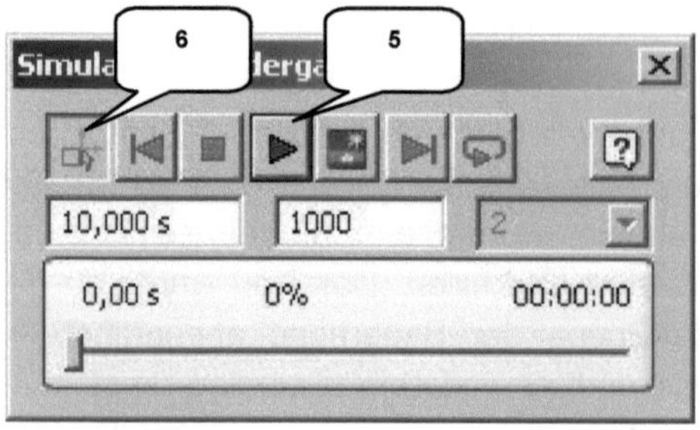

Um die Auswirkungen der aktuellen Situation zu verdeutlichen soll eine erste Simulation gestartet werden.

Film publizieren

- Dateiname: Dyn-Sim-08-Halfpipe (4)
- Dateityp: *.avi
- Speichern ***Speichern***

- Komprimierung: Microsoft Video 1
- Qualität: 100 %
- OK ***OK***

- ***Wiedergabe*** (5)
- Simulation ablaufen lassen
- ***Konstruktionsmodus*** (6)

Film publizieren

Das Rad fällt gerade nach unten und durchdringt dabei die Halfpipe (die Schwerkraft wurde in dieser Baugruppe bereits definiert). Das Programm erkennt weder eine Kollision, noch einen tangentialen Zusammenhang zwischen Rad und Halfpipe. Es muss also im Bereich der dynamischen Simulation nach einer alternativen Lösung gesucht werden.

HINWEIS: Tangentiale Abhängigkeiten aus dem Bereich der Baugruppenmodellierung werden nicht automatisch in den Bereich der dynamischen Simulation übertragen. Der Grund ist folgender: In den Gelenkverbindungen gäbe es zwei Möglichkeiten dieser tangentialen Verbindung. Ein Schiebegelenk und ein Rollgelenk. Weil das Programm nicht wissen kann was der Anwender benötigt, so erzeugt es an dieser Stelle automatisch gar kein Gelenk.

7.19.3 Grundlagen: Rollgelenk Zylinder in Zylinder

Um das Rad entlang der Halfpipe abrollen lassen zu können, benötigen wir ein Rollgelenk ***Zylinder in Zylinder***. Nachdem das Gelenk platziert wurde, kann es bearbeitet werden um zusätzlich Begrenzungen wie z. B. Winkel, Schrägen oder einen Wirkungsgrad zu definieren. Fügen Sie zunächst das Rollgelenk ein.

7.19.4 Einfügen eines Rollgelenks

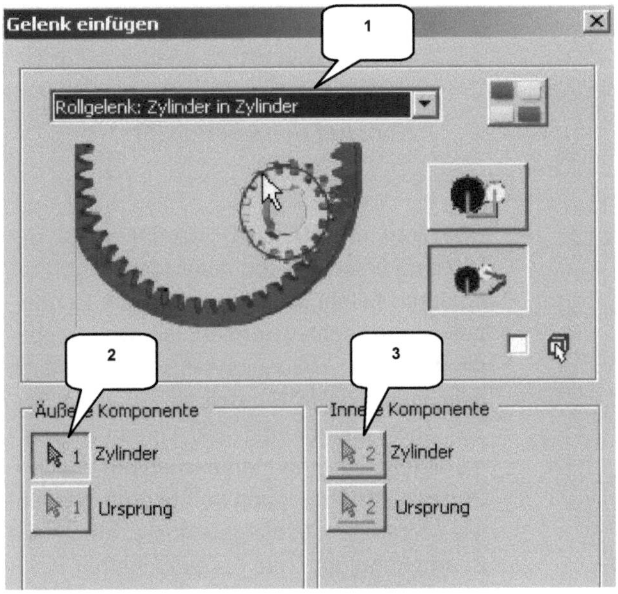

Gelenk einfügen

- Auswahl: Rollgelenk: Zylinder in Zylinder (1)
- Zylinder 1: Innenfläche Halfpipe (2)
- Zylinder 2: Lauffläche Rad (3)
- OK ***OK***

HINWEIS: Am Rad ist die mittig liegende Lauffläche zu wählen. Weiterhin ist auf die richtige Reihenfolge zu achten (äußere Komponente = zylindrische Fläche der Halfpipe, innere Komponente = Lauffläche des Rades).

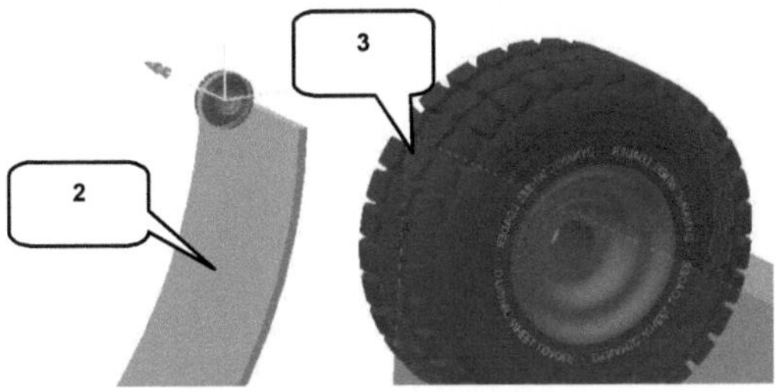

7.19.5 Ausführen und Aufzeichnen der Simulation

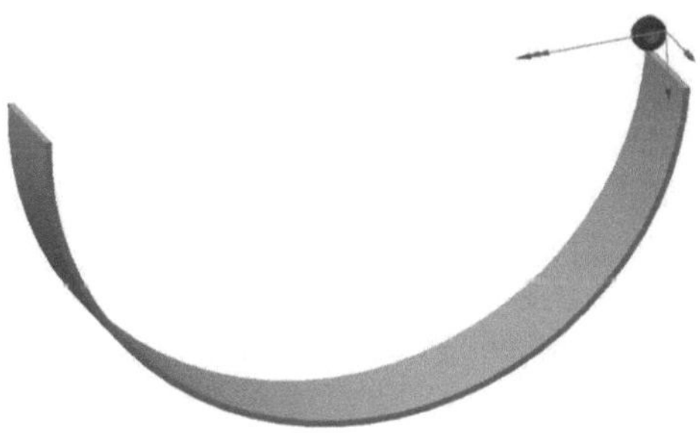

Mit einer neuen Simulation soll nachgewiesen werden, ob das zuletzt eingefügte Gelenk auch das gewünschte Ergebnis liefert.

Film publizieren

- Dateiname: Dyn-Sim-09-Rollgelenk (1)
- Dateityp: *.avi
- Speichern ***Speichern***

- Komprimierung: Microsoft Video 1

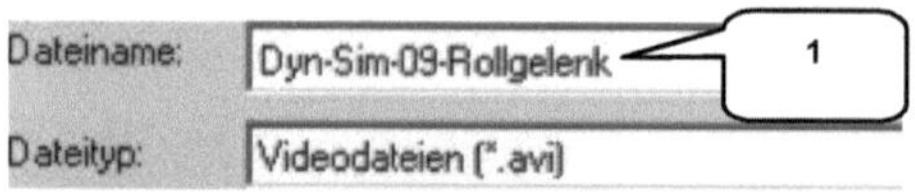

- Qualität: 100 %
- **OK**

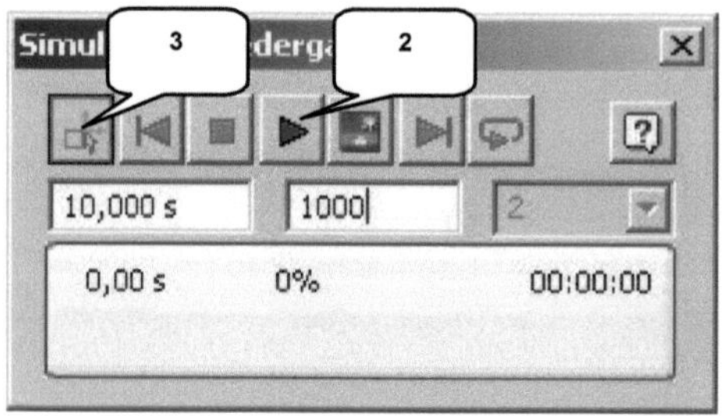

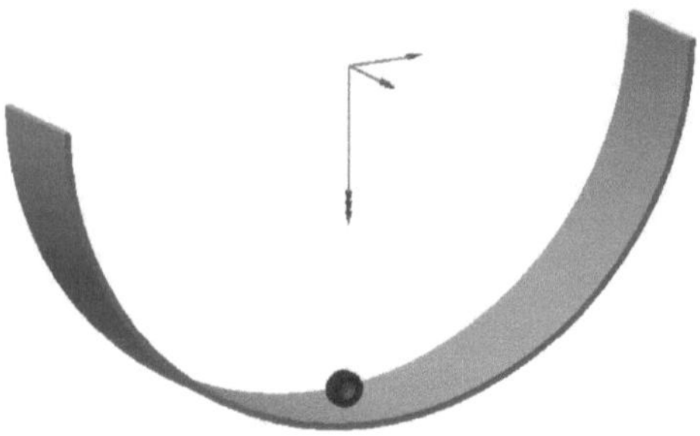

- ***Wiedergabe*** (2)
- Simulation ablaufen lassen
- ***Konstruktionsmodus*** (3)

Film publizieren

Das Rad müsste sich jetzt innerhalb der Halfpipe bewegen und nicht mehr durch sie hindurch fallen. Allerdings wird die Pendelbewegung nicht verringert, so wie es (bedingt durch Reibungsverluste) eigentlich sein müsste. Die Pendelbewegung ist derzeit noch ungebremst und könnte als harmonische Schwingung beschrieben werden. In der nächsten Übung soll geprüft werden, wie derartige Reibungsverluste durch die Bearbeitung der Gelenkeigenschaften simuliert werden können.

7.19.6 Bearbeiten des Rollgelenk-Wirkungsgrades

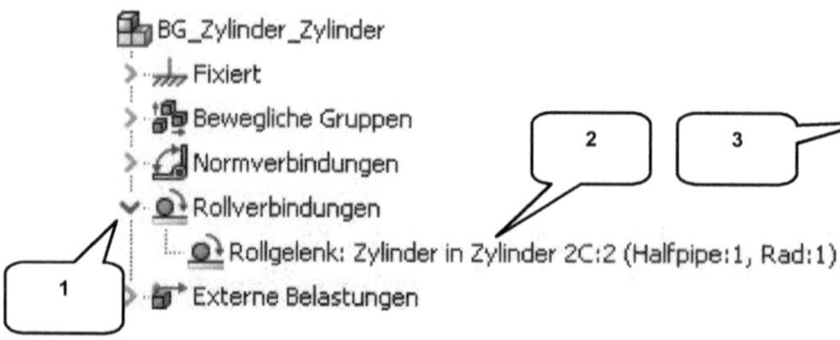

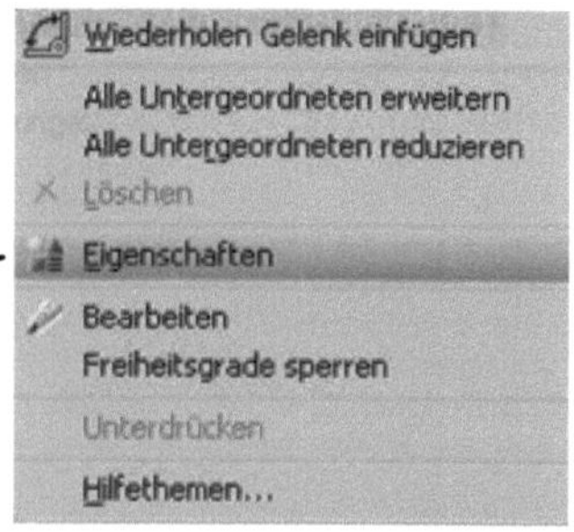

Das zuletzt erzeugte und zu bearbeitende Gelenk findet man im Ordner ***Rollverbindungen***. Klickt man darin mit der rechten Maustaste auf das ***Rollgelenk*** und wählt man dann im Kontextmenü die ***Eigenschaften*** aus, so kann das Gelenk bearbeitet werden. Im Register ***Parameter*** kann jetzt der Wirkungsgrad geändert werden, um die Pendelbewegung des Rades zu minimieren und somit Reibungsverluste zu simulieren.

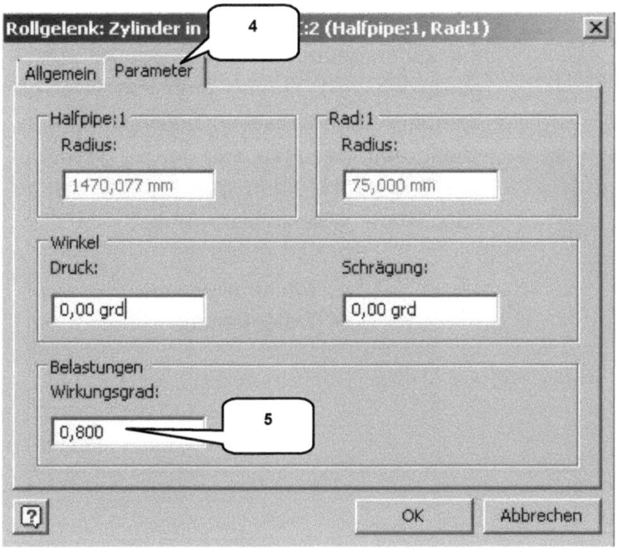

- ***Rollverbindungen*** erweitern (1)
- ***Rechte Maustaste*** auf Rollgelenk der Bauteile ***Halfpipe:1*** und ***Rad:1*** (2)
- ***Eigenschaften*** (3)

- Register ***Parameter*** (4)
- Wirkungsgrad: 0,8 (5)
- ***OK***

HINWEIS: Der Wirkungsgrad kann nur im Wertebereich von 0,001 bis 1,0 definiert werden.

7.19.7 Ausführen und Aufzeichnen der Simulation

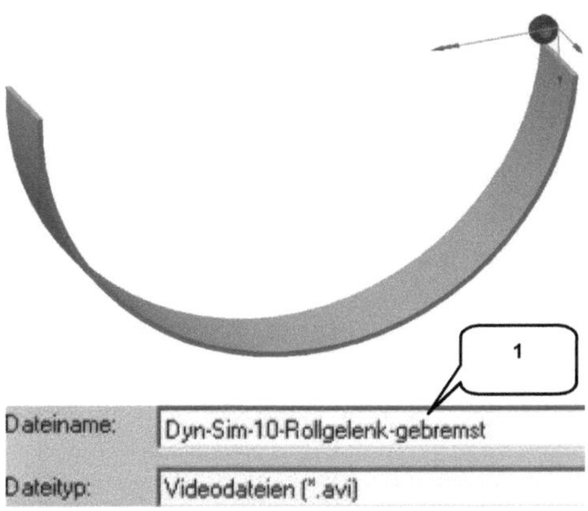

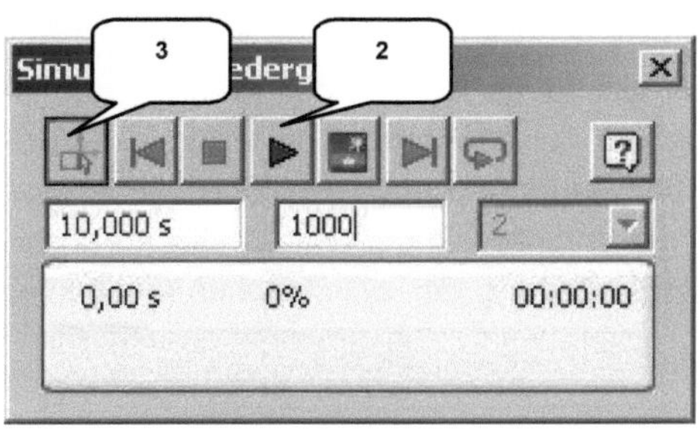

Ob die Änderung des Wirkungsgrades auch eine Minimierung der Pendelbewegung des Rades in der Halfpipe zur Folge hat, soll in einer neuen Simulation überprüft werden.

Film publizieren

- Dateiname: Dyn-Sim-10-Rollgelenk-gebremst (1)
- Dateityp: *.avi
- ***Speichern***

- Komprimierung: Microsoft Video 1
- Qualität: 100 %
- ***OK***

- ***Wiedergabe*** (2)
- Simulation ablaufen lassen
- ***Konstruktionsmodus*** (3)

Film publizieren

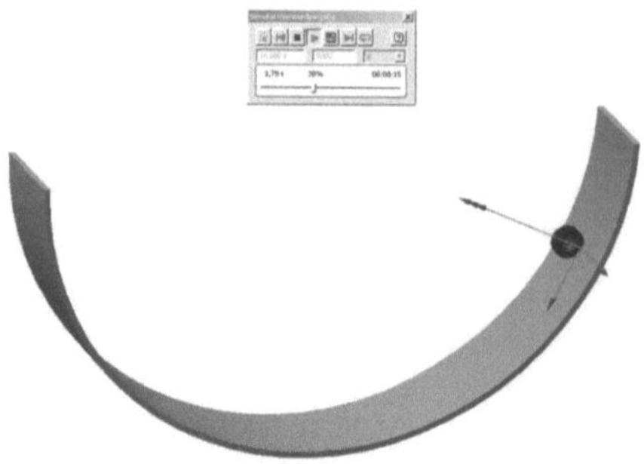

Die Pendelbewegung des Rades sollte jetzt mit zunehmender Simulationsdauer kleiner geworden sein, sodass man von einer gedämpften, harmonischen Schwingung sprechen kann: das Rad wird (leicht) gebremst. Die Baugruppe kann gespeichert und bereits wieder geschlossen werden.

Speichern (Ja für alle)
- OK ***OK*** (Datenformat)

Fertigstellen
Baugruppe schließen

7.20 Parameter in der dynamischen Simulation
7.20.1 Öffnen der Baugruppe

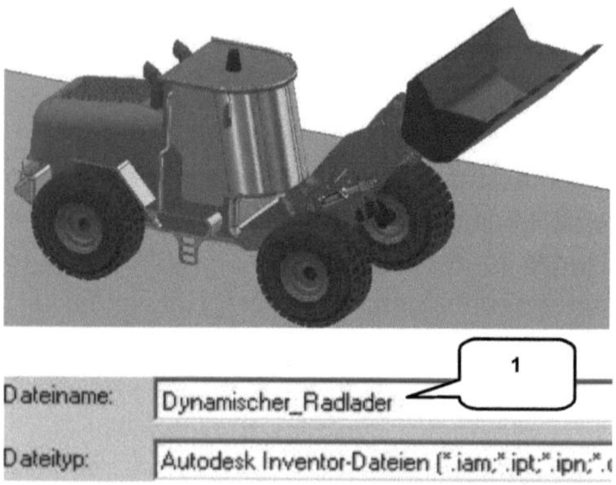

Die nächsten Übungen sind wieder an der Baugruppe ***Dynamischer_Radlader.iam*** durchzuführen. Öffnen Sie die Baugruppe und wechseln Sie anschließend in den Bereich der dynamischen Simulation.

Öffnen
- Dateiname: Dynamischer_Radlader (1)
- Dateityp: *.iam
- Öffnen ***Öffnen***

7.20.2 Definition des Parameters: Dämpfung (Kippzylinder)

Arbeitsbereich:
Dynamische Simulation

Wie auch im Bereich der Baugruppenkonstruktion gibt es im Bereich der dynamischen Simulation die Möglichkeit, mit ***Parametern*** zu arbeiten. Zur Demonstration sollen in der folgenden Übung die Werte der Dämpfung beider Hubzylinder und auch des Kippzylinders parametrisch miteinander verknüpft werden, wobei die entsprechenden Parameter vorab gekennzeichnet werden sollten. Starten Sie mit der Bearbeitung der zylindrischen Gelenkverbindung des Kippzylinders.

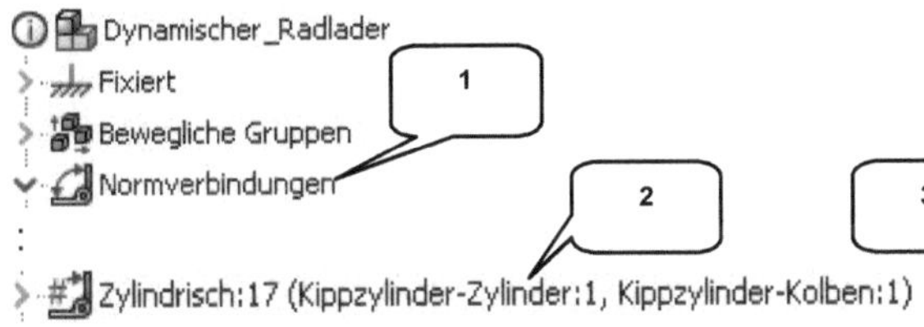

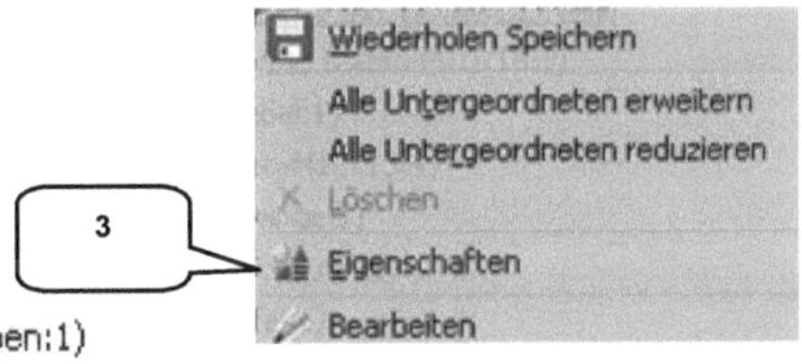

- ***Normverbindungen*** erweitern (1)
- ***Rechte Maustaste*** auf zylindrische Gelenkverbindung der Bauteile ***Kippzylinder-Zylinder:1, Kippzylinder-Kolben:1*** (2)
- ***Eigenschaften*** (3)

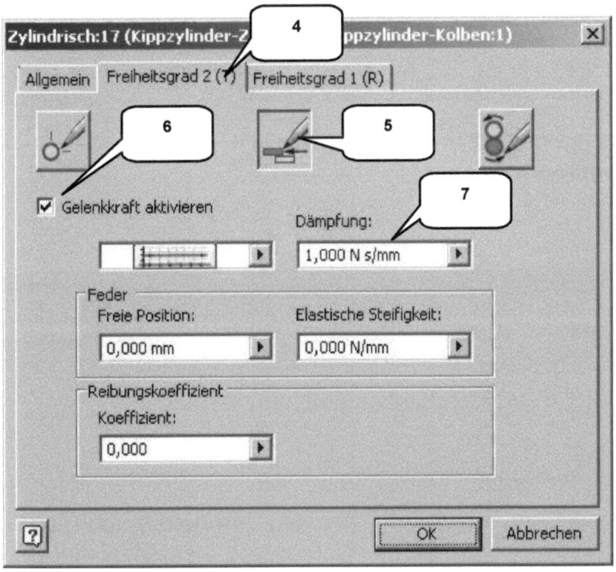

Um den Parameter der Dämpfung des Kippzylinders später im Parameter-Manager besser lokalisieren zu können, soll im entsprechenden Eingabefeld in den Eigenschaften der Gelenkverbindung neben dem eigentlich Wert auch bereits die Bezeichnung des Parameters hinterlegt werden. Hier ist die neue Bezeichnung des Parameternamens samt Wert als Gleichung einzutragen.

- Register ***Freiheitsgrad*** (T) (4)
- Gelenkkraft bearbeiten (5)
- Gelenkkraft aktivieren (6)
- Dämpfung: Dämpfung_Kippzylinder=1 (7)
- Taste: ***ENTER***
- OK ***OK***

Speichern

HINWEIS: Die Eingabe muss mit der Taste: **ENTER** bestätigt werden.

7.20.3 Definition des Parameters: Dämpfung (Hubzylinder)

In gleicher Weise sind nacheinander die beiden Hubzylinder zu kennzeichnen und zu bearbeiten.

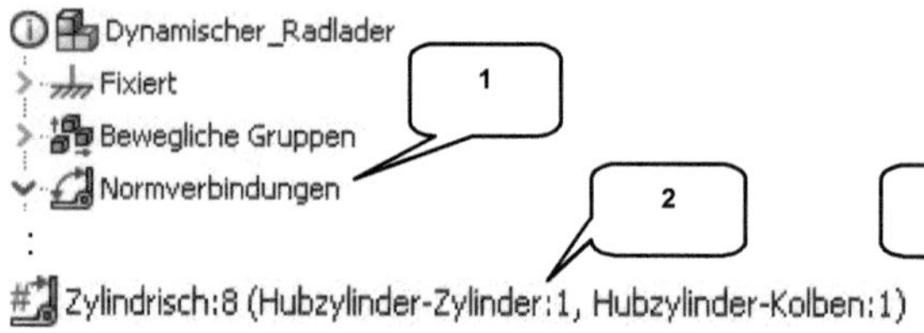

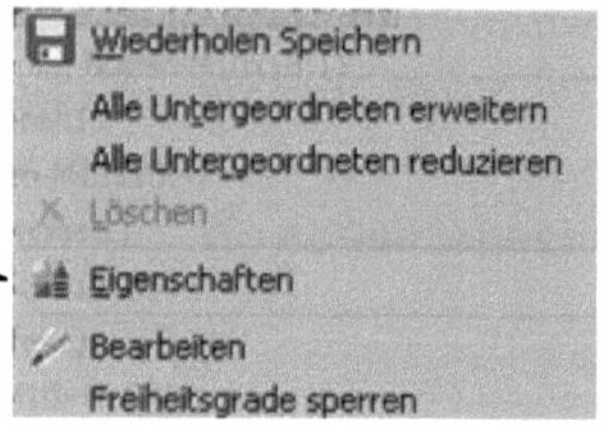

- ***Normverbindungen*** erweitern (1)
- ***Rechte Maustaste*** auf zylindrische Gelenkverbindung der Bauteile ***Hubzylinder-Zylinder:1, Hubzylinder-Kolben:1*** (2)
- ***Eigenschaften*** (3)

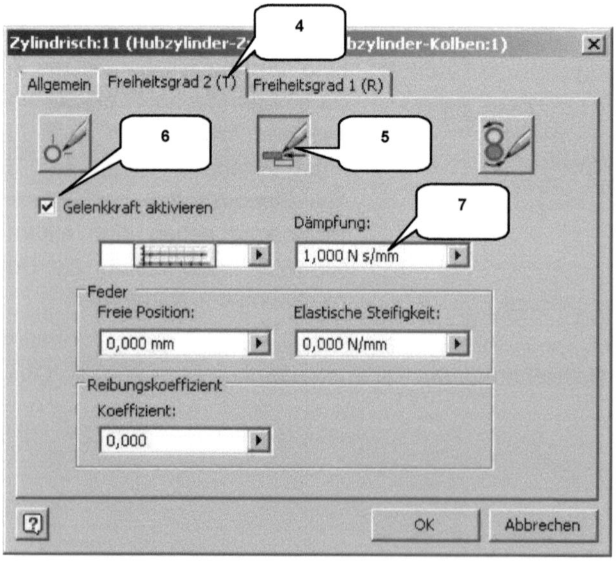

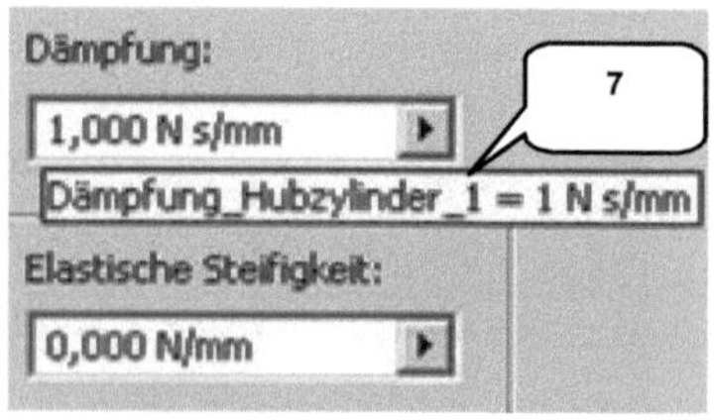

- Reg. ***Freiheitsgrad*** (T) (4)
- Gelenkkraft bearbeiten (5)
- Gelenkkraft aktivieren (6)

- Dämpfung: Dämpfung_ Hubzylinder_1=1 (7)
- Taste: **ENTER**
- OK ***OK***

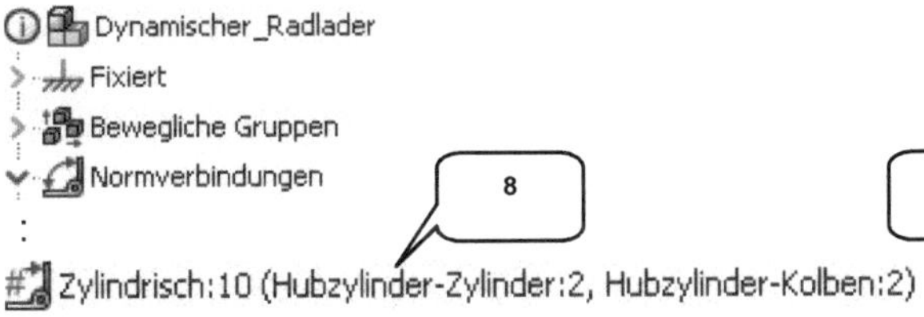

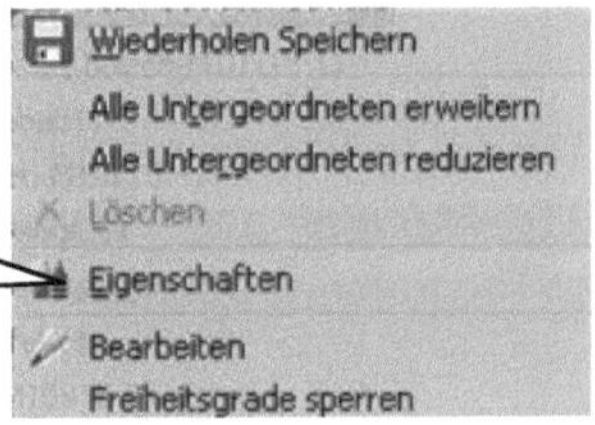

- ***Rechte Maustaste*** auf zylindrische Gelenkverbindung der Bauteile ***Hubzylinder-Zylinder:2, Hubzylinder-Kolben:2*** (8)
- ***Eigenschaften*** (9)

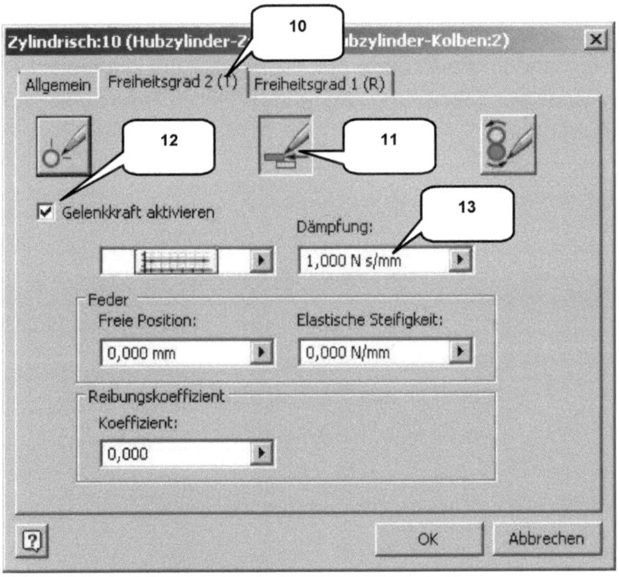

- Register ***Freiheitsgrad*** (T) (10)
- Gelenkkraft bearbeiten (11)
- Gelenkkraft aktivieren (12)
- Dämpfung: Dämpfung_Hubzylinder_2=1 (13)
- Taste: ***ENTER***
- OK ***OK***

Speichern

7.20.4 Dämpfungsparameter der Hubzylinder miteinander verknüpfen

Um die drei gekennzeichneten Parameter miteinander verknüpfen zu können muss der ***Parameter-Manager*** geöffnet werden. Er befindet sich entweder in der oberen Schnellstartleiste des Programms, oder aber in der Befehlsgruppe ***Verwalten***.

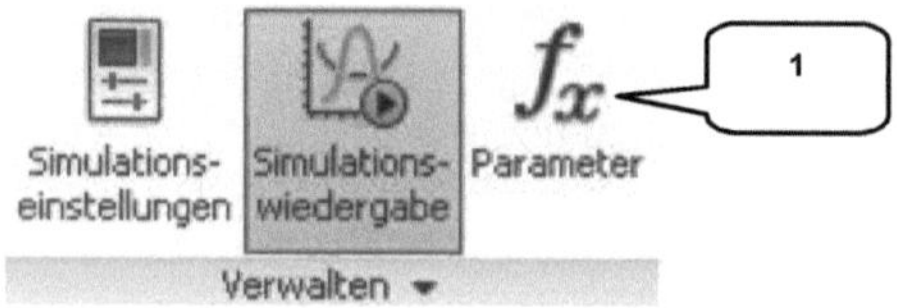

- Befehlsgruppe ***Verwalten***

f_x Parameter (1)

Um die drei gesuchten Parameter schneller finden zu können sollte zuerst der Filter ***Umbenannt*** aktiviert werden. Erweitern Sie danach die Gruppe der Parameter der dynamischen Simulation und verknüpfen Sie den Wert der Dämpfung des ersten Hubzylinders mit dem Wert der Dämpfung des zweiten Hubzylinders.

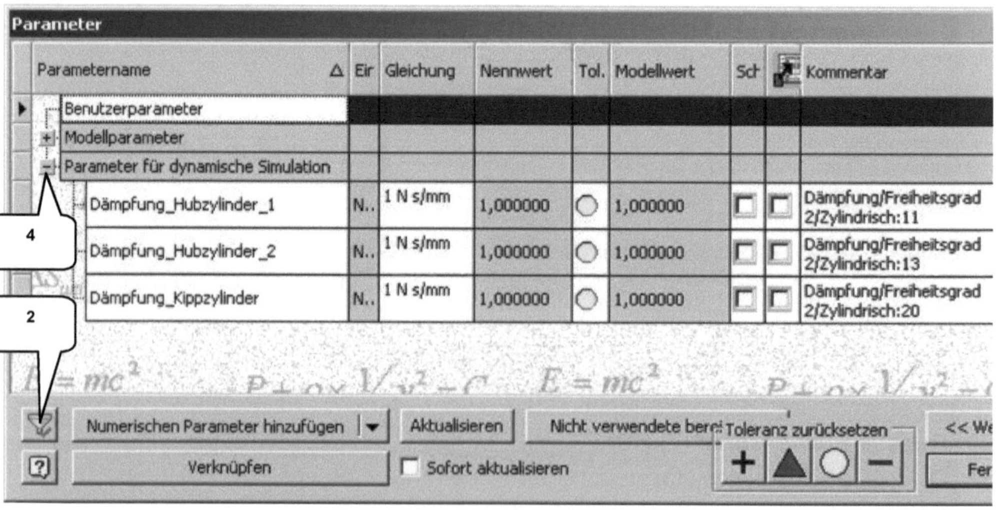

- Filter öffnen (2)
- Aktivieren: Umbenannt (3)
- Erweitern: Parameter für dynamische Simulation (4)

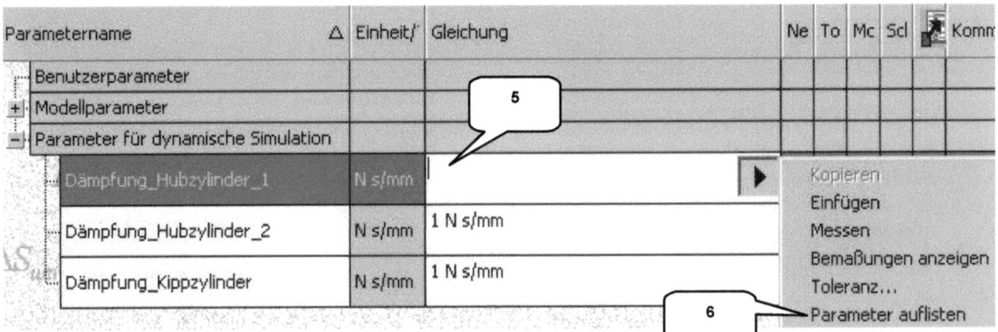

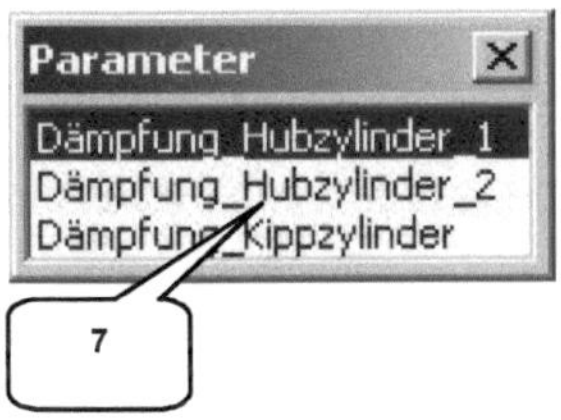

- Feld ***Gleichung*** des Parameters ***Dämpfung_Hubzylinder_1*** anklicken (5)
- Enthaltenen Wert löschen (Taste: ***ENTF***)
- ***Rechte Maustaste*** ins leere Feld (5)
- Auswahl: Parameter auflisten (6)
- Auswahl: ***Dämpfung_Hubzylinder_2*** (7)
- Taste: ***ENTER***

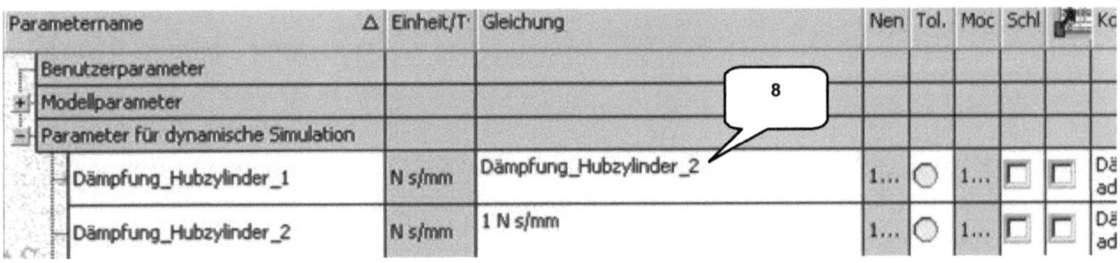

Im bearbeiteten Feld sollte jetzt der Parameter ***Dämpfung_Hubzylinder_2*** angezeigt werden (8). Der Wert der Dämpfung des ersten Hubzylinders wird jetzt von der Dämpfung des zweiten Hubzylinders bezogen. Wird später im Bereich der dynamischen Simulation der Wert der Dämpfung des zweiten Hubzylinders geändert, sollte sich diese Änderung auch auf den ersten Hubzylinder übertragen.

7.20.5 Dämpfungsparameter des Kippzylinders mit Werten versehen

Die Dämpfung des Kippzylinders hingegen soll nicht von den Hubzylindern abhängig gemacht werden. Stattdessen soll ein Auswahlmenü zur Verfügung stehen, welches es ermöglicht, den Wert der Dämpfung aus 3 verschiedenen Werten auszuwählen.

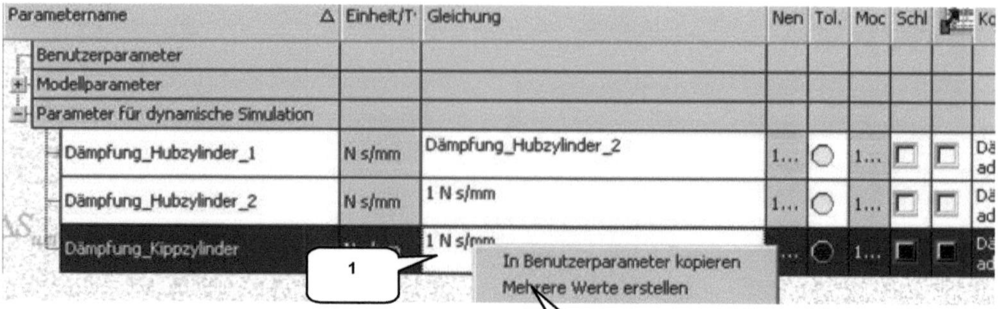

- ➢ ***Rechte Maustaste*** auf markiertes Feld (1)
- ➢ Mehrere Werte erstellen (2)

HINWEIS: Das Kontextmenu mit der Option ***Mehrere Werte erstellen*** (2) steht nur dann zur Verfügung, wenn die betreffende Zelle (1) nicht gerade bearbeitet wird, d. h., der Cursor darin darf nicht blinken. Sollte dies der Fall sein, muss gegebenenfalls vorab mit linker Maustaste eine andere Zeile aktiviert werden, um anschließend mit rechter Maustaste auf die (inaktive) Zelle (1) zu klicken.

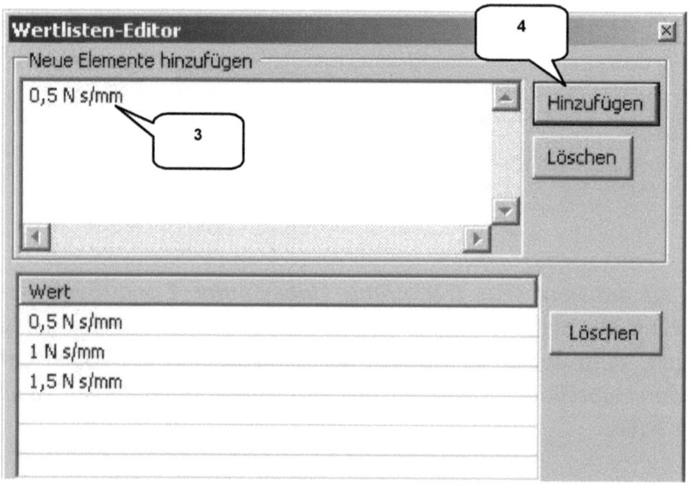

Im ***Wertlisten-Editor*** sind dem vorhandenen Wert der Dämpfung des Kippzylinders (1,0 N s/mm) zwei weitere Werte hinzuzufügen.

- ➢ Wert eintragen: 0,5 N s/mm (3)
- ➢ Hinzufügen (4)
- ➢ Wert eintragen: 1,5 N s/mm (3)
- ➢ Hinzufügen (4)
- ➢ OK ***OK***

7.20.6 Dämpfungswerte des Kippzylinders ändern

Im ***Parameter-Manager*** kann der Wert der Dämpfung des Kippzylinders jetzt aus einem Menü ausgewählt werden. Klicken Sie auf die entsprechende Zeile und aktivieren Sie den Wert ***0,5 N s/mm***.

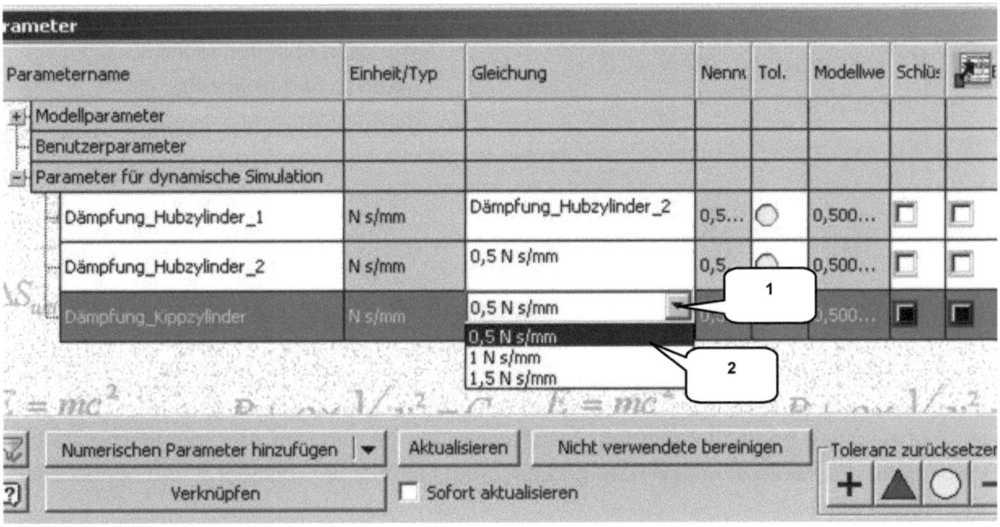

- Auswahlmenü des Kippzylinders erweitern (1)
- Auswahl: 0,5 N s/mm (2)
- Fertig ***Fertig***

HINWEIS: Das im Parameter-Manager hinterlegte Auswahlmenü für den Kippzylinder kann auch nur dort genutzt werden. Eine derartige Auswahloption gibt es in den Gelenkeigenschaften leider nicht.

7.20.7 Ausführen und Aufzeichnen der Simulation

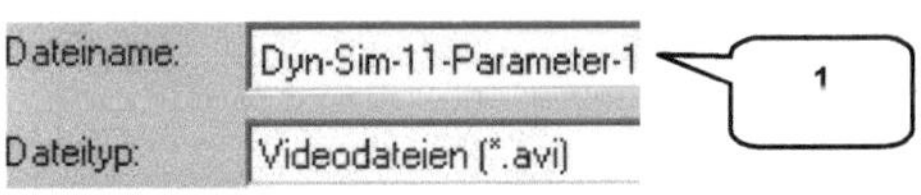

Die zuletzt bearbeiteten Eigenschaften der Dämpfung der drei Zylinder sollen in einer Simulation noch einmal überprüft werden.

Film publizieren

- Dateiname: Dyn-Sim-11-Parameter-1 (1)
- Dateityp: *.avi
- Speichern ***Speichern***
- Komprimierung: Microsoft Video 1
- Qualität: 100 %
- OK ***OK***

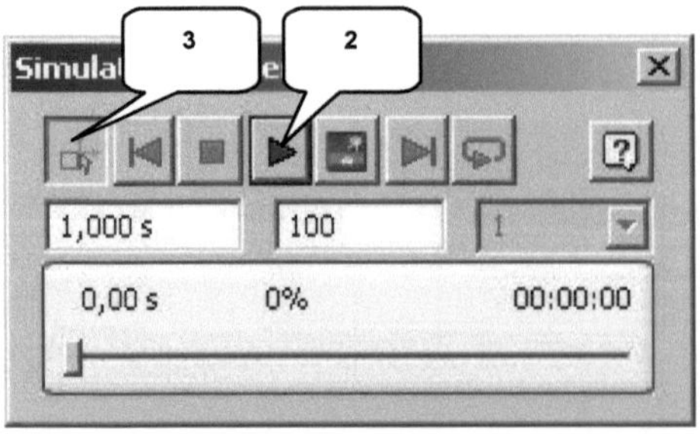

- ***Wiedergabe*** (2)
- Simulation ablaufen lassen
- ***Konstruktionsmodus*** (3)

Film publizieren

7.20.8 Dämpfungsparameter der Hubzylinder ändern

Die Dämpfung des ersten Hubzylinders kann jetzt also problemlos über die Eigenschaften des zweiten Hubzylinders gesteuert werden. Um das zu testen, soll die Dämpfung des zweiten Hubzylinders bearbeitet werden. Lokalisieren Sie im Browser die zylindrische Gelenkverbindung der Bauteile Hubzylinder-Kolben:2 und Hubzylinder-Zylinder:2 und öffnen Sie ihre Eigenschaften.

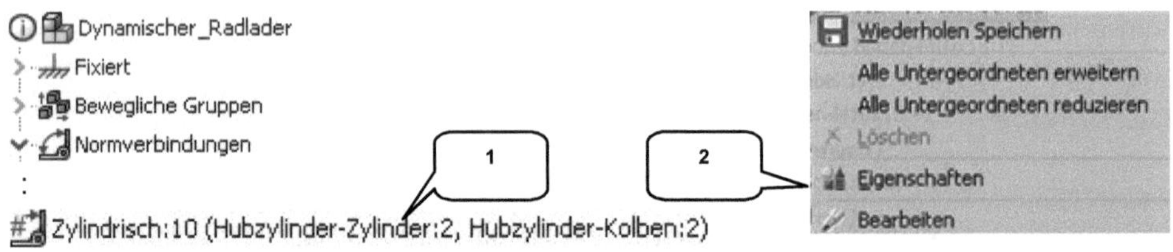

- ***Rechte Maustaste*** auf zylindrische Gelenkverbindung der Bauteile ***Hubzylinder-Zylinder:2, Hubzylinder-Kolben:2*** (1)
- ***Eigenschaften*** (2)

Ändern Sie im Register ***Freiheitsgrad (T)*** den Wert der Dämpfung des zweiten Hubzylinders auf ***0,5 N s/mm*** und prüfen Sie anschließend, ob die Änderung auch auf die Eigenschaften des ersten Hubzylinders übertragen wurde.

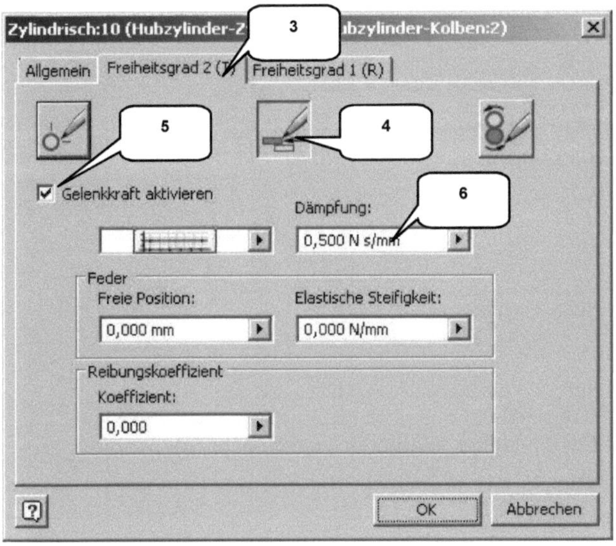

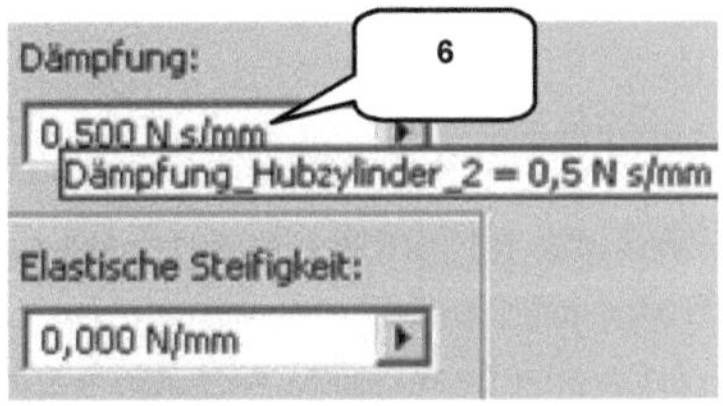

- Register ***Freiheitsgrad*** (T) (3)
- Gelenkkraft bearbeiten (4)
- Gelenkkraft aktivieren (5)
- Dämpfung: 0,5 N s/mm (6)
- OK ***OK***

7.20.9 Ausführen und Aufzeichnen der Simulation

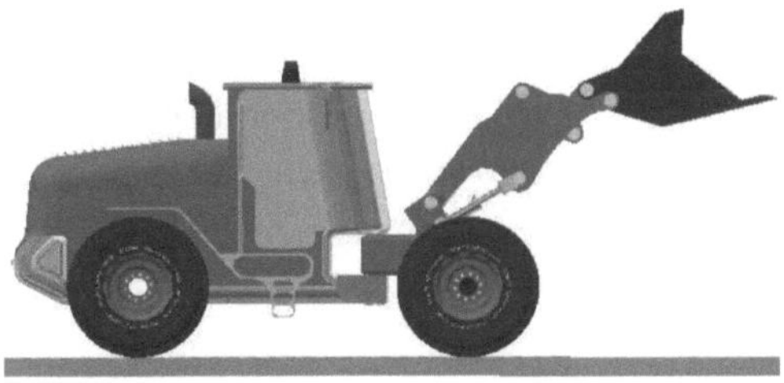

Führen Sie eine weitere Simulation durch um sicherzustellen, dass der Mechanismus auch mit den geänderten Werten funktioniert.

Film publizieren

- Dateiname: Dyn-Sim-12-Parameter-2 (1)
- Dateityp: *.avi
- Speichern ***Speichern***

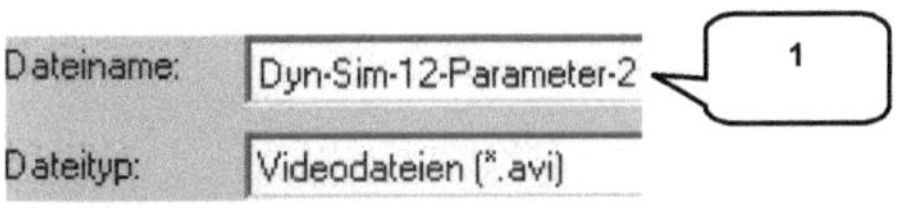

- Komprimierung: Microsoft Video 1
- Qualität: 100 %
- OK ***OK***

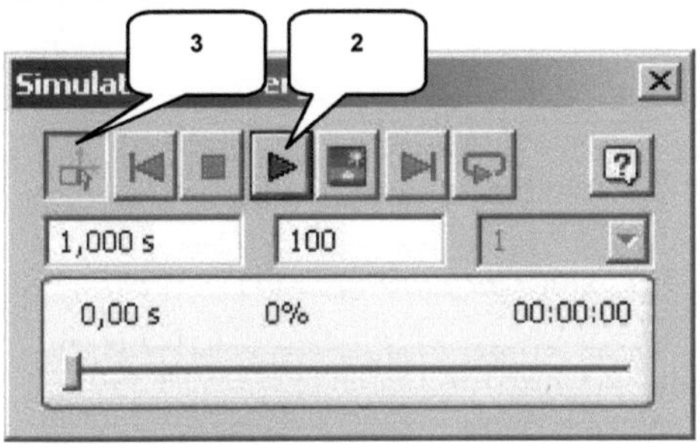

- ***Wiedergabe*** (2)
- Simulation ablaufen lassen
- ***Konstruktionsmodus*** (3)

Film publizieren

Speichern

7.21 Mechanismus und Redundanzen

7.21.1 Speichern einer Kopie der Baugruppe

Weil die folgende Übung eine umfassende Bearbeitung der Baugruppe erfordert, sollte die Datei jetzt unter einer anderen Bezeichnung gespeichert werden, mit der im Anschluss daran weitergearbeitet werden kann.

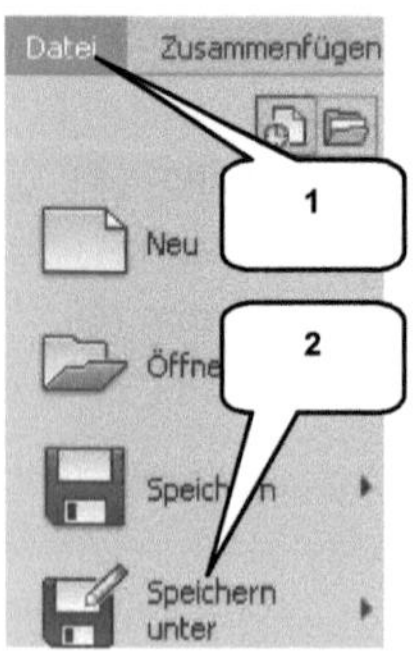

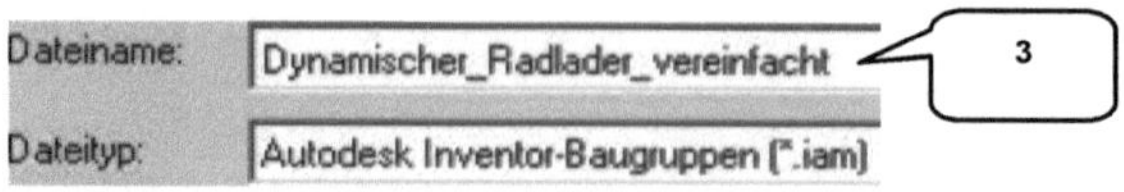

- **Datei** (1)
- **Speichern unter** (2)
- Dateiname: Dynamischer_Radlader_vereinfacht (3)
- Dateityp: *.iam
- Speichern ***Speichern***

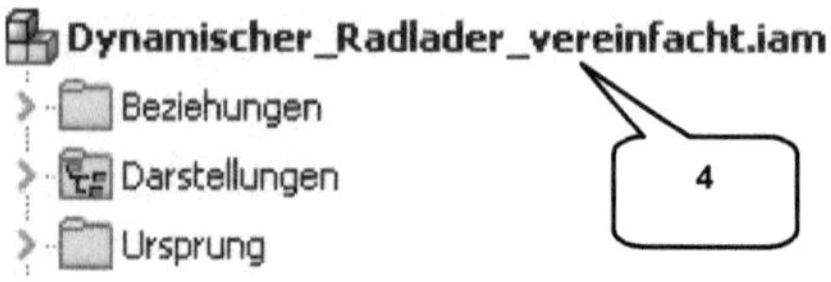

Im Browser sollte noch einmal kontrolliert werden, ob jetzt auch wirklich die Kopie der Baugruppe (4) verwendet wird und nicht das Original. Anschließend kann in den Bereich der dynamischen Simulation zurückgekehrt werden.

7.21.2 Grundlagen: Status des Mechanismus

Arbeitsbereich:
Dynamische Simulation

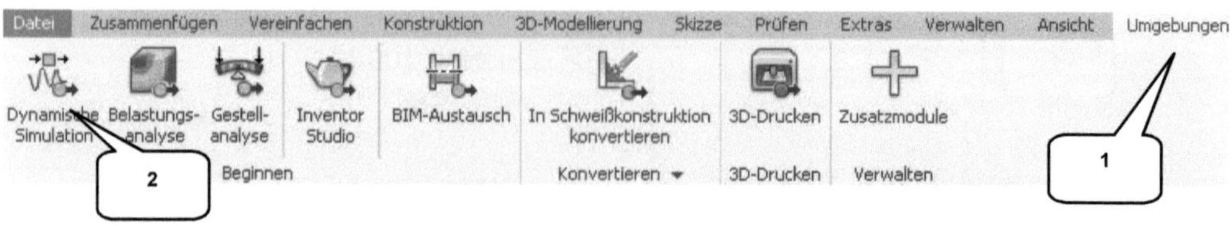

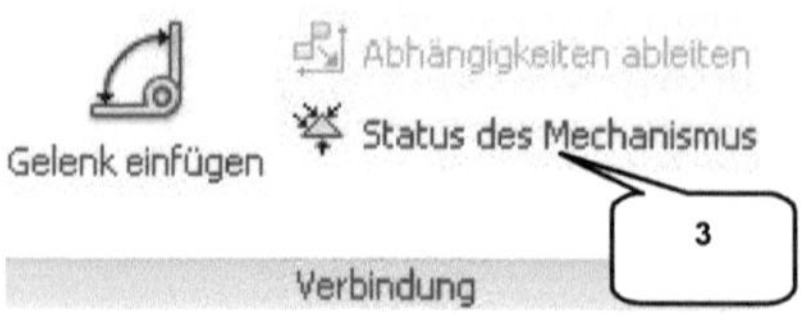

- Register ***Umgebungen*** (1)
- **Dynamische Simulation** (2)

Status des Mechanismus (3)

Der Befehl ***Status des Mechanismus*** stellt Informationen zum Modellstatus (Redundanzen, Beweglichkeit, Körper) bereit und hilft dabei, Redundanzen zu lokalisieren.

HINWEIS: Redundanzen entstehen wenn sich Abhängigkeiten oder Gelenke innerhalb geschlossener Gelenkketten überlagern. Im Bereich der dynamischen Simulation kann das unter Umständen den PC verlangsamen oder sogar die Berechnungsergebnisse verfälschen. Redundanzen werden im Browser durch das ⓘ Symbol gekennzeichnet.

7.21.3 Abrufen der aktuellen Modellinformationen

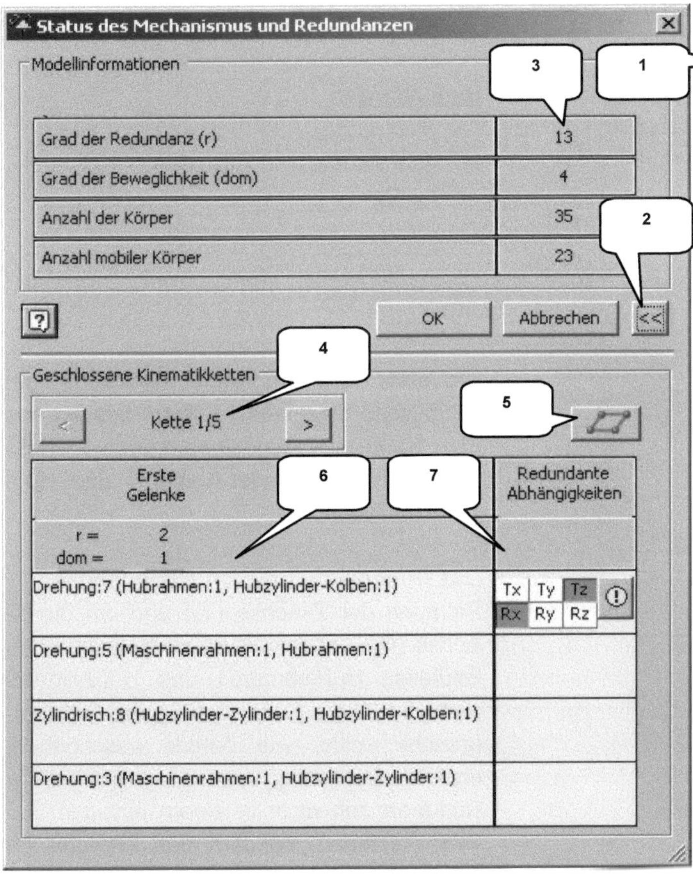

Status des Mechanismus (1) Befehlsfenster >> erweitern (2)

Modellinformationen geben einen Überblick über den grundlegenden kinematischen Zustand der Baugruppe. Im Befehlsfenster ist zu erkennen, dass derzeit 13 Redundanzen vorhanden sind (3) und das System über insgesamt fünf geschlossene Kinematikketten verfügt (4). Diese können mit dem Button (5) zusätzlich hervorgehoben werden. Alle Gelenkverbindungen einer kinematischen Kette werden in der Spalte ***erste Gelenke*** (6) aufgelistet und Redundanzen in der Spalte ***redundante Abhängigkeiten*** (7). Dabei ist zu beachten, dass die eigentlichen Ursachen einer Redundanz auch in anderen Gelenken liegen können: das Programm mach lediglich einen Vorschlag.

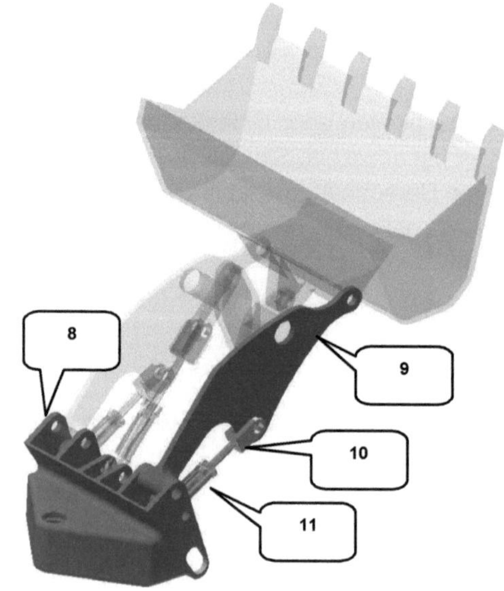

Die folgenden kinematischen Ketten existieren in der aktuellen Baugruppe:

<u>Kinematikkette 1/5</u>

Bauteile:

- Maschinenrahmen:1 (8)
- Hubrahmen:1 (9)
- Hubzylinder-Kolben:1 (10)
- Hubzylinder-Zylinder:1 (11)

Redundanzen:

- Hubrahmen:1 <> Hubzylinder-Kolben:1
- ***T_Z, R_X***

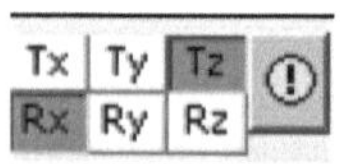

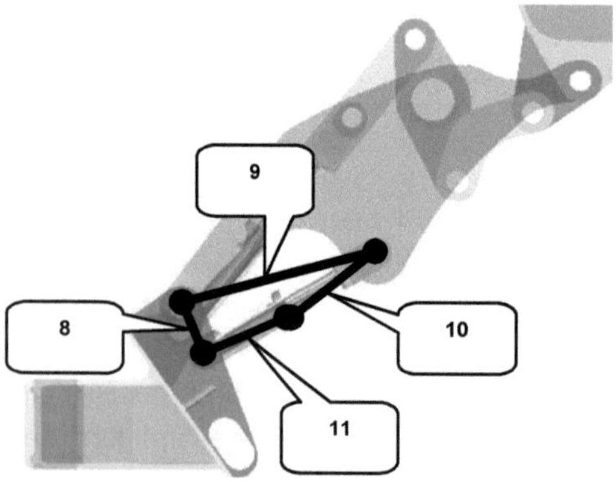

Die erste vom Programm lokalisierte, geschlossene kinematische Kette besteht aus den Bauteilen Maschinenrahmen:1, Hubrahmen:1, Hubzylinder-Kolben:1 und Hubzylinder-Zylinder:1.

Das Programm erkennt ***Redundanzen*** in Richtung der Z-Achse (T_Z) und um die X-Achse (R_X) und lokalisiert sie zwischen den Bauteilen Hubrahmen:1 und Hubzylinder-Kolben:1. Diese Lokalisierung der Problemursache sollte, wie bereits beschrieben, eher als Vorschlag verstanden werden, da Redundanzen nicht in einem einzigen Gelenk entstehen, sondern das Ergebnis zu vieler Abhängigkeiten oder Gelenkverbindungen aller Bauteile einer kinematischen Kette sind.

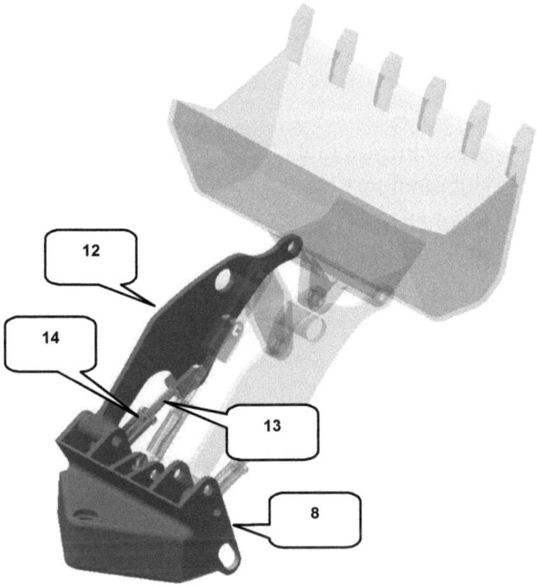

Kinematikkette 2/5:

Bauteile:

- Maschinenrahmen:1 (8)
- Hubrahmen:2 (12)
- Hubzylinder-Kolben:2 (13)
- Hubzylinder-Zylinder:2 (14)

Redundanzen:

- Hubrahmen:2 <> Hubzylinder-Kolben:2
- ***T_Z, R_X***

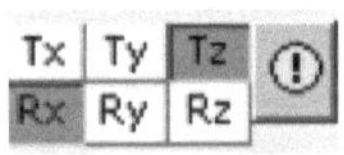

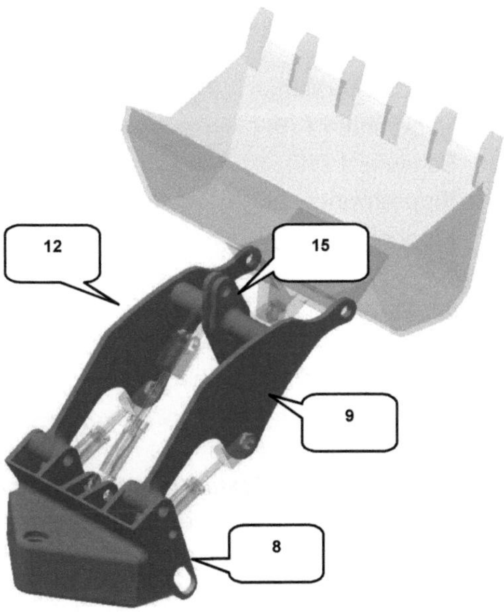

Kinematikkette 3/5:

Bauteile:

- Maschinenrahmen:1 (8)
- Hubrahmen:1 (9)
- Kipphebel:1 (15)
- Hubrahmen:2 (12)

Redundanzen:

- Hubrahmen:2 <> Kipphebel:1
- ***T_Y, T_Z, R_X, R_Y***

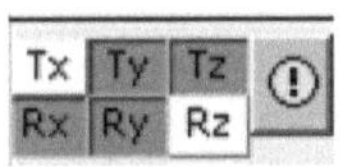

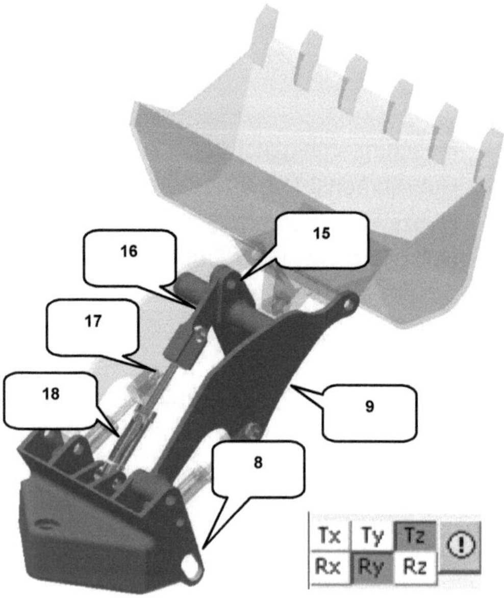

Kinematikkette 4/5:

Bauteile:

- Maschinenrahmen:1 (8)
- Hubrahmen:1 (9)
- Kipphebel:1 (15)
- Kippzylinder-Fixierung:1 (16)
- Kippzylinder-Kolben:1 (17)
- Kippzylinder-Zylinder:1 (18)

Redundanzen:

- Kipphebel:1 <> Kippzylinder-Fixierung:1
- ***T_Z, R_Y***

Kinematikkette 5/5:

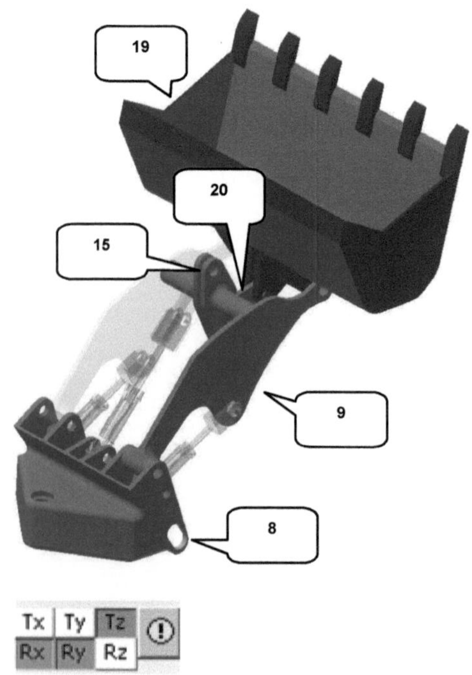

Bauteile:

- Maschinenrahmen:1 (8)
- Hubrahmen:1 (9)
- Schaufel:1 (19)
- Kippschwinge:1 (20)
- Kipphebel:1 (15)

Redundanzen:

- Kippschwinge:1 <> Schaufel:1
- ***T_Z, R_X, R_Y***

Das Befehlsfenster ***Status des Mechanismus*** kann geschlossen, die Baugruppe gespeichert und der Bereich der dynamischen Simulation vorerst beendet werden.

- OK ***OK***

Speichern

Fertigstellen

7.22 Redundanzen minimieren

7.22.1 Korrekturmöglichkeiten redundanter Systeme

Redundanzen spielen im Bereich der Baugruppenmodellierung keine Rolle, da sie die Funktionalität der Baugruppe nicht beeinflussen. Im Bereich der dynamischen Simulation ist das anders: Hier werden Redundanzen als Fehler betrachtet, da sie die Rechenergebnisse beeinflussen oder verfälschen oder die Rechengeschwindigkeit des PCs beeinflussen können.

Es gibt einige Möglichkeiten, vorhandene Redundanzen zu minimieren oder zu vermeiden, welche in den folgenden Übungen erklärt werden sollen:

Löschen/ Deaktivieren überflüssiger Komponenten

Im Bereich der dynamischen Simulation sollten möglichst die Komponenten einer Baugruppe vor der Simulation entfernt/ deaktiviert werden, die in den Simulationsprozess nicht integriert sind, also solche, die in keiner geschlossenen kinematischen Kette enthalten sind. Weil das oftmals einen großen Eingriff in die Konstruktion bedeutet, sollte speziell für die Simulation vorab eine Kopie der (zu vereinfachenden) Baugruppe erzeugt werden. Die eigentliche Baugruppe wird dann nicht beschädigt.

Komponenten zusammenfassen und vereinfachen

Bauteile die innerhalb einer geschlossenen kinematischen Kette fest miteinander verbunden sind (d. h. sie besitzen zueinander keine Freiheitsgrade) können vereinfacht werden. Das bedeutet, dass sie zusammengefasst und durch ein einzelnes Bauteil ersetzt werden.

Gelenkverbindungen im Baugruppenbereich durch andere Gelenke ersetzen

Werden vorhandene Gelenkverbindungen im Baugruppenbereich durch andere Gelenkverbindungen mit weniger Freiheitsgraden ersetzt, so können dadurch Redundanzen vermieden werden. Hierbei ist zu beachten, dass der Bewegungsablauf der geschlossenen kinematischen Kette dabei nicht eingeschränkt werden darf.

Gelenkverbindungen im Baugruppenbereich durch Abhängigkeiten ersetzen

Gelenkverbindungen können im Baugruppenbereich auch durch einfache Abhängigkeiten ersetzt werden. Die uneingeschränkte Funktionalität der kinematischen Kette ist auch hier zu beachten.

7.22.2 Löschen überflüssiger Bauteile

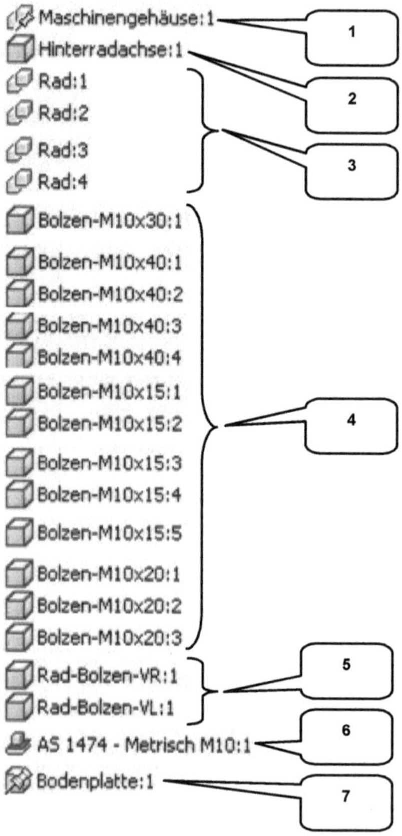

Betrachtet man die Baugruppe, so wird schnell klar, dass außer den (Haupt-) Bauteilen des Hubsystems, keine weiteren Komponenten zur Simulation in der Baugruppe verbleiben müssten. Aufgrund der Vorgehensweise bei der Platzierung der Verbindungen und Abhängigkeiten können auch alle Bolzen des Hubsystems gelöscht werden (die Bolzen sind ebenfalls nicht in den Gelenkketten enthalten).

Starten Sie also mit einer grundlegenden Bereinigung des Systems und löschen Sie die folgenden Komponenten aus der Baugruppe:

- Maschinengehäuse (1)
- Hinterradachse (2)
- Räder (3)
- Bolzen (4)
- Radbolzen (5)
- Sechskantmutter (6)
- Bodenplatte (7)
- Taste: **ENTF**

HINWEIS: Die Reihenfolge der Komponenten im Browser wurde zur besseren Übersicht angepasst.

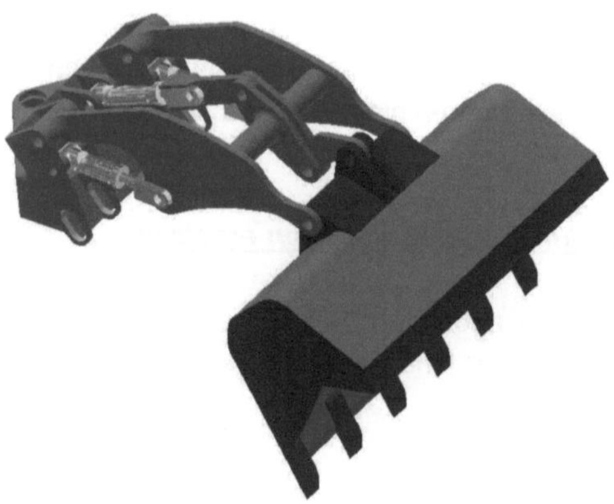

Die nebenstehende Abbildung zeigt das Ergebnis nach dem Löschen der für die Simulation überflüssigen Komponenten und in Abbildung (8) sind die übrig gebliebenen Bauteile noch einmal aufgelistet.

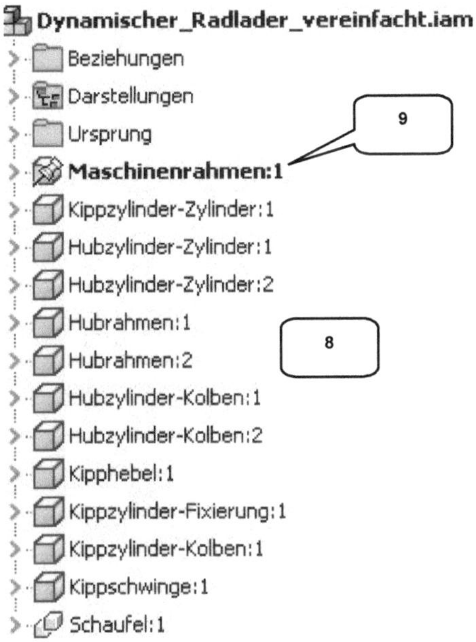

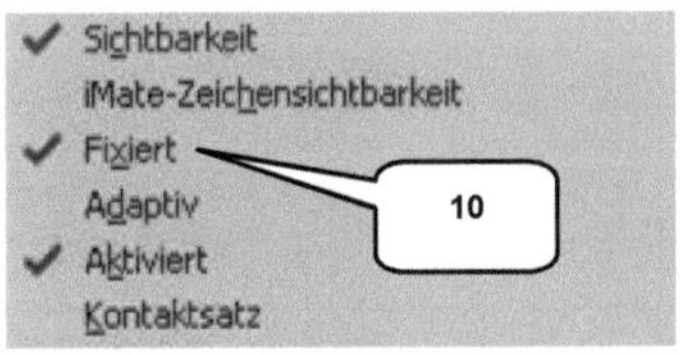

Bisher war das Maschinengehäuse die feste Komponente der gesamten Baugruppe, weil es am Koordinatenursprung platziert und dort fixiert wurde und alle anderen Bauteile wurden daran befestigt. Da es aus der Baugruppe entfernt wurde muss jetzt eine andere Komponente als Fixpunkt deklariert werden: der Maschinenrahmen.

Eine vorangehende Ausrichtung des Maschinenrahmens am Koordinatenursprung ist nicht erforderlich, sofern er nicht zwischenzeitlich verschoben wurde.

- ***Rechte Maustaste*** auf ***Maschinenrahmen*** (9)
- ***Fixiert*** (10)

Richten Sie den Hubapparat und die Schaufel im Anschluss daran aus: Der Hubapparat soll, wie in der unteren Abbildung (11) dargestellt, bei gedrückter linker Maustaste nach unten gezogen werden, bis der untere Anschlag des Hubsystems erreicht ist. Speichern Sie die Baugruppe danach und kehren Sie in den Bereich der dynamischen Simulation zurück.

Speichern

7.22.3 Überprüfung von Mechanismus und Redundanzen

Arbeitsbereich:
Dynamische Simulation

Im Bereich der dynamischen Simulation sollten zuerst die Modellinformationen abgerufen und der aktuelle Status des Mechanismus überprüft werden.

Grad der Redundanz (r)	13
Grad der Beweglichkeit (dom)	2
Anzahl der Körper	13
Anzahl mobiler Körper	12

- Register ***Umgebungen*** (1)
- **Dynamische Simulation** (2)
- **Status des Mechanismus**

	Vorher	*Nachher*
Grad der Redundanz	13	13
Grad der Beweglichkeit	4	2
Anzahl der Körper	35	13
Anzahl mobiler Körper	23	12

Der Grad der Redundanzen wurde leider nicht minimiert, weil diese ausschließlich im noch vorhandenen Hubapparat auftreten.

Aber: Der Grad der Beweglichkeit wurde von 4 auf 2 verringert, die Anzahl der Körper von 35 auf 13 und die Anzahl mobiler Körper von 23 auf 12, was zumindest eine verbesserte Rechenleistung während der Simulation zur Folge haben sollte. Der Befehl kann jetzt beendet und der Bereich der dynamischen Simulation vorerst wieder verlassen werden.

- OK ***OK*** (Status des Mechanismus beenden)

✔ **Fertigstellen**

7.22.4 Grundlagen: Konturvereinfachung

Um Baugruppen weiter zu vereinfachen können außerdem fest miteinander verbundene und zueinander unbewegliche Komponenten zusammengefasst werden. Sie werden aus der Baugruppe gelöscht und als kombiniertes Bauteil in die Baugruppe importiert. Eine Möglichkeit bietet dabei der Befehl ***Konturvereinfachung***.

- Befehlsgruppe ***Vereinfachung***

Konturvereinfachung (1)

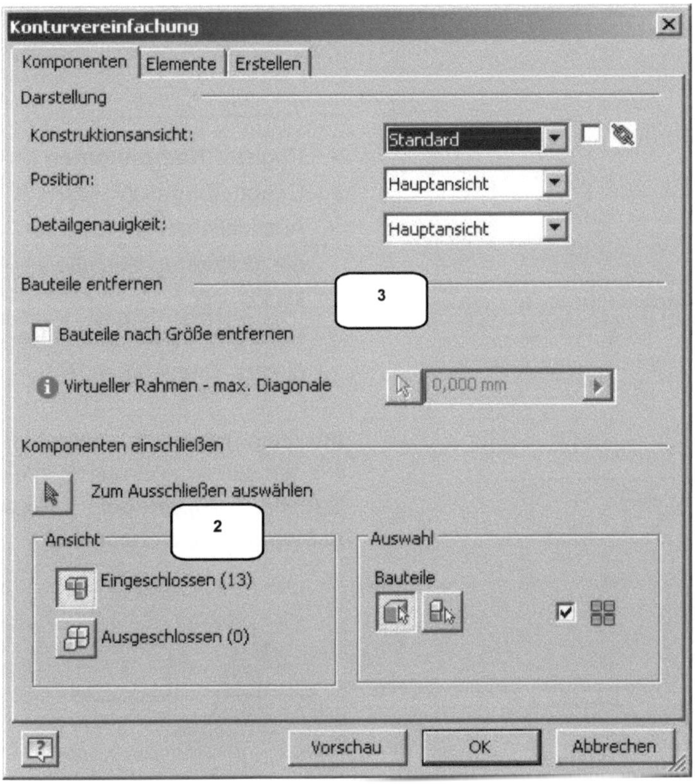

Der Befehl kombiniert ausgewählte Komponenten und speichert diese als ein Bauteil (oder Blechteil) ab. Dabei können die in das vereinfachte Bauteil zu integrierende Komponenten manuell (2) oder anhand ihrer Baugröße (3) festgelegt werden. Weiterhin können unerwünschte Konstruktionselemente (z. B. Bohrungen, Rundungen, Fasen) ausgeschlossen werden. Das vereinfachte Bauteil wird dann unter neuer Bezeichnung gespeichert, und kann z. B. wieder in eine Baugruppe eingefügt werden.

7.22.5 Vereinfachen von Kipphebel, Kippschwinge und Schaufel

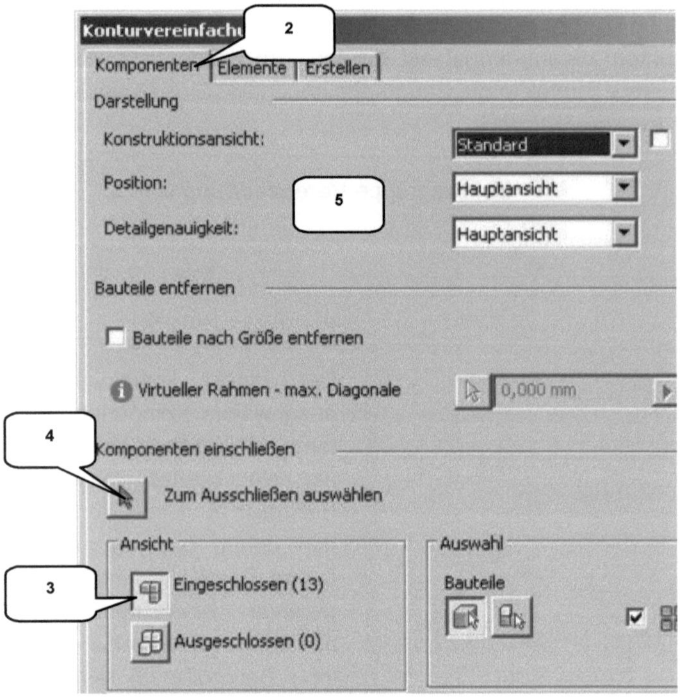

In der folgenden Übung sollen Kipphebel, Kippschwinge und Schaufel zusammengefasst und als ein einziges Bauteil gespeichert werden. Diese drei Bauteile sollen dann später im Bereich der dynamischen Simulation einen gemeinsamen Bewegungsablauf ausführen.

Konturvereinfachung (1)

- Register ***Komponenten*** (2)
- Option: Eingeschlossen (3)
- Ausschließen: im Browser die markierten Bauteile anklicken (4)
- Restliche Optionen des Registers übernehmen (5)

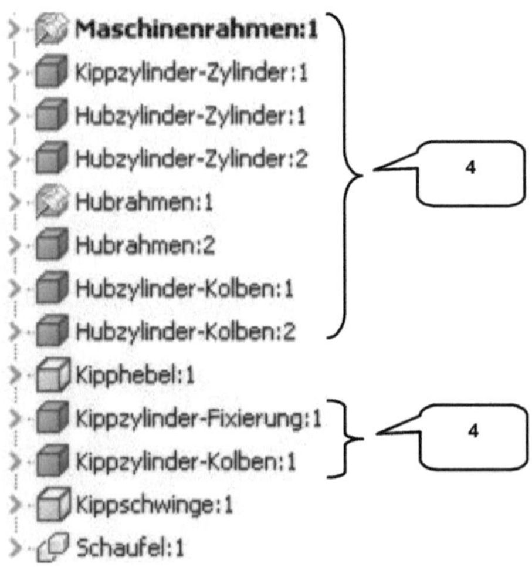

Im Zeichenbereich dargestellt werden sollten jetzt nur noch die Bauteile ***Kipphebel***, ***Kippschwinge*** und ***Schaufel*** (6).

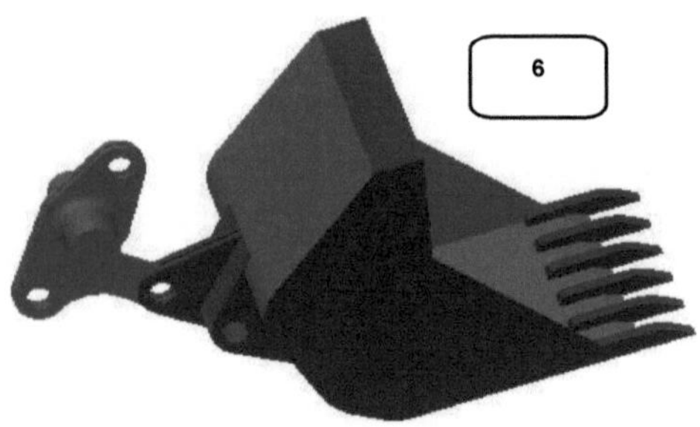

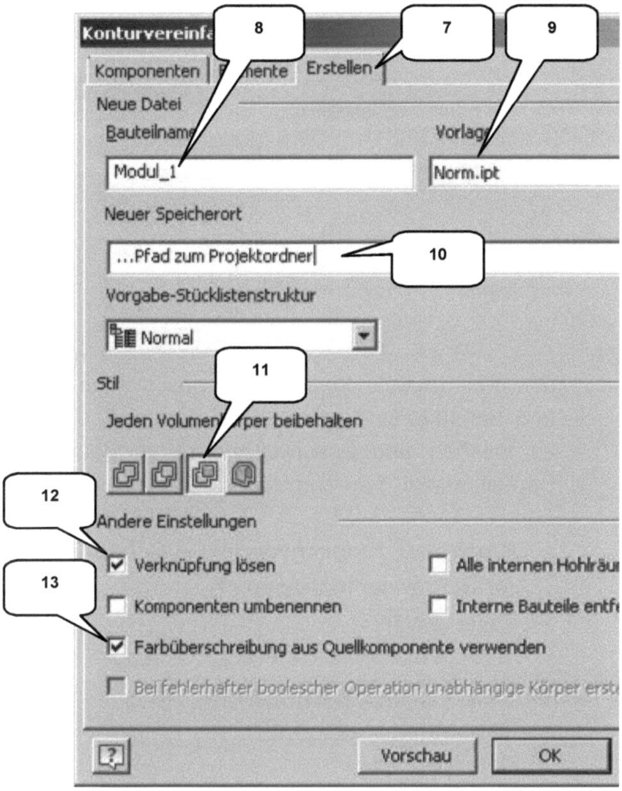

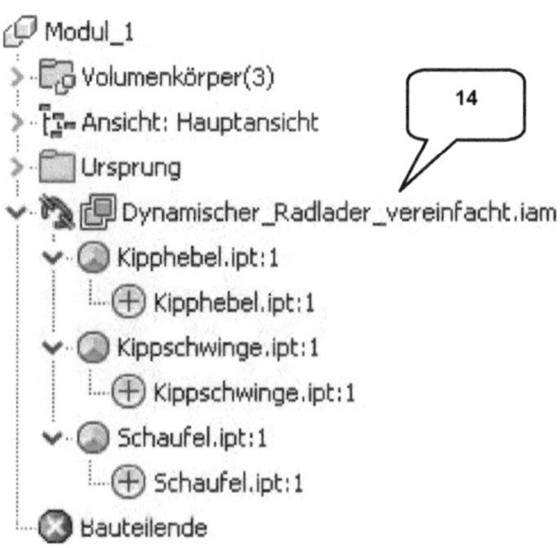

- Register ***Erstellen*** (7)
- Bauteilname: Modul_1 (8)
- Vorlage: Norm.ipt (9)
- Speicherort: Pfad zum Projektspeicherort ggf. einstellen (10)
- Stil: Jeden Volumenkörper als Volumenkörper erhalten (11)
- Aktivieren: Verknüpfung lösen (12)
- Aktivieren: Farbüberschreibung (13)
- OK ***OK***

Das Programm sollte das neu erstellte, vereinfachte Bauteil automatisch öffnen. In dessen Browser findet man den Ordner ***Dynamischer_Radlader_vereinfacht.iam*** (14), der die drei Bauteile Kipphebel, Kippschwinge und Schaufel enthält. Sie können hier bei Bedarf ausgeblendet werden (***rechte Maustaste*** > ***Sichtbarkeit***).

Das neue Bauteil sollte jetzt gespeichert und danach geschlossen werden.

Speichern

- Bauteil ***schließen***

Nachdem die vereinfachte Bauteilkonstellation der drei Komponenten erstellt wurde, sollen diese drei Bauteile jetzt aus der Baugruppe entfernt und durch das Bauteil ***Modul_1*** ersetzt werden.

7.22.6 Vereinfache Komponente platzieren

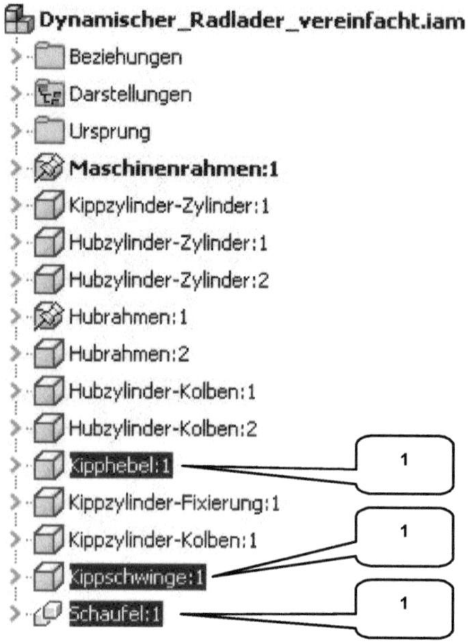

Die drei Bauteile Kipphebel, Kippschwinge und Schaufel sind jetzt aus der Baugruppe zu löschen und anschließend durch das Bauteil ***Modul_1*** zu ersetzen.

- ***Kipphebel***, ***Kippschwinge*** und ***Schaufel*** im Browser markieren (1)
- Taste: ***ENTF***

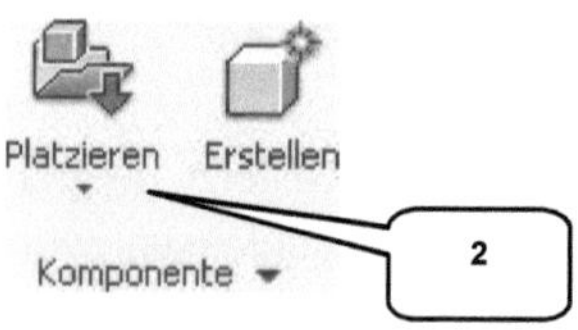

Komponente platzieren (2)

- Dateiname: Modul_1 (3)
- Dateityp: *.ipt
- Öffnen ***Öffnen***
- Bauteil 1 x frei ablegen
- Taste: ***ESC***

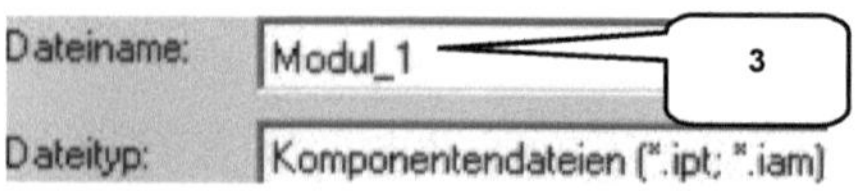

Das neue Bauteil muss jetzt wieder in die vorhandene Baugruppe integriert werden, wofür ein Drehgelenk und verschiedene Abhängigkeiten zu verwenden sind. Die erste Verbindung wird zwischen den Bauteilen Modul_1 und Hubrahmen:1 erzeugt.

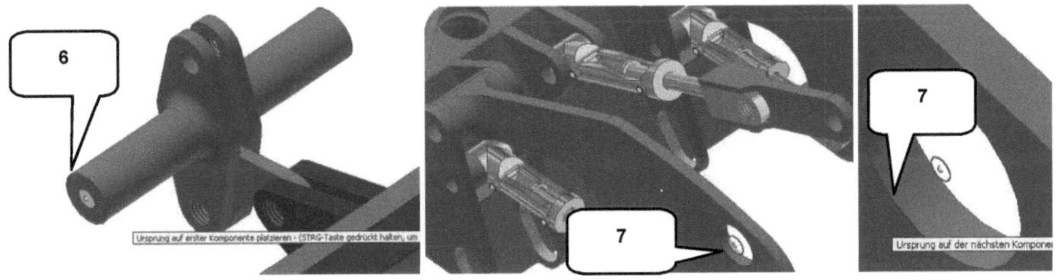

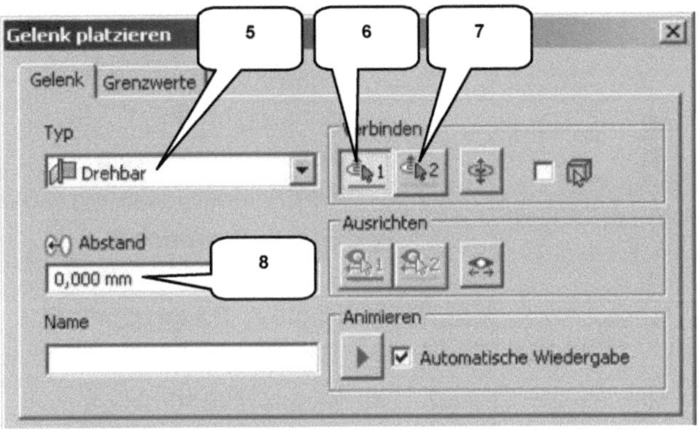

Verbindung (4)

- Typ: Drehbar (5)
- Verbinden 1: Zylinderkante Modul_1 (6)
- Verbinden 2: Bohrungskante Hubrahmen:1 (7)
- Abstand: 0 mm (8)
- **OK**

Modul_1 und Hubrahmen:2 sind durch eine axiale Abhängigkeit miteinander zu verbinden.

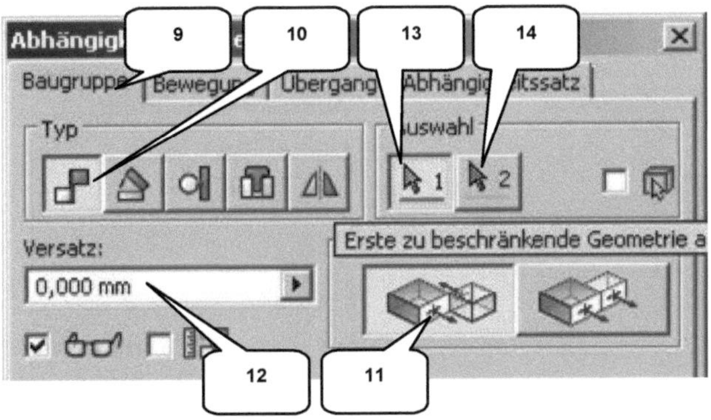

Abhängig machen

- Register ***Baugruppe*** (9)
- Typ: Passend (10)
- Modus: Passend (11)
- Versatz: 0 mm (12)
- Auswahl 1: Zylinderfläche Modul_1 (13)
- Auswahl 2: Bohrung Hubrahmen:2 (14)
- ***Anwenden***

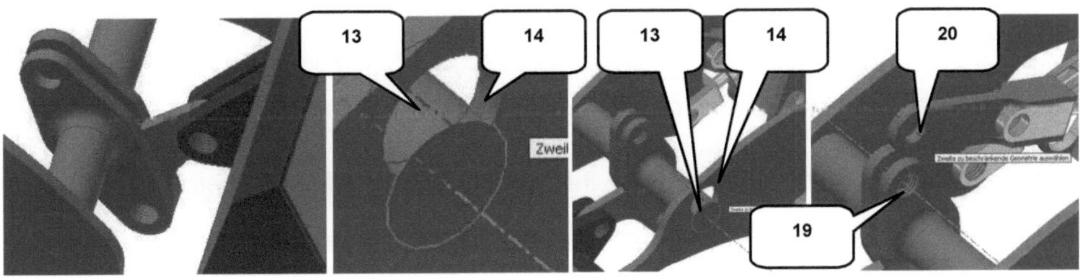

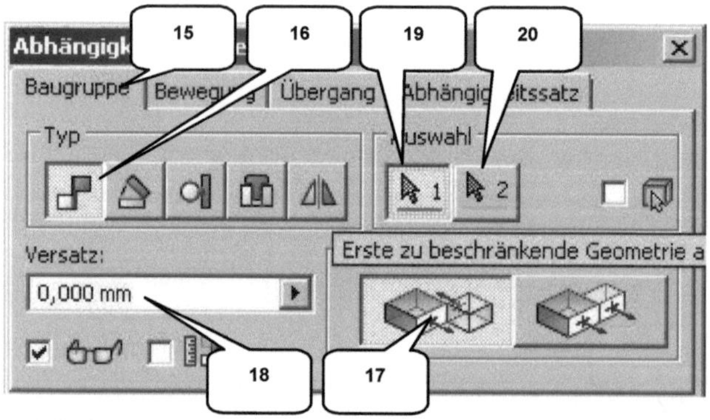

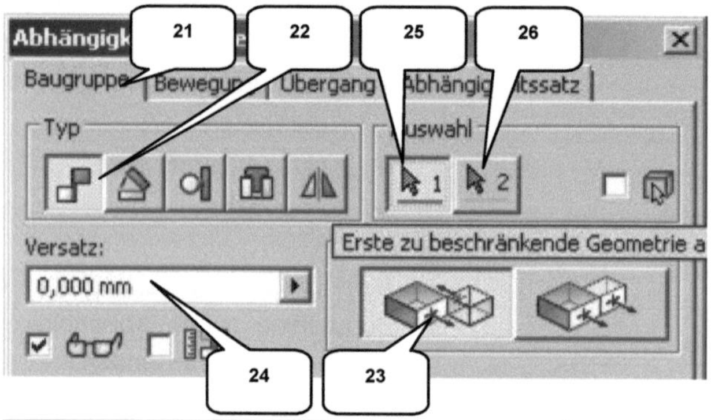

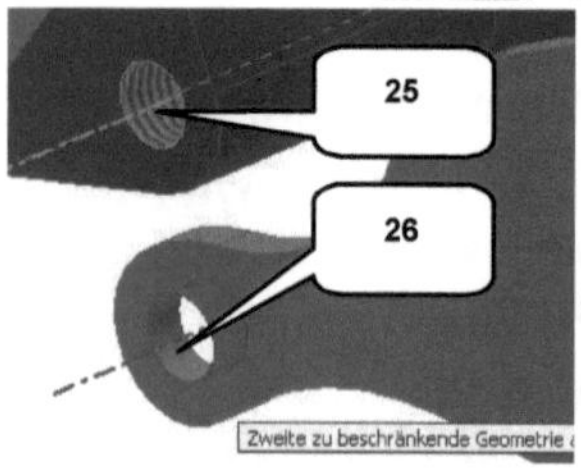

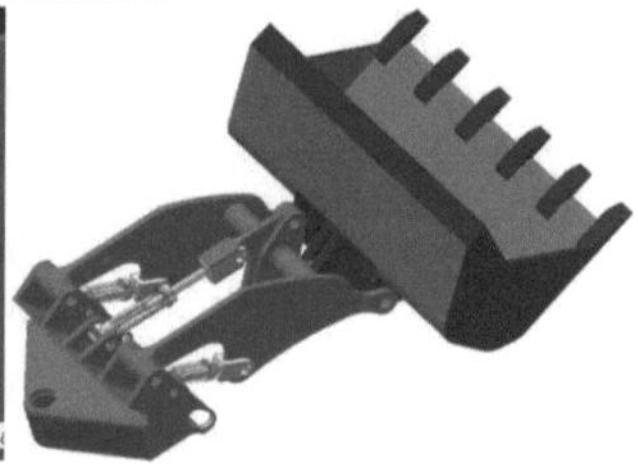

Modul_1:1 ist danach durch zwei axiale Abhängigkeiten mit Kippzylinder-Fixierung:1 und Hubrahmen:1 zu verbinden.

- Register ***Baugruppe*** (15)
- Typ: Passend (16)
- Modus: Passend (17)
- Versatz: 0 mm (18)
- Auswahl 1: Bohrung Modul_1 (19)
- Auswahl 2: Bohrung Kippzylinder-Fixierung (20)
- Anwenden ***Anwenden***

- Register ***Baugruppe*** (21)
- Typ: Passend (22)
- Modus: Passend (23)
- Versatz: 0 mm (24)
- Auswahl 1: Bohrung Modul_1 (25)
- Auswahl 2: Bohrung Hubrahmen:1 (26)
- OK ***OK***

Speichern

Wenn alles richtig gelaufen ist, dann sollte die Baugruppe jetzt wieder komplett und funktionstüchtig sein.

HINWEIS: Sollte beim Setzen der letzten Abhängigkeit eine Fehlermeldung erscheinen, hat das Programm möglicherweise einen internen Berechnungsfehler. In diesem Fall ist das Setzen der Abhängigkeit zu unterbrechen. Die Bohrungen von Schaufel und Hubrahmen sollten dann vorab aneinander ausgerichtet werden. Hierfür ist es empfehlenswert, den Hubrahmen:1 vorübergehend zu fixieren, um ihn anschließend wieder zu lösen.

7.22.7 Geschweißte Gruppen

Arbeitsbereich:
Dynamische Simulation

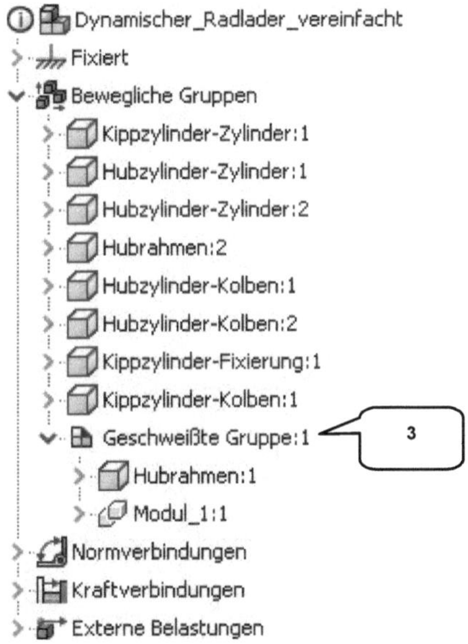

- Register ***Umgebungen*** (1)
- **Dynamische Simulation** (2)

Zurück im Bereich der dynamischen Simulation soll mit Blick auf den Browser der Baugruppe noch ein Hinweis zum Ordner ***Geschweißte Gruppe*** (3) gegeben werden. In der aktuellen Baugruppe befindet er sich im Ordner ***Bewegliche Gruppen*** und beinhaltet die Bauteile ***Hubrahmen:1*** und ***Modul_1***. Befinden sich in Baugruppen Bauteile (nicht vereinfachte Bauteile, sondern einzelne Bauteile) die miteinander verbunden sind und während der Simulation gemeinsame Bewegung ausführen, so werden diese vom Programm automatisch gruppiert und als sogenannte Geschweißte Gruppen hinterlegt. Derartige Gruppierungen gelten nur für den Bereich der dynamischen Simulation.

7.22.8 Überprüfung von Mechanismus und Redundanzen

Ob durch das Platzieren der vereinfachten Komponente ***Modul_1*** eine Minimierung der Redundanzen erreicht wurde, soll durch den Befehl ***Status des Mechanismus*** geprüft werden.

Grad der Redundanz (r)	6
Grad der Beweglichkeit (dom)	1
Anzahl der Körper	10
Anzahl mobiler Körper	9

Status des Mechanismus

	Vorher	Nachher
Grad der Redundanz	13	6
Grad der Beweglichkeit	2	1
Anzahl der Körper	13	10
Anzahl mobiler Körper	12	9

Die Anzahl der Redundanzen wurde von 13 auf 6 reduziert, was einen erheblichen Fortschritt darstellt. Der Grad der Beweglichkeit wurde von 2 auf 1 reduziert, die Anzahl der Körper von 13 auf 10 und die Anzahl der mobilen Körper von 12 auf 9. Die vorangegangene Optimierung war also durchaus erfolgreich. Das Befehlsfenster kann wieder geschlossen und der Bereich der dynamischen Simulation vorerst verlassen werden.

- ***OK*** (Status des Mechanismus beenden)

✔ Fertigstellen

7.22.9 Gelenkverbindungen ersetzen

Weitere Redundanzen sollen eliminiert werden, indem das Drehgelenk zwischen den Bauteilen Hubzylinder-Kolben:1 und Hubrahmen:1 durch ein zylindrisches Gelenk ersetzt wird. Es enthält genau einen Freiheitsgrad weniger als das Drehgelenk und könnte genau deswegen eine weitere Redundanz eliminieren.

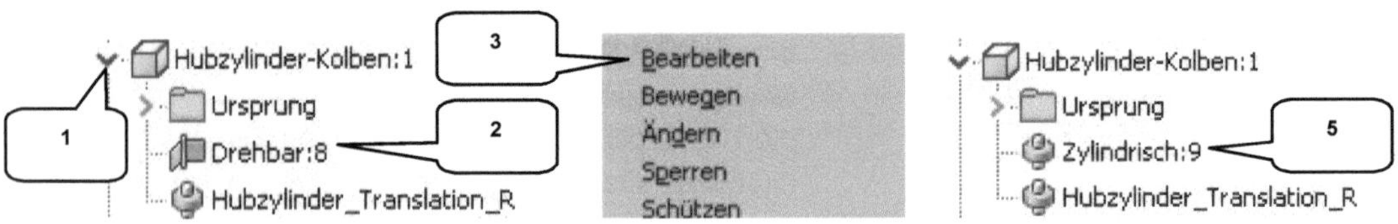

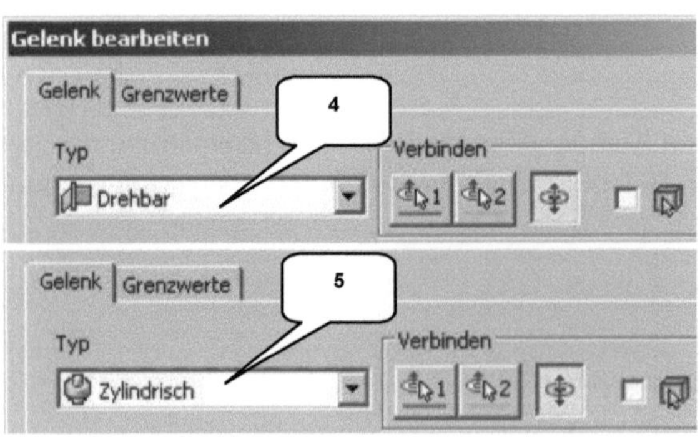

- ***Hubzylinder-Kolben:1*** erweitern (1)
- ***Rechte Maustaste*** Auf Gelenk ***Drehbar*** (2)
- ***Bearbeiten*** (3)

- Typ (alt): ***Drehbar*** (4)
- Typ (neu): ***Zylindrisch*** (5)
- ***OK***

7.22.10 Überprüfung von Mechanismus und Redundanzen

Arbeitsbereich:
Dynamische Simulation

Ob das Ersetzen des Drehgelenks durch ein zylindrisches Gelenk auch tatsächlich zu einer Minimierung der Redundanzen geführt hat, ist erneut zu überprüfen.

Grad der Redundanz (r)	5
Grad der Beweglichkeit (dom)	1
Anzahl der Körper	10
Anzahl mobiler Körper	9

- Register ***Umgebungen*** (1)
- Dynamische Simulation (2)
- Status des Mechanismus

	Vorher	***Nachher***
Grad der Redundanz	6	5
Grad der Beweglichkeit	1	1
Anzahl der Körper	10	10
Anzahl mobiler Körper	9	9

Die Redundanzen wurden von 6 auf 5 reduziert, die restlichen Parameter sind unverändert und das Ziel der Eliminierung einer Redundanz wurde damit erreicht.

Neben der Möglichkeit Gelenkverbindungen durch andere Gelenkverbindungen auszutauschen, gibt es auch die Option, Gelenkverbindungen durch einfache Abhängigkeiten zu ersetzen. Das Ergebnis ist allerdings dasselbe: überflüssige Gelenkzuweisungen im Bereich der dynamischen Simulation werden damit unterbunden und Redundanzen minimiert.

Die Baugruppe sollte gespeichert werden, um anschließend den Bereich der dynamischen Simulation wieder zu verlassen.

- OK ***OK*** (Status des Mechanismus beenden)
- Fertigstellen
- Speichern

7.22.11 Gelenkverbindungen durch Abhängigkeiten ersetzen

Um eine weitere Redundanz aus der Baugruppe zu entfernen, soll das Drehgelenk zwischen den Bauteilen Hubzylinder-Kolben:2 und Hubrahmen:2 gelöscht und stattdessen eine einfache axiale Abhängigkeit platziert werden.

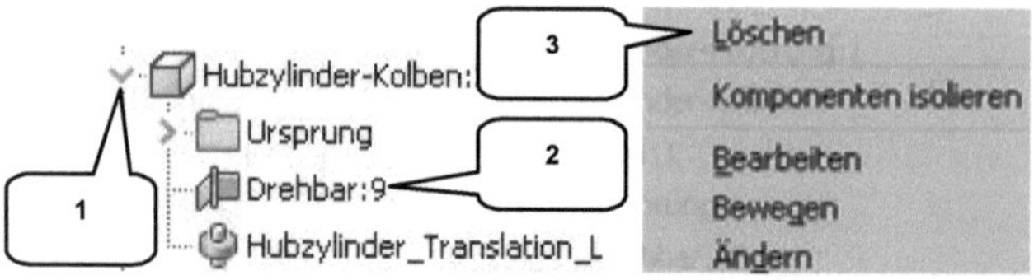

- ***Hubzylinder-Kolben:2*** erweitern (1)
- ***Rechte Maustaste*** auf Gelenk ***Drehbar*** (2)
- ***Löschen*** (3)

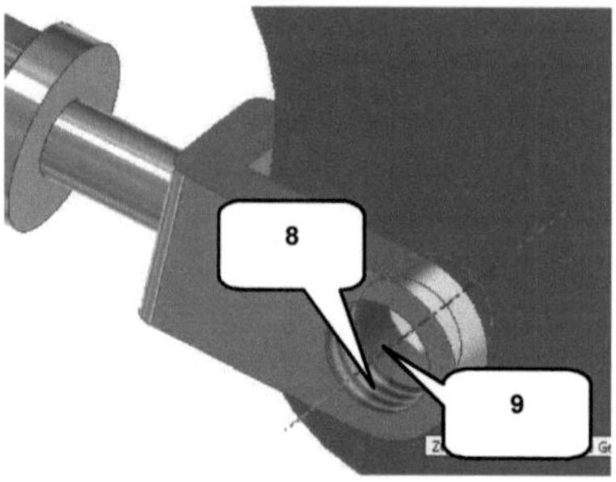

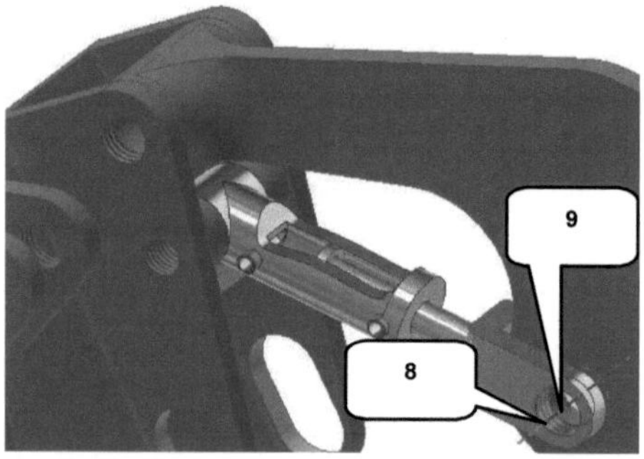

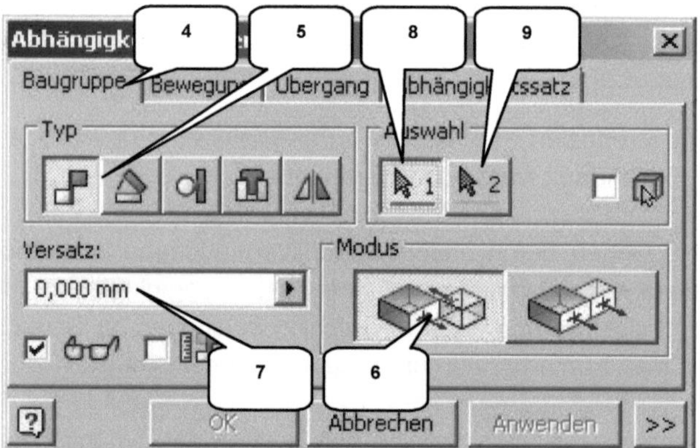

Abhängig machen

- Register ***Baugruppe*** (4)
- Typ: Passend (5)
- Modus: Passend (6)
- Versatz: 0 mm (7)
- Auswahl 1: Bohrung Hubzylinder-Kolben:2 (8)
- Auswahl 2: Bohrung Hubrahmen:2 (9)
- OK ***OK***

Speichern

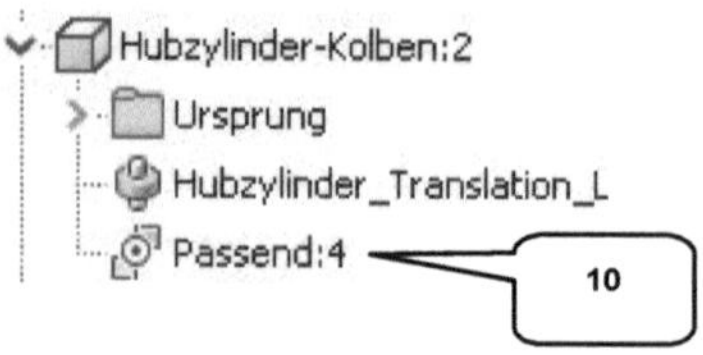

Die neue axiale Abhängigkeit (10) sollte jetzt im Browser zu sehen sein.

7.22.12 Überprüfung von Mechanismus und Redundanzen

Arbeitsbereich:
Dynamische Simulation

Um die Auswirkungen der zuletzt erfolgten Optimierung auf die Baugruppe zu überprüfen, ist erneut in den Bereich der dynamischen Simulation zu wechseln um den Status des Mechanismus zu überprüfen.

Grad der Redundanz (r)	4
Grad der Beweglichkeit (dom)	1
Anzahl der Körper	10
Anzahl mobiler Körper	9

- Register ***Umgebungen*** (1)
- **Dynamische Simulation** (2)
- **Status des Mechanismus**

	Vorher	*Nachher*
Grad der Redundanz	5	4
Grad der Beweglichkeit	1	1
Anzahl der Körper	10	10
Anzahl mobiler Körper	9	9

Die Anzahl der Redundanzen wurde von 5 auf 4 reduziert und die restlichen Parameter sind unverändert. Die Optimierungsmaßnahmen zur Reduzierung der Redundanzen könnten mit Sicherheit noch weiter durchgeführt werden, allerdings besteht dann auch immer die Gefahr, dass letztendlich zu sehr in den Mechanismus eingegriffen und dessen Funktionalität beeinträchtigt wird. An dieser Stelle soll die Optimierung der Baugruppe also beendet werden. Vergleicht man den aktuellen Status des Mechanismus mit der anfänglichen Ausgangssituation, so sind deutliche Verbesserungen zu erkennen.

	Ausgangssituation	*Aktueller Stand*	*Delta*
Grad der Redundanz	13	4	**-9**
Grad der Beweglichkeit	4	1	**-3**
Anzahl der Körper	35	10	**-25**
Anzahl mobiler Körper	23	9	**-14**

An dieser Stelle soll noch einmal betont werden, dass Berechnungen im Bereich der dynamischen Simulation durchaus auch mit Redundanzen möglich sind. Allerdings kann es zu Abweichungen in der Berechnung oder erhöhten Rechenkapazitäten kommen. In jedem Fall sollte vor der Optimierung einer Baugruppe genau überlegt werden, ob Aufwand und Nutzen des oftmals sehr hohen Bearbeitungsaufwandes zur Reduzierung von Redundanzen in einer gesunden Relation zueinander stehen. Generell sollten derartig einschneidende Bearbeitungen einer Baugruppe niemals im Original durchgeführt werden.

- OK ***OK*** (Status des Mechanismus beenden)

7.23 Festgelegte Bewegungen

7.23.1 Grundlagen: Festgelegte Bewegung

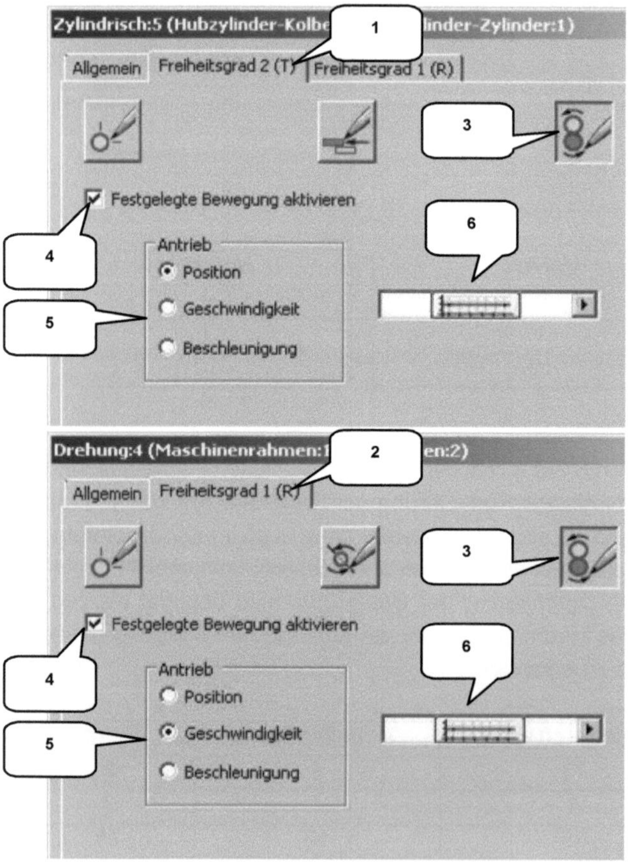

Werden im Bereich der dynamischen Simulation ***Antriebe*** benötigt, so können diese z. B. über vorhandene Gelenkverbindungen definiert werden. Dabei sollte zuerst entschieden werden, welches Gelenk angetrieben werden soll. Danach ist mit ***rechter Maustaste*** auf das Gelenk zu klicken um im Kontextmenü die ***Eigenschaften*** auszuwählen. Besteht ein Gelenk aus verschiedenen Freiheitsgraden, so ist an dieser Stelle zu entscheiden, ob der Antrieb ***translatorisch*** (1) oder ***rotatorisch*** (2) erfolgen soll. Wurde der entsprechende Freiheitsgrad ausgewählt, so ist der Bereich der ***festgelegten Bewegung*** zu öffnen (3) und zu ***aktivieren*** (4). Im Anschluss daran kann aus den Antriebsoptionen ***Position***, ***Geschwindigkeit*** und ***Beschleunigung*** (5) ausgewählt und der ***Wert*** definiert werden (6).

7.24 Gleichförmige Translation
7.24.1 Hubzylinder mit konstanter Geschwindigkeit beaufschlagen

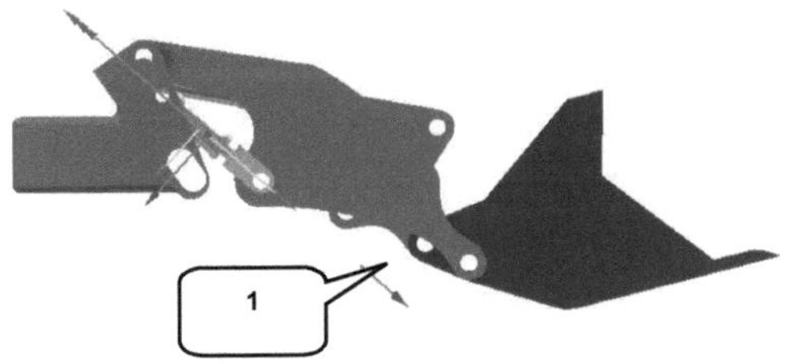

Die einfachste Form der Bewegung ist die gleichförmige Bewegung. Als Beispiel soll das Hubsystem in der folgenden Übung konstant nach oben bewegt werden, wofür der erste Hubzylinder mit einer gleichförmigen Geschwindigkeit zu beaufschlagen ist.

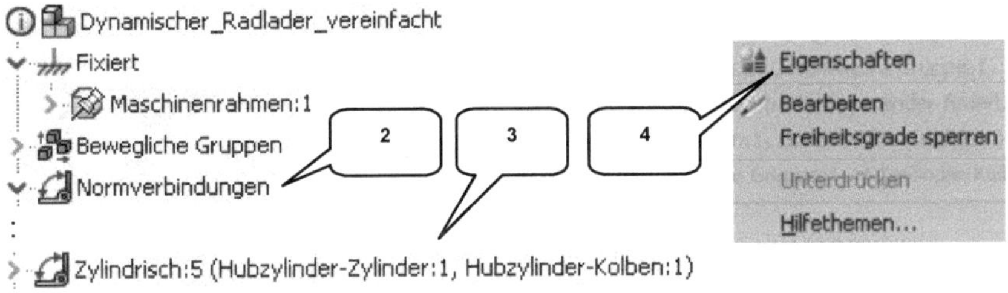

- ➢ Hubsystem ggf. noch einmal ganz nach unten ziehen (1)
- ➢ ***Normverbindungen*** erweitern (2)
- ➢ ***Rechte Maustaste*** auf zylindrische Gelenkverbindung der Bauteile ***Hubzylinder-Zylinder:1, Hubzylinder-Kolben:1*** (3)
- ➢ ***Eigenschaften*** (4)

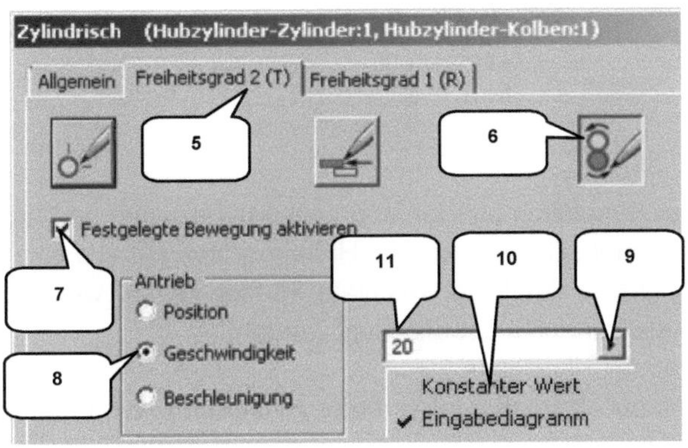

- ➢ Register ***Freiheitsgrad (T)*** (5)
- ➢ Festgelegte Bewegung bearbeiten (6)
- ➢ Festgelegte Bewegung aktivieren (7)
- ➢ Geschwindigkeit (8)
- ➢ Eingabefeld erweitern (9)
- ➢ Konstanter Wert (10)
- ➢ Geschwindigkeit: 20 mm/s (11)
- ➢ OK ***OK***

Speichern

HINWEIS: Sollte sich der Hubapparat in der folgenden Simulation nicht nach oben bewegen, müsste der Wert der Geschwindigkeit auf (-)***20 mm/s*** korrigiert werden.

7.24.2 Ausführen und Aufzeichnen der Simulation

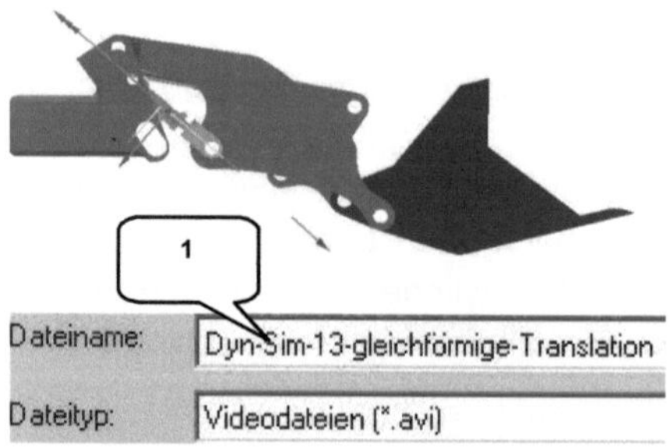

Erstellen Sie eine neue Simulation und überprüfen Sie den Bewegungsablauf.

Film publizieren

- Dateiname: Dyn-Sim-13-gleichförmige-Translation (1)
- Dateityp: *.avi
- Speichern ***Speichern***

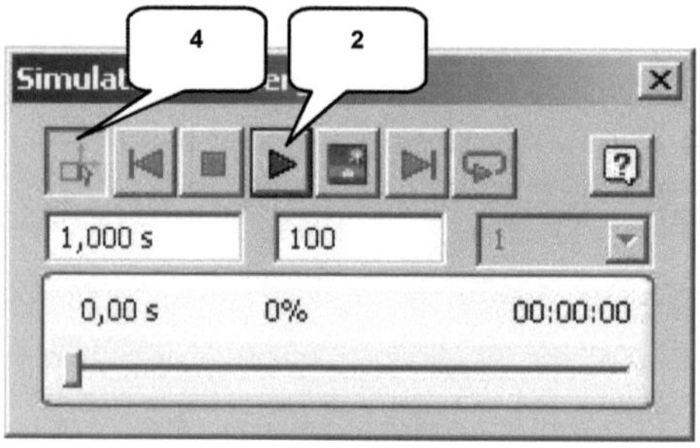

- Komprimierung: Microsoft Video 1
- Qualität: 100 %
- OK ***OK***

- ***Wiedergabe*** (2)
- Ja ***Ja*** (3) (Hinweisfenster)
- Simulation ablaufen lassen
- ***Konstruktionsmodus*** (4)

Film publizieren

Speichern

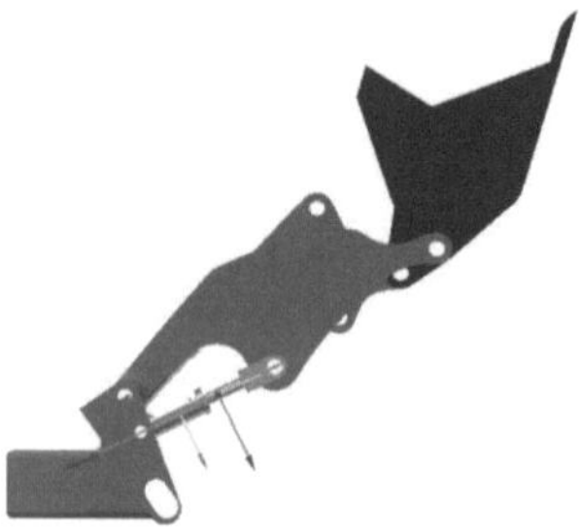

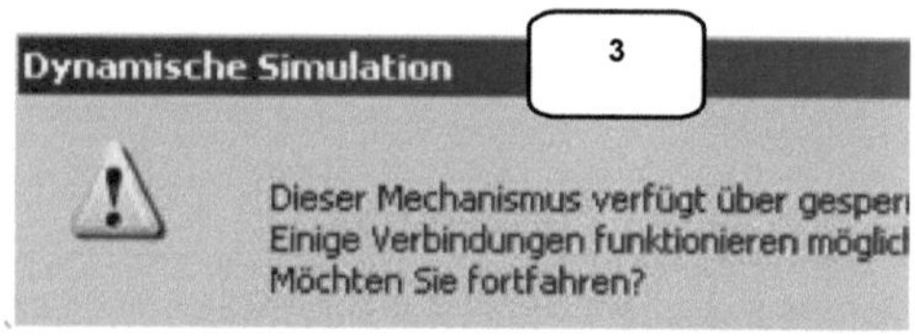

Der Hubapparat sollte sich während der Simulation gleichmäßig aufwärts bewegen und am Ende die oben dargestellte Position erreichen. Der Antrieb des Hubapparates anhand einer festgelegten Bewegung war also erfolgreich. Ähnliche Resultate können erzielt werden, wenn Gelenke z. B. mit Kräften oder Drehmomenten beaufschlagt werden.

HINWEIS: Die Meldung des Programms auf vorhandene ***Konflikte zwischen Freiheitsgraden/ Grenzen und festgelegten Bewegungen*** kann mit Ja bestätigt werden, da dieser Konflikt (gleichförmige Geschwindigkeit <> Begrenzung eines Drehgelenks) nicht vor Ablauf der Simulationsdauer (1 s) eintreten wird.

7.25 Gleichmäßig beschleunigte Translation

7.25.1 Grundlagen: Gelenkkraft

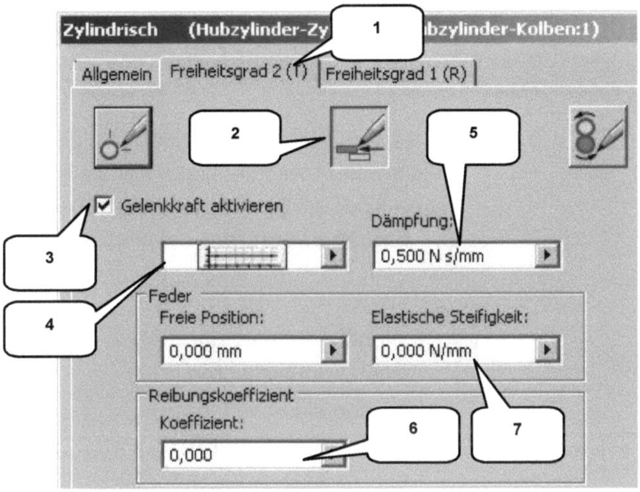

Sollen ***Kräfte*** oder ***Drehmomente*** in den Bewegungsablauf eines Mechanismus integriert werden, so kann das ebenfalls über die ***Gelenkeigenschaften*** definiert werden. In der Registerkarte des entsprechenden ***Freiheitsgrades*** (1) muss in diesem Fall der Bereich der ***Gelenkkraft*** (bzw. des Gelenkmoments) geöffnet (2) und ***aktiviert*** werden (3). Neben der ***Werteeingabe*** (4) können außerdem ***Parameter*** wie ***Dämpfung*** (5), ***Reibung*** (6) und ***Steifigkeit*** (7) hinterlegt werden.

7.25.2 Hubzylinder gleichmäßig beschleunigen

Der gleichförmige Antrieb des Hubzylinders über eine konstante Geschwindigkeit soll jetzt wieder deaktiviert und durch eine gleichmäßig beschleunigte Bewegung ersetzt werden. Hierfür ist in derselben zylindrischen Gelenkverbindung anstelle der gleichförmigen Geschwindigkeit eine gleichmäßig beschleunigte Kraft zu beaufschlagen.

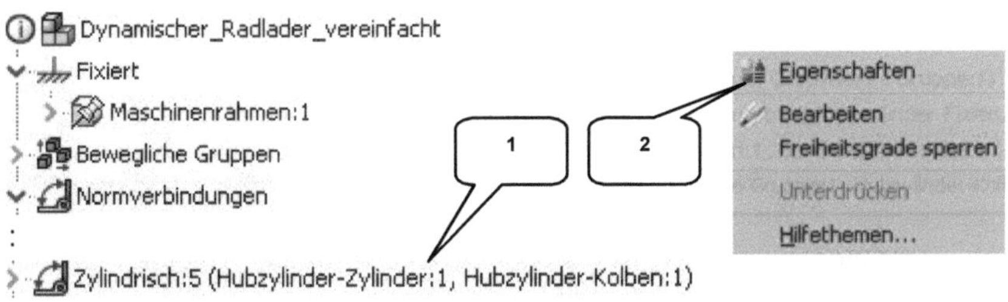

- ➢ ***Rechte Maustaste*** auf zylindrische Gelenkverbindung der Bauteile ***Hubzylinder-Zylinder:1, Hubzylinder-Kolben:1*** (1)
- ➢ ***Eigenschaften*** (2)

Zuerst muss die Bewegung deaktiviert werden, weil die gleichmäßige Beschleunigung über eine Antriebskraft und nicht über eine reine Bewegungsbeschleunigung erfolgen soll.

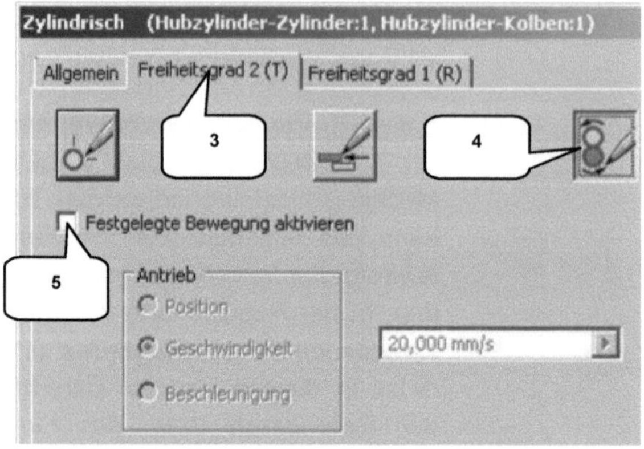

- Register ***Freiheitsgrad (T)*** (3)
- Festgelegte Bewegung bearbeiten (4)
- Festgelegte Bewegung deaktivieren (5)

Im Bereich der ***Gelenkkraft*** soll die gleichmäßig beschleunigte translatorische Kraft im Anschluss daran über das ***Eingabediagramm*** definiert werden.

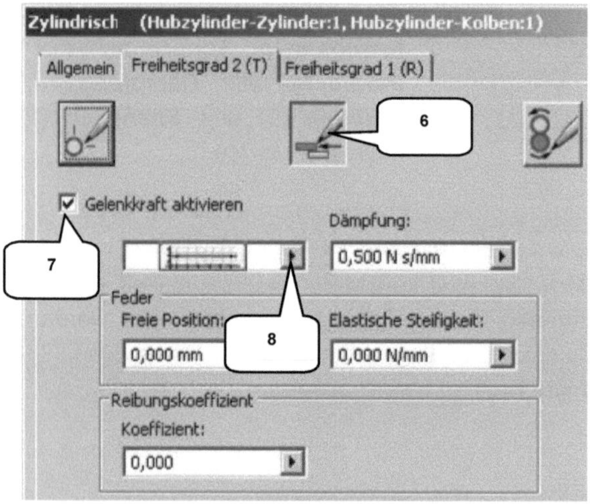

- Gelenkkraft bearbeiten (6)
- Gelenkkraft aktivieren (7)
- Eingabefeld erweitern (8)
- Eingabediagramm (9)

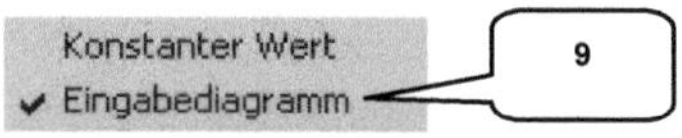

Mit dem ***Eingabediagramm*** steht im Bereich der dynamischen Simulation ein weiteres Tool zur Verfügung, mit dem ungleichförmige Bewegungsabläufe definiert werden können.

Das Programm besteht aus einem grafischen Bereich, der den Kräfte- bzw. Drehmomentenverlauf über die Simulationsdauer wiederspiegelt. Weiterhin gibt es einen Eingabebereich, in welchem Form, Größe und Dauer eines Kraft-/ Drehmomentenverlaufes zu definieren sind. Die Eingaben können gespeichert oder als Tabelle exportiert werden. Bereits gespeicherte Eingabewerte können importiert werden.

Die Kraft im Hubzylinder soll jetzt über die Simulationsdauer von einer Sekunde konstant von 0 N auf 300 N erhöht werden, wofür das Eingabediagramm zu verwenden ist. Die Kurvendefinition soll weiterhin gespeichert werden.

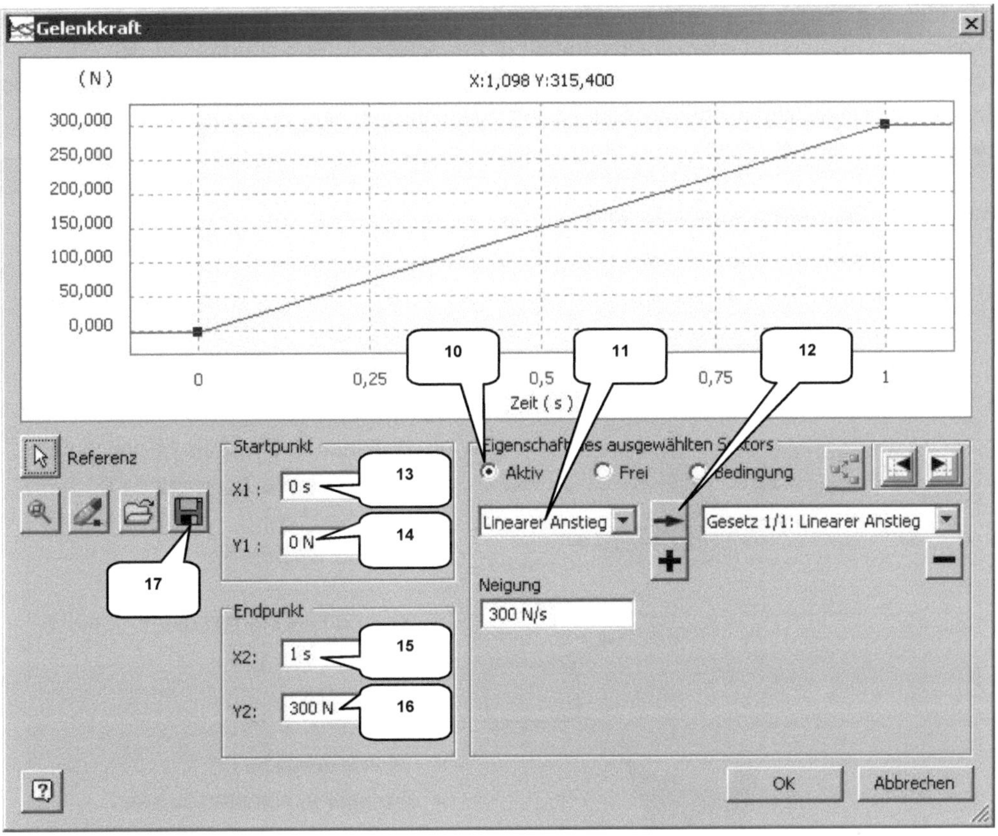

- Sektor: Aktiv (10)
- Gesetz: Linearer Anstieg (11)
- Aktuelles Gesetz ersetzen (12)
- Startzeit X1: 0 s (13)
- Startwert Y1: 0 N (14)
- Endzeit X2: 1 s (15)
- Endwert Y2: 300 N (16)
- Kurve speichern (17)

- Dateiname: Kurve-01-gleichmäßig-beschleunigte-Translation (18)
- Dateityp: *.cgd
- Speichern ***Speichern***
- OK ***OK*** (Gelenkkraft)

Werden Kräfte oder Drehmomente über das Eingabediagramm definiert, so wird das Eingabefenster (19) in den Gelenkeigenschaften grün dargestellt. So kann man in den Gelenkeigenschaften auf einen Blick erkennen, ob das Eingabediagramm bearbeitet wurde oder nicht. Die Gelenkeigenschaften können jetzt geschlossen und die Baugruppe gespeichert werden, um den neuen Antrieb in einer weiteren Simulation zu überprüfen.

➢ OK **_OK_** (Gelenkeigenschaften)

Speichern

7.25.3 Ausführen und Aufzeichnen der Simulation

Film publizieren

➢ Dateiname: Dyn-Sim-14-gleichmäßig-beschleunigte-Translation (1)

➢ Dateityp: *.avi

➢ Speichern **_Speichern_**

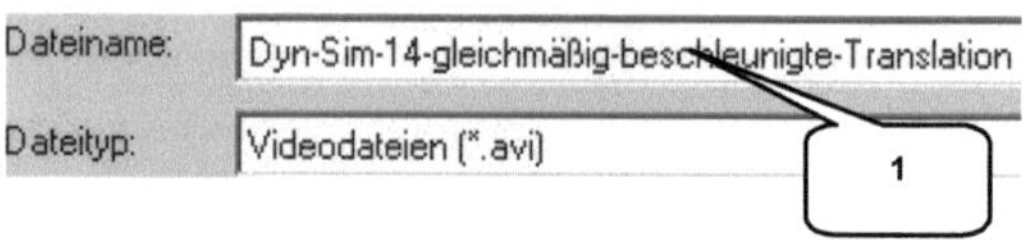

➢ Komprimierung: Microsoft Video 1

➢ Qualität: 100 %

➢ OK **_OK_**

➢ **_Wiedergabe_** (2)

➢ Simulation ablaufen lassen

➢ **_Konstruktionsmodus_** (3)

Film publizieren

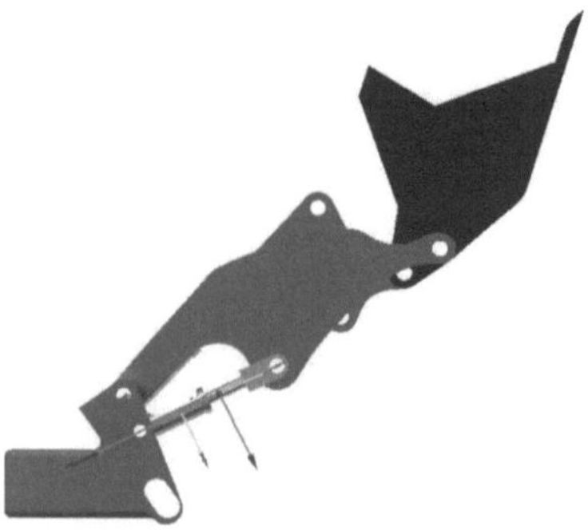

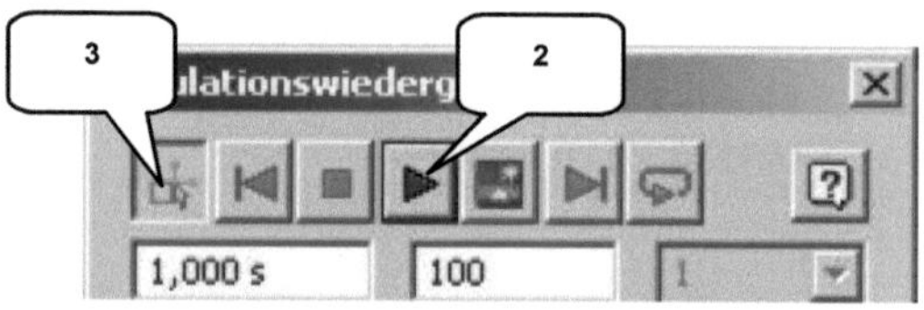

Der Hubapparat sollte sich nach einiger Zeit langsam nach oben bewegen und dann immer schneller werden, um letztendlich kräftig an der oberen Begrenzung des Drehgelenks anzuschlagen. Der gleichmäßig beschleunigte Bewegungsablauf ist deutlich zu erkennen.

<u>HINWEIS</u>: Sollte sich der Hubapparat in der Simulation nicht nach oben bewegen, müssten die Gelenkeigenschaften erneut bearbeitet und der Endpunkt der Kraft (Y2) im Eingabediagramm auf (-)**_300 N_** (16) korrigiert werden.

7.26 Ungleichmäßig beschleunigte Translation
7.26.1 Hubzylinder ungleichmäßig beschleunigen

Auch ungleichmäßig beschleunigte Antriebe können über das Eingabediagramm beaufschlagt werden. In der folgenden Übung soll die vorhandene Kurvendefinition mit der gleichmäßig beschleunigten Bewegung gelöscht und durch eine ungleichmäßig beschleunigte Bewegung in Form einer harmonischen Sinuskurve ersetzt werden.

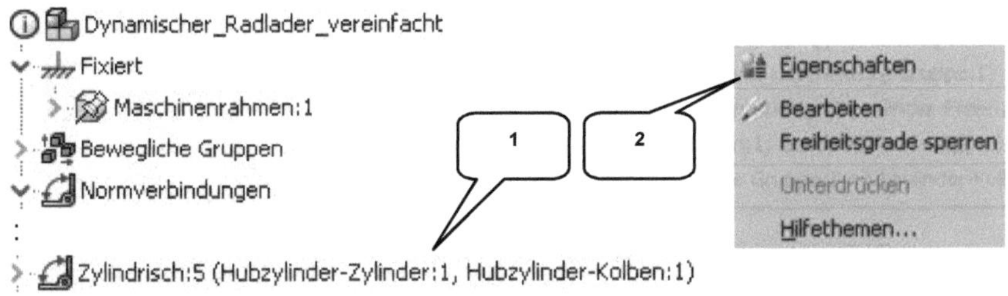

- ***Rechte Maustaste*** auf zylindrische Gelenkverbindung der Bauteile ***Hubzylinder-Zylinder:1, Hubzylinder-Kolben:1*** (1)
- ***Eigenschaften*** (2)

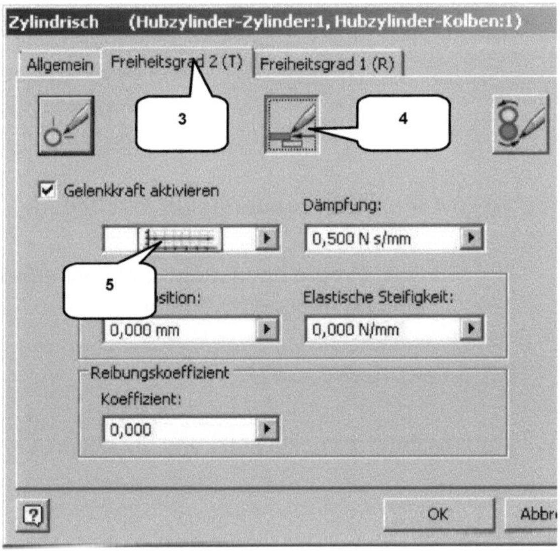

- Register ***Freiheitsgrad (T)*** (3)
- Gelenkkraft bearbeiten (4)
- Eingabediagramm (5)

Nachdem das Eingabediagramm geöffnet wurde sollten die aktuellen Einstellungen zuerst gelöscht werden.

Hierfür bietet das Programm eine einfache Lösung: die Option ***Kurvendefinition löschen***.

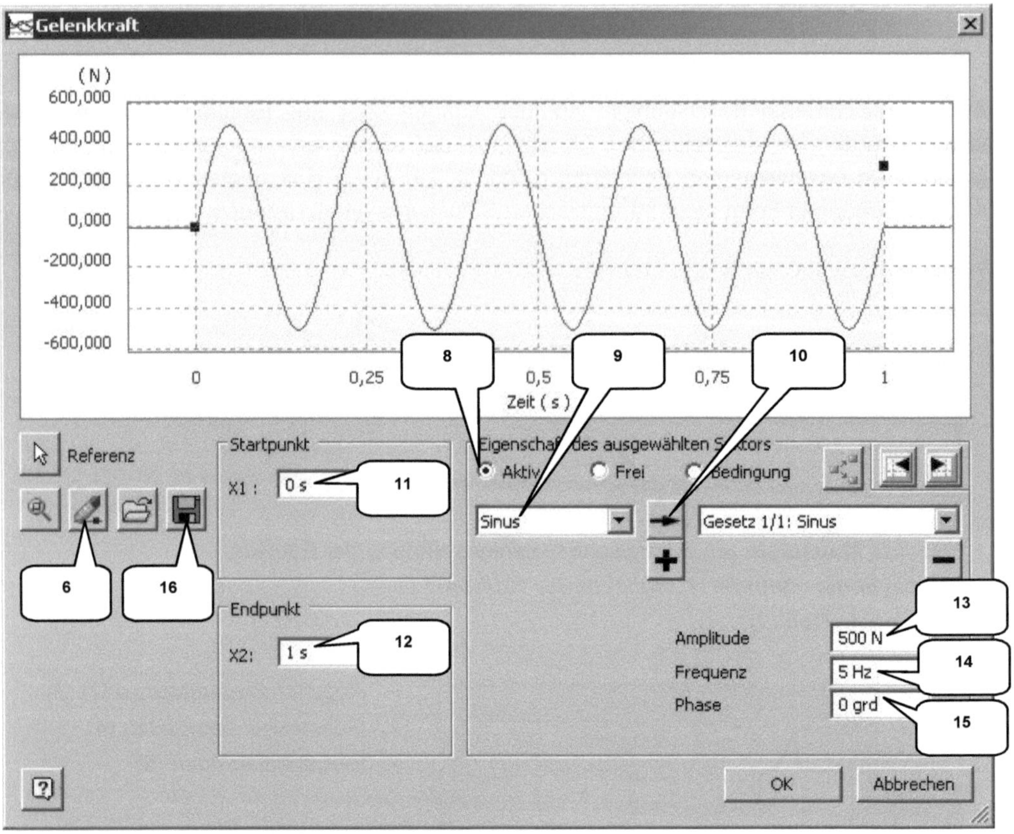

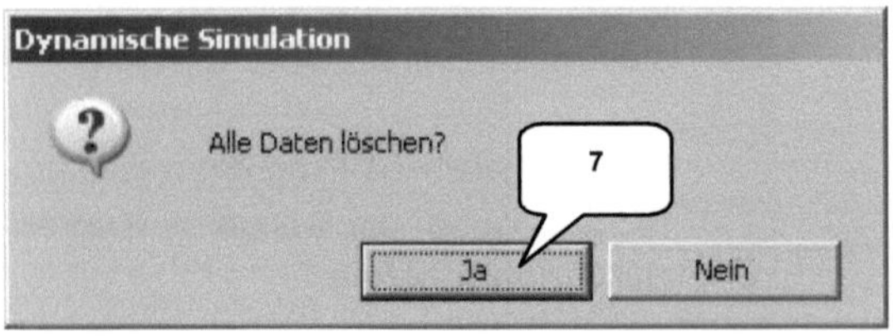

- ***Kurvendefinition löschen*** (6)

Das Programm fordert zur Sicherheit eine Bestätigung.

- ***Ja*** (7)

Das Eingabediagramm wird jetzt in den Ausgangszustand zurückgesetzt und die neuen Einstellungen können vorgenommen werden.

- Sektor: Aktiv (8)
- Gesetz: Sinus (9)
- Aktuelles Gesetz ersetzen (10)
- Startzeit X1: 0 s (11)
- Endzeit X2: 1 s (12)
- Amplitude: 500 N (13)
- Frequenz: 5 Hz (14)
- Phase: 0 ° (15)
- Kurve speichern (16)

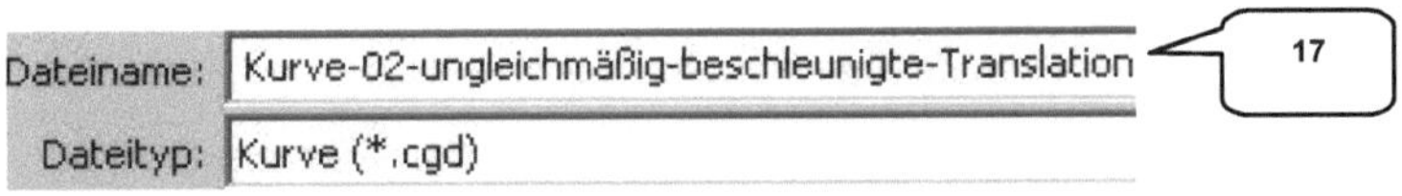

- Dateiname: Kurve-02-ungleichmäßig-beschleunigte-Translation (17)
- Dateityp: *.cgd
- ***Speichern***
- ***OK*** (Gelenkkraft)
- ***OK*** (Gelenkeigenschaften)

Speichern

7.26.2 Ausführen und Aufzeichnen der Simulation

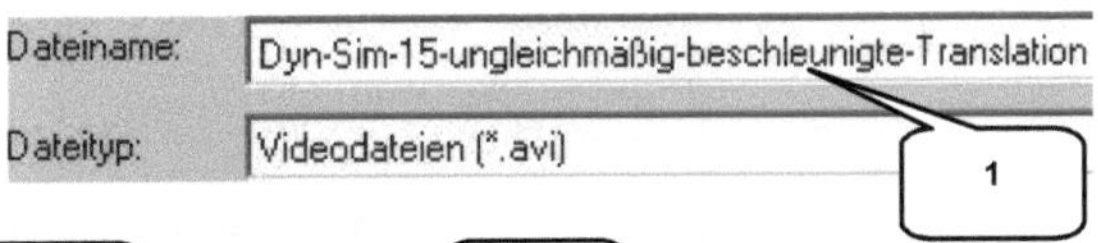

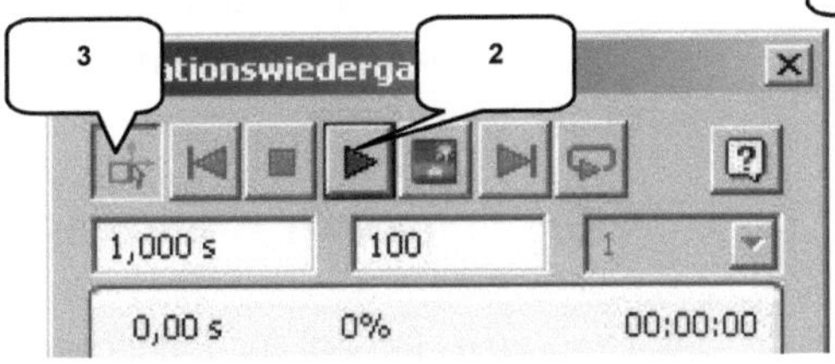

Auch der ungleichmäßig beschleunigte Antrieb soll in einer Simulation nachgewiesen werden.

Film publizieren

- Dateiname: Dyn-Sim-15-ungleichmäßig-beschleunigte-Translation (1)
- Dateityp: *.avi
- ***Speichern***

- Komprimierung: Microsoft Video 1
- Qualität: 100 %
- ***OK***

- ***Wiedergabe*** (2)
- Simulation ablaufen lassen
- ***Konstruktionsmodus*** (3)

Film publizieren

7.26.3 Öffnen der gleichmäßig beschleunigten Translationseinstellungen

Vor der Betrachtung des nächsten Befehls soll der ungleichmäßig beschleunigte Antrieb des ersten Hubzylinders wieder gegen einen gleichmäßig beschleunigten Antrieb ausgetauscht werden. Wierfür sind die Eigenschaften der zylindrischen Gelenkverbindung zu öffnen.

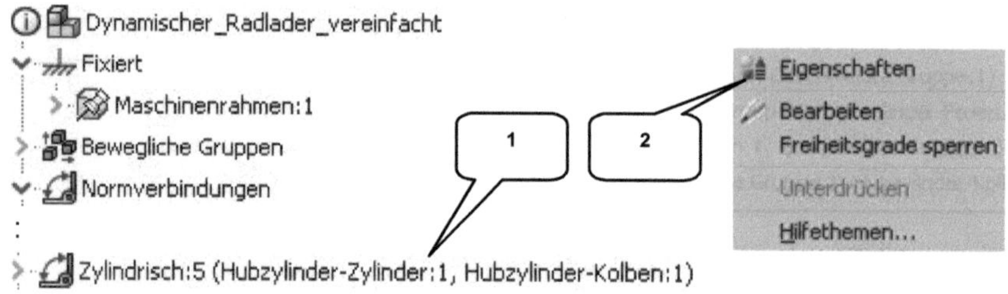

- ➢ ***Rechte Maustaste*** auf zylindrische Gelenkverbindung der Bauteile ***Hubzylinder-Zylinder:1, Hubzylinder-Kolben:1*** (1)
- ➢ ***Eigenschaften*** (2)

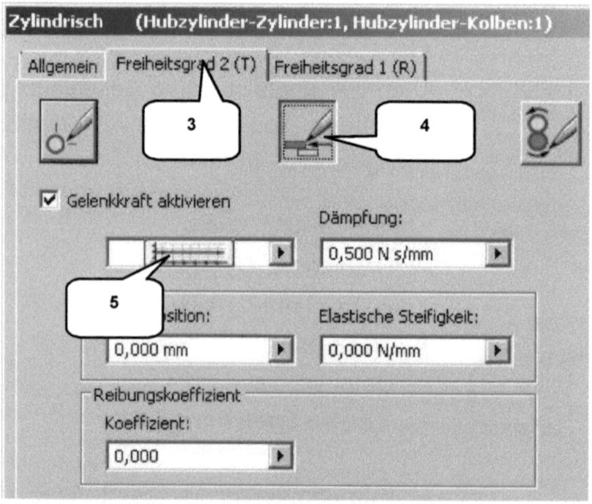

Öffnen Sie in den Gelenkeigenschaften das Register des translatorischen Freiheitsgrades und bearbeiten Sie darin die vorhandene Gelenkkraft, indem sie erneut das Eingabediagramm aktivieren.

- ➢ Register ***Freiheitsgrad (T)*** (3)
- ➢ Gelenkkraft bearbeiten (4)
- ➢ Eingabediagramm (5)

Im Eingabediagramm sollten die bereits vorhandenen Eingabewerte zunächst gelöscht werden.

- ➢ ***Kurvendefinition löschen*** (6)

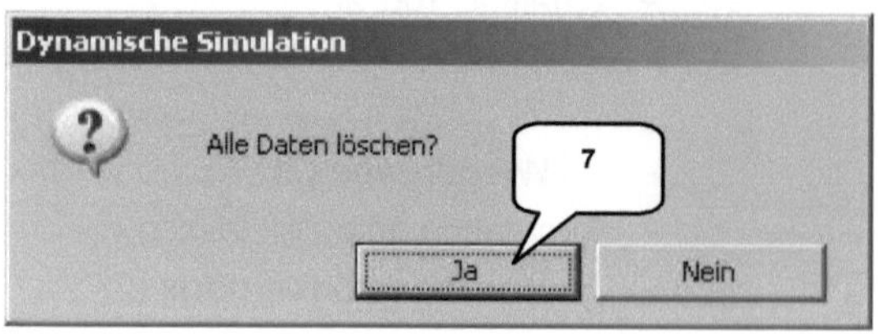

Das Programm fordert zur Sicherheit eine Bestätigung.

- ➢ ***Ja*** (7)

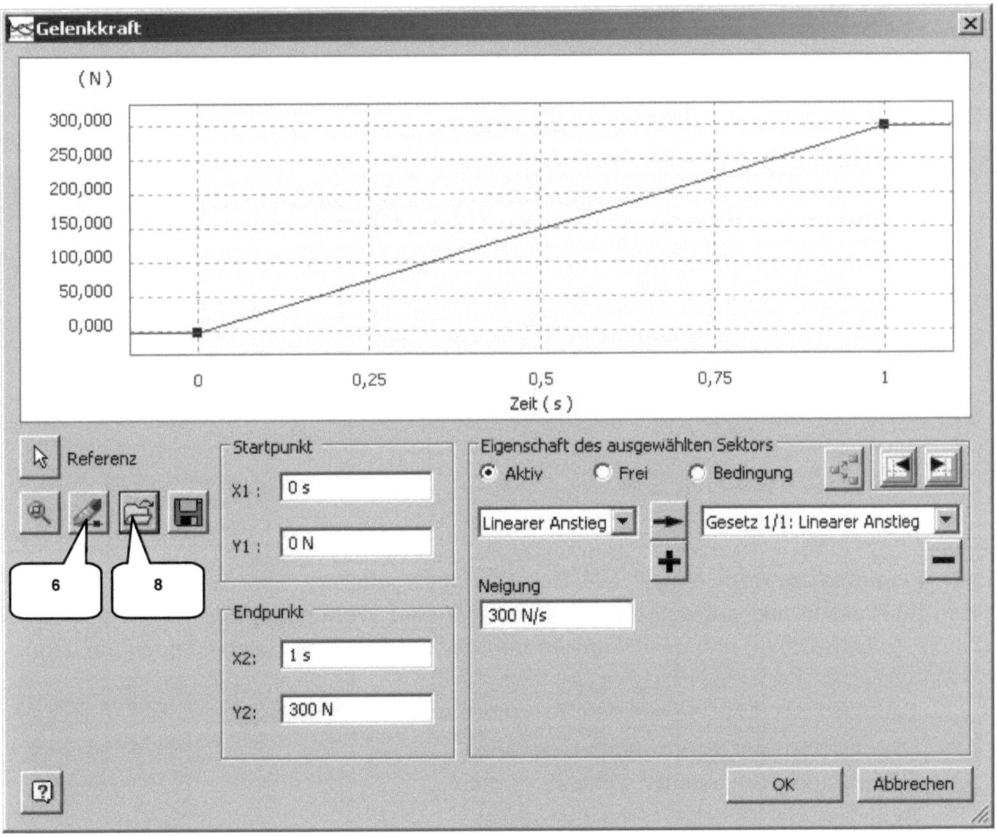

Sobald das Eingabediagramm bereinigt wurde, können über den Befehl ***Öffnen*** die in einer vorherigen Übung bereits gespeicherten Eingabewerte der gleichmäßig beschleunigten Translation importiert werden.

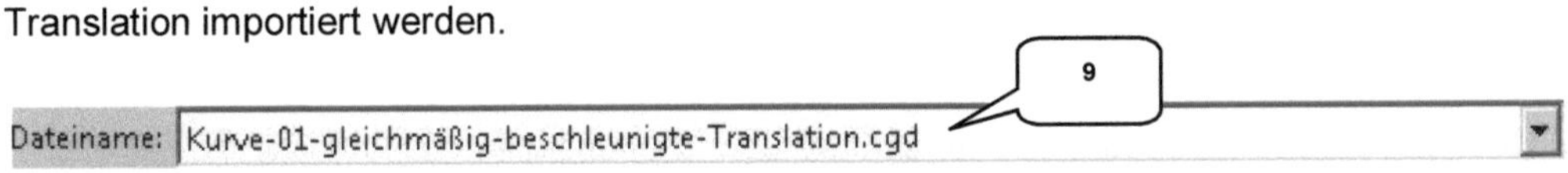

- ***Öffnen*** (8)
- Pfad zum Projektordner wählen
- Dateiname: Kurve-01-gleichmäßig-beschleunigte-Translation (9)
- Dateityp: *.cgd
- Öffnen ***Öffnen***
- OK ***OK*** (Gelenkkraft)
- OK ***OK*** (Gelenkeigenschaften)

7.27 Ausgabediagramm

7.27.1 Grundlagen: Ausgabediagramm

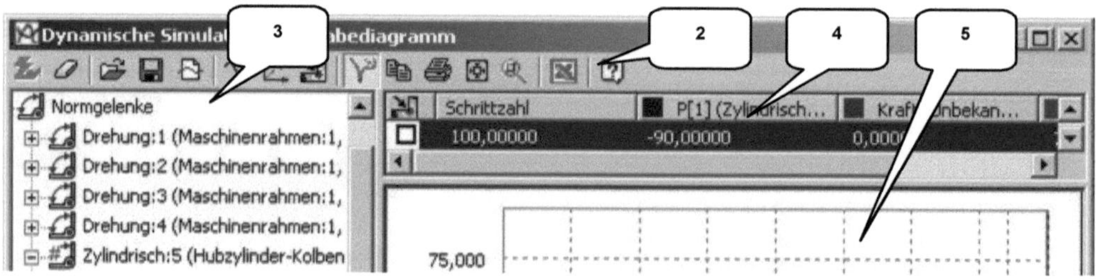

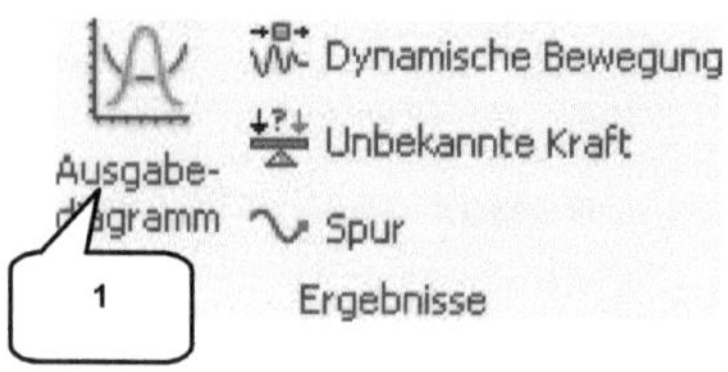

- Befehlsgruppe ***Ergebnisse***

Ausgabediagramm (1)

Das ***Ausgabediagramm*** enthält alle Berechnungsergebnisse einer Simulation und stellt diese tabellarisch und grafisch dar. Es beinhaltet eine ***Werkzeugleiste*** (2), den ***Browser*** (3), die ***Zeitschritte*** (4) und das ***Diagrammfenster*** (5). Folgende Befehle finden Sie darin:

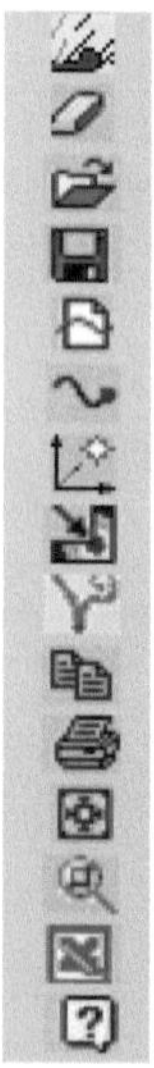

Simulationsergebnisse aus dem Ausgabediagramm löschen
Deaktivieren aller ausgewählten Variablen
Öffnen einer vorhandenen Simulationsdatei
Speichern der aktuellen Simulationsdatei
Hinzufügen einer neuen Kurve
Hinzufügen einer neuen Spur
Erstellen einer neuen Koordinatensystemreferenz
Bauteile in den Bereich der Belastungsanalyse exportieren
Aktiviert die exakten Berechnungsergebnisse eines Zeitpunkts
Kopieren des Diagrammfensters in den Zwischenspeicher des Computers
Drucken des Diagrammfensters
Skalieren einer ausgewählten Kurve
Zoomen eines ausgewählten Bereiches
Exportieren aller Berechnungsergebnisse nach Microsoft Excel
Öffnet die Programmhilfe

Im ***Browser*** des Ausgabediagramms findet man die bereits bekannten Ordner ***Norm-*** und ***Kraftgelenke***, den Ordner ***Benutzervariablen***, den Ordner ***Referenzrahmen*** (wenn eigene Koordinaten definiert wurden) und die Ordner ***Spuren*** sowie ***Exportieren nach FEM***.

Letzterer listet die Bauteile und Zeitschritte auf, die - sofern geschehen - für einen Export in den Bereich der Belastungsanalyse vorbereitet wurden. Im Zeitschrittfenster werden alle im Browser aktivierten Variablen tabellarisch aufgelistet. Derzeit dürfte darin lediglich die Spalte ***Zeit*** zu sehen sein. Sollten weitere Spalten aufgelistet werden, kann die Grundeinstellung durch einen Klick auf den Button ***Gesamte Auswahl aufheben*** (6) zurückgesetzt werden.

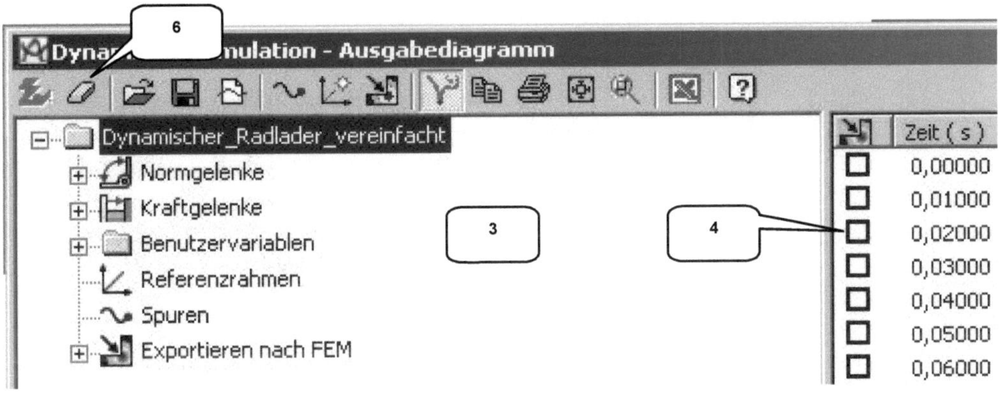

7.27.2 Kraft im zweiten Hubrahmen ermitteln

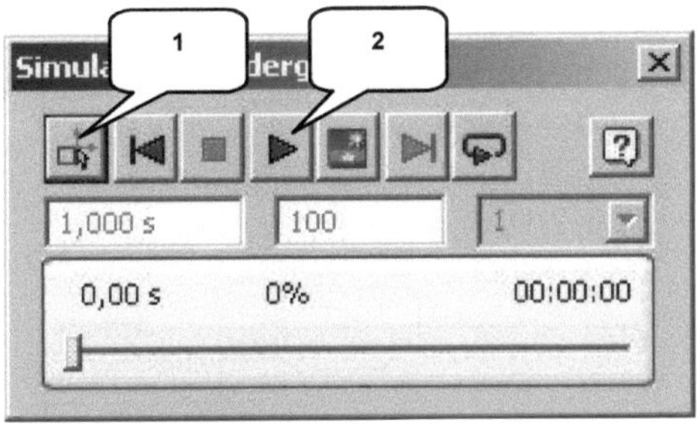

Die Simulation sollte jetzt noch einmal wiederholt werden, wobei das Ausgabediagramm geöffnet bleiben muss. Nach der Simulation darf nicht wieder in den ***Konstruktionsmodus*** zurückgekehrt werden!

- ***Konstruktionsmodus*** (1)
- ***Wiedergabe*** (2)

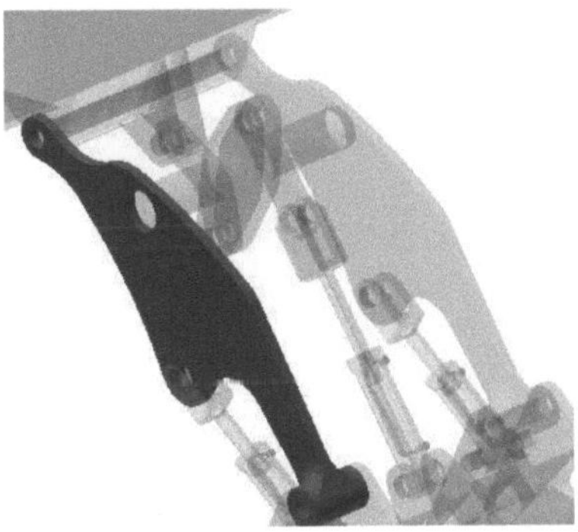

Weil der zweite Hubrahmen des Radladers später in den Bereich der Belastungsanalyse überführt werden soll, müssen vorab einige Randbedingungen geklärt werden. Z. B. sollte ein Simulationszeitpunkt ermittelt werden, an dem besonders hohe Belastungen zu erwarten sind. Zur Bestimmung dieses Zeitpunkts wäre es sinnvoll, die Belastungen in den Gelenken des zweiten Hubrahmens zu betrachten.

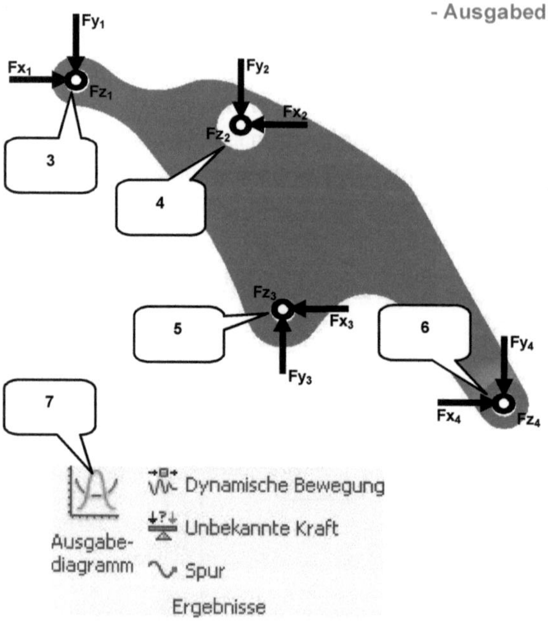

Betrachtet man den Hubrahmen genauer, so ist zu erkennen, dass zur Bestimmung des richtigen Zeitpunkts für die Belastungsanalyse vier Gelenkverbindungen infrage kommen: das Drehgelenk zwischen Schaufel und Hubrahmen (3); das Drehgelenk zwischen Kipphebel und Hubrahmen (4); das Drehgelenk zwischen Hubzylinder-Kolben und Hubrahmen (5) oder das Drehgelenk zwischen Hubrahmen und Maschinengehäuse (6). Eine Gelenkverbindung soll in den folgenden Übungen untersucht und der Zeitpunkt ihrer maximalen Belastung lokalisiert werden.

➢ Befehlsgruppe ***Ergebnisse***

Ausgabediagramm (7)

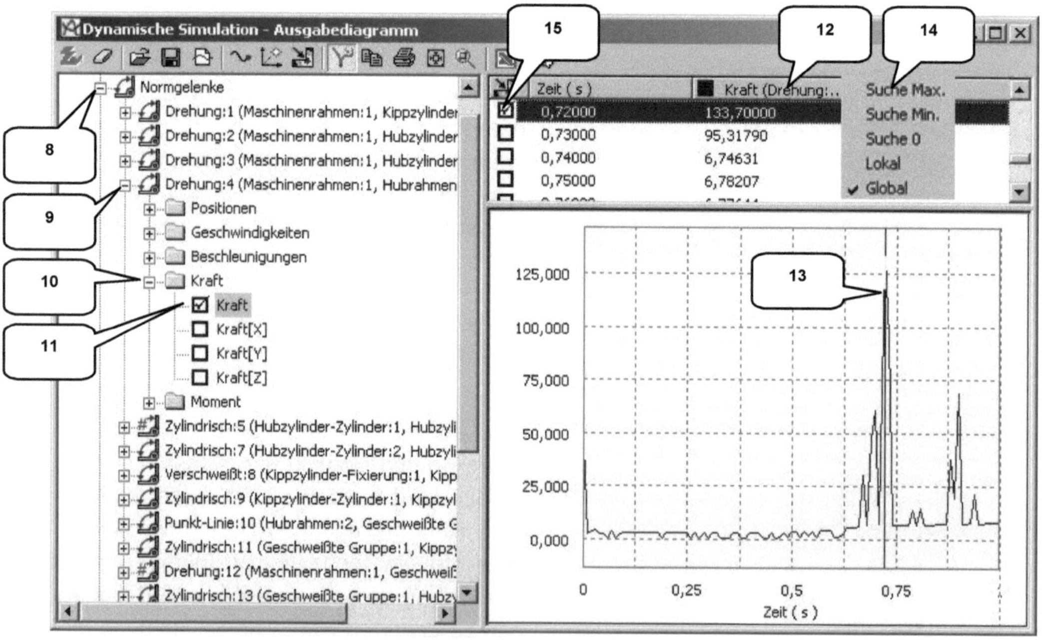

Nachdem das ***Ausgabediagramm*** geöffnet wurde muss in dessen Browser das erste Drehgelenk gefunden werden. Suchen Sie im Ordner ***Normgelenke*** das Drehgelenk der Bauteile ***Maschinenrahmen*** und ***Hubrahmen:2*** und aktivieren Sie die ***Kraft***.

- Ordner ***Normgelenke*** erweitern (8)
- ***Drehgelenk*** der Bauteile ***Maschinenrahmen*** und ***Hubrahmen:2*** erweitern (9)
- Ordner ***Kraft*** erweitern (10)
- Aktivieren: ***Kraft*** (11)

In der tabellarischen Darstellung des Diagramms wird jetzt eine weitere Spalte ***Kraft*** (12) eröffnet. Sie spiegelt den ***Kräfteverlauf*** des Drehgelenks über den gesamten Simulationszeitraum wider. Auch im Diagrammbereich wird der dazugehörige Graph dargestellt. Betrachtet man diesen etwas genauer, so kann man sehen, dass in etwa auf Position (13) eine deutlich erhöhte Kraft wirkt. Per Doppelklick darauf erscheint eine vertikale schwarze Linie und in der darüberliegenden Tabelle wird die entsprechende Zeile markiert. Um den genauen maximalen Wert der Kraft dieses Gelenks zu ermitteln, sollte man allerdings die Suchfunktion des Programms nutzen:

- ***Rechte Maustaste*** auf die Überschrift der Spalte ***Kraft*** (12)
- Suche Max. (14)

Das Programm ermittelt das Maximum dieser Spalte und aktiviert die entsprechende Zeile. Der ***maximale Kraftaufwand*** dieses Gelenks könnte in etwa bei ***133 N*** liegen und zum Zeitpunkt von etwa ***0,72 s*** stattfinden (<u>Kraft und Zeitpunkt können abweichen</u>!).

<u>HINWEIS</u>: In der Praxis sollten Sie stets verschiedene Maximalwerte von Kräften und Drehmomenten in unterschiedlichen Gelenkverbindungen ermitteln, um Vergleichswerte zu schaffen. Die Untersuchung eines einzelnen Wertes ist selten aussagekräftig genug, um auch realistische Werte für auftretende Spannungen in einem Bauteil ermitteln zu können.

7.27.3 Ergebnisse speichern und exportieren

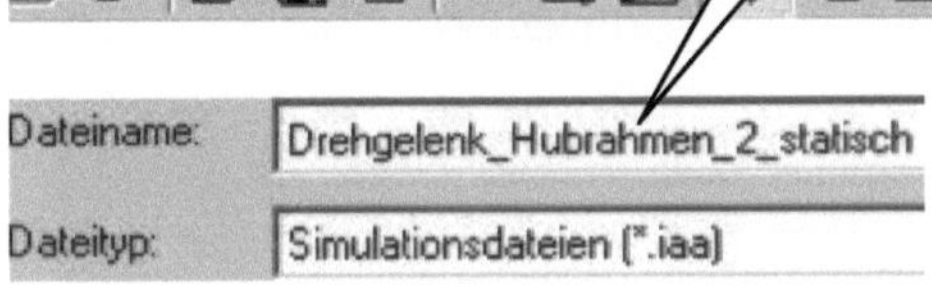

Die Ergebnisse sollen jetzt gespeichert und anschließend in eine Tabelle konvertiert werden, wofür allerdings Microsoft® Excel installiert sein muss.

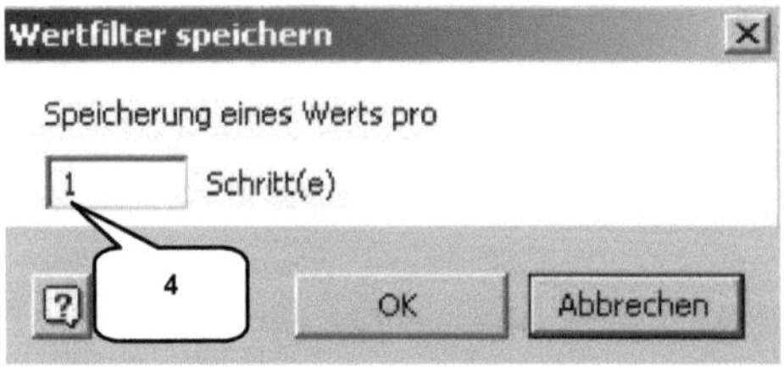

- ***Simulation speichern*** (1)
- Dateiname: Drehgelenk_Hubrahmen_2_statisch (2)
- Dateityp: *.iaa
- ***Speichern***

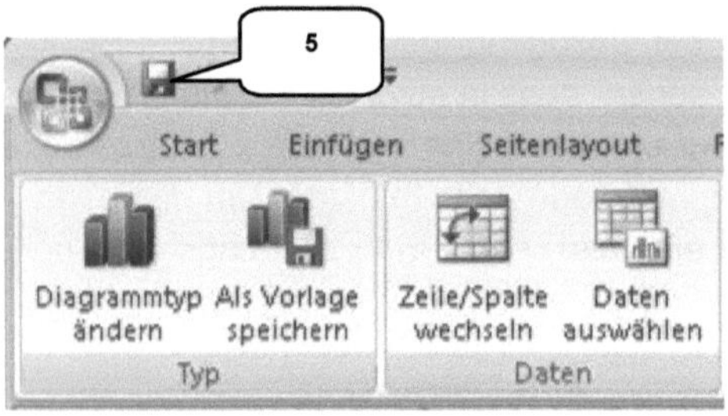

- ***Daten nach Excel exportieren*** (3)
- Möchten Sie die ausgewählte Kurve in Excel exportieren?: ***Ja***
- Speicherung ... pro Schritt: ***1*** Schritt (4)
- ***OK***

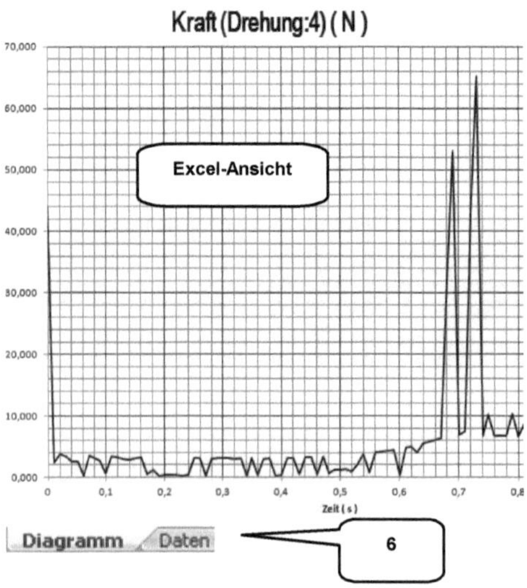

In Excel findet man einen Reiter ***Diagramm*** mit dem Kurvenverlauf und einen Reiter ***Daten*** (6) mit den Berechnungsergebnissen. Speichern und schließen Sie Excel und auch das Ausgabediagramm.

Speichern (Excel) (5)

- Dateiname: Drehgelenk_Hubrahmen_2_statisch (6)
- Dateityp: Excel-Arbeitsmappe
- ***Speichern***

Schließen (Microsoft® Excel)

- ***Ausgabediagramm schließen***
- ***Konstruktionsmodus***

Speichern (Inventor)

7.28 *Externe Kräfte*

7.28.1 *Grundlagen: Kraft und Drehmoment*

Um das Verhalten eines Mechanismus unter Einwirkung einer zusätzlichen Last zu untersuchen, können externe ***Kräfte*** beaufschlagt werden. Ihre Wirkrichtung kann entlang vorhandener Kanten festgelegt, lotrecht zu Flächen oder Ebenen definiert oder vektoriell bestimmt werden.

7.28.2 *Externe Kräfte definieren*

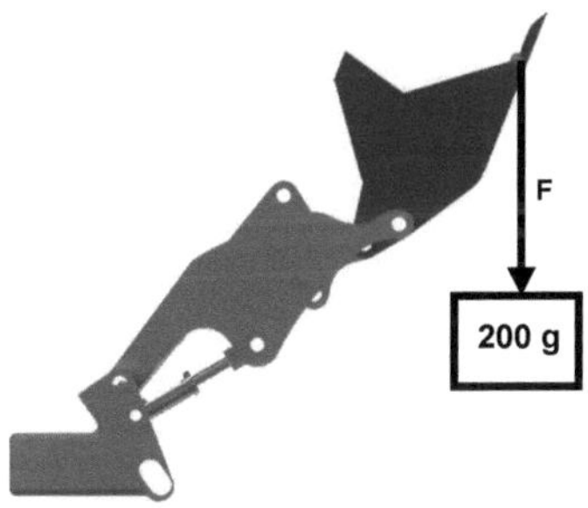

In der folgenden Übung soll eine in Richtung der Schwerkraft senkrecht nach unten wirkende Kraft simuliert werden, die an der Schaufel angreift. Sie könnte z. B. durch ein Gewicht hervorgerufen werden, das mit der Schaufel durch ein Stahlseil verbunden wurde.

- Befehlsgruppe ***Laden***

Kraft (1)

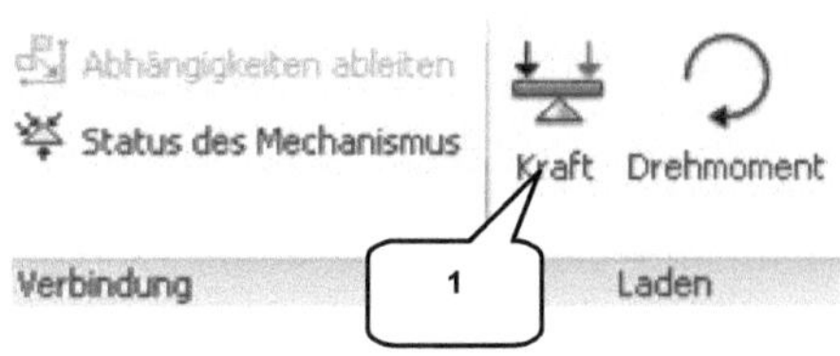

Zuerst ist die Position zu bestimmen an der die Kraft angreifen soll, wofür die markierte Position an der Schaufel auszuwählen ist. Anschließend sind Größe und Wirkrichtung der Kraft und zu definieren. Es soll ein Gewicht von 0,2 Kg simuliert werden was frei an einem Seil hängt. Die Kraft (ca. 2 N) wirkt deshalb in Richtung der Schwerkraft, also in negativer Y-Richtung des Koordinatensystems.

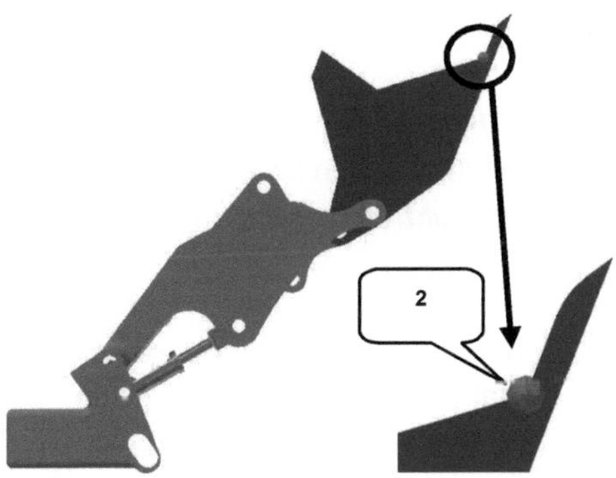

- Position: Ecke der Schaufel wählen (2)
- Feste Belastungsrichtung (3)
- Befehlsfenster >> erweitern (4)
- Vektorkomponenten verwenden (5)

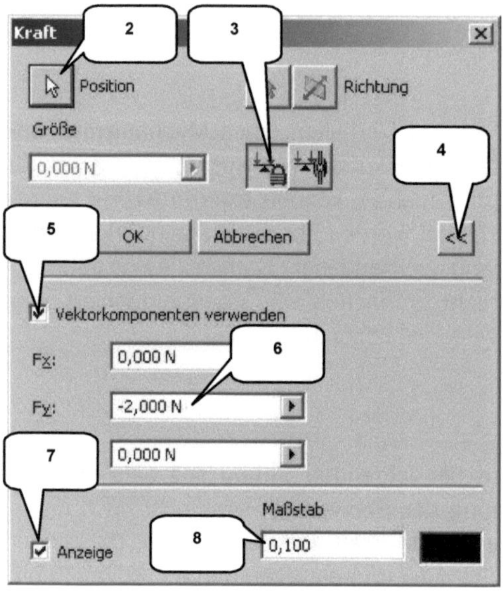

- F_Y: -2 N (6)
- Aktivieren: Anzeige (7)
- Maßstab: 0,1 (8)
- OK ***OK***

Die zusätzliche Kraft, wird im Browser im Ordner ***externe Belastungen*** dargestellt (9). Speichern Sie die Baugruppe und führen Sie eine weitere Simulation durch.

Speichern

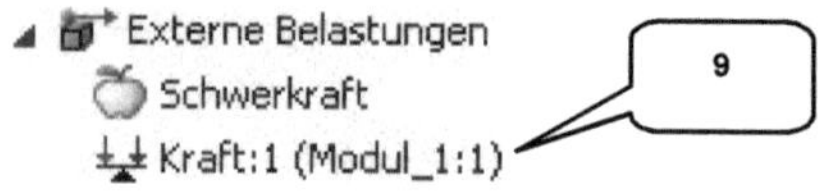

7.28.3 Ausführen und Aufzeichnen der Simulation

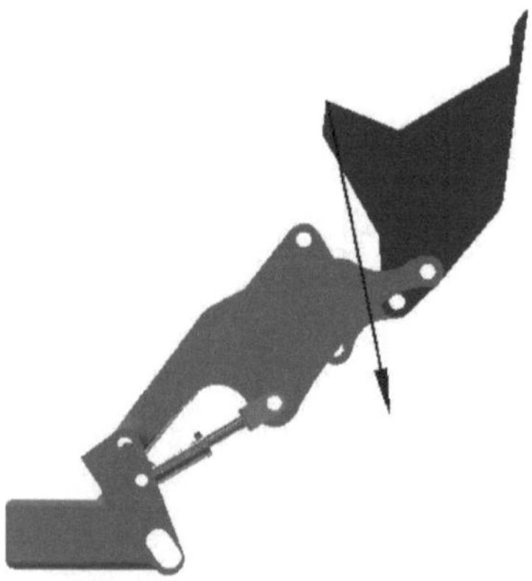

Film publizieren

- Dateiname:
  Dyn-Sim-16-externe-Kraft (1)
- Dateityp: *.avi
- Speichern ***Speichern***

- Komprimierung: Microsoft Video 1
- Qualität: 100 %
- OK ***OK***

- ***Wiedergabe*** (2)
- Simulation ablaufen lassen
- ***Konstruktionsmodus*** (3)

Film publizieren

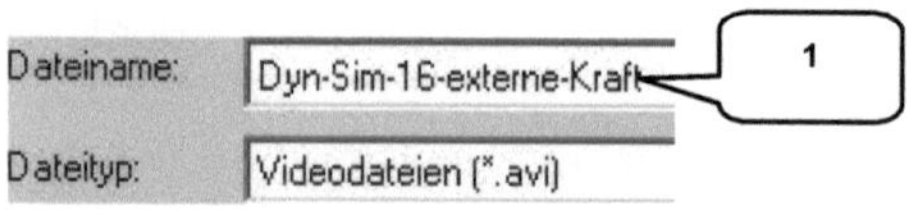

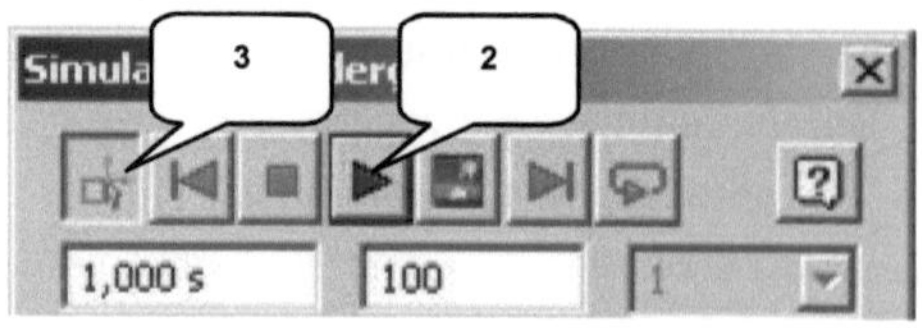

Dem Hubapparat sollte es jetzt wesentlich schwerer fallen, seinen oberen Anschlag zu erreichen, die zusätzliche Kraft zeigt also deutlich ihre Wirkung. Genaueres soll aber im Ausgabediagramm ermittelt werden.

7.28.4 Kraft im Hubrahmen unter zusätzlicher Last ermitteln

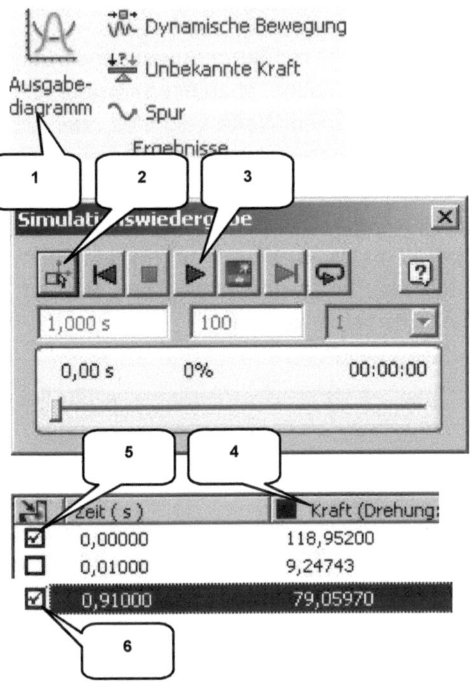

Ausgabediagramm (1)

Die Simulation sollte jetzt noch einmal wiederholt werden, ohne das Ausgabediagramm dabei zu schließen. Aktivieren Sie den Konstruktionsmodus und starten Sie die Simulation erneut.

- ***Konstruktionsmodus*** (2)
- ***Wiedergabe*** (3)

- ***Rechte Maustaste*** auf die Überschrift der Spalte ***Kraft*** (4)
- Suche Max.

Der Maximalwert der Kraft in diesem Gelenk liegt zum Zeitpunkt ***t = 0 s*** (5) bei ca. ***119 N***. Einen ebenfalls hohen Wert von in etwa ***79 N*** findet man bei ***t = 0,91 s*** (6). Beide Zeitschritte sollten im Zeitschrittfenster markiert werden. Das Ausgabediagramm kann jetzt geschlossen und die Baugruppe gespeichert werden.

- ***Ausgabediagramm schließen***
- ***Konstruktionsmodus***

Speichern

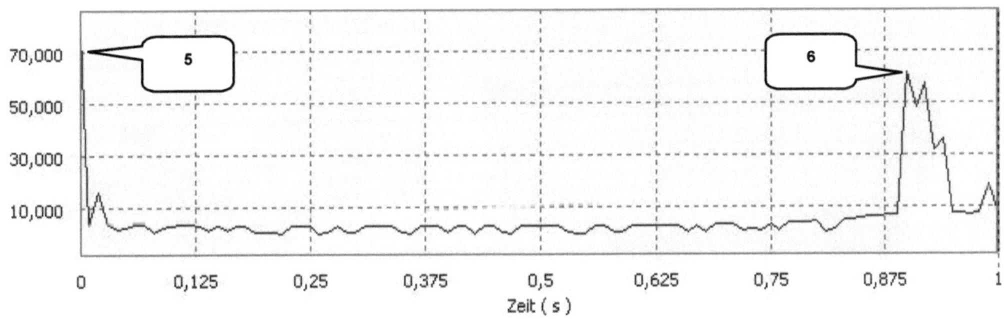

7.29 Spuren

7.29.1 Grundlagen: Spur

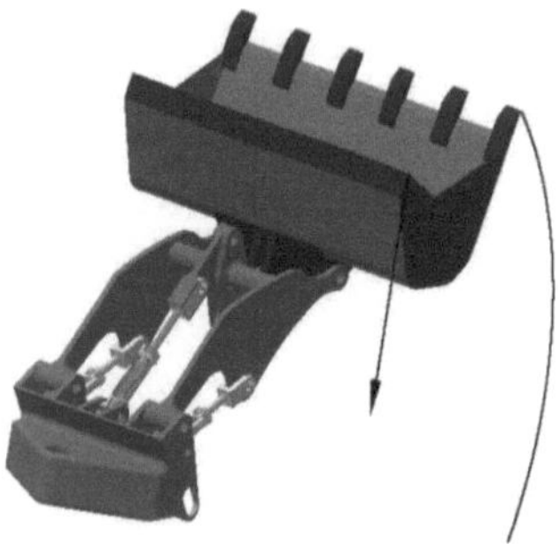

Der Befehl ***Spur*** ermöglicht es, Bewegungsbahnen von Bauteilen aus einer Simulation abzuleiten, wobei die Darstellung der kinematischen Werte vektoriell oder als Kurvenverlauf möglich ist. Der abgeleitete Bewegungspfad (Spur) entspricht der Anordnung vieler Positionspunkte des Referenzbauteils während des Simulationsverlaufs. Die Spur kann als 2D-Skizze abgeleitet, einem beliebigen Bauteil der Baugruppe zugeordnet und anschließend weiterverarbeitet werden.

7.29.2 Spur einfügen

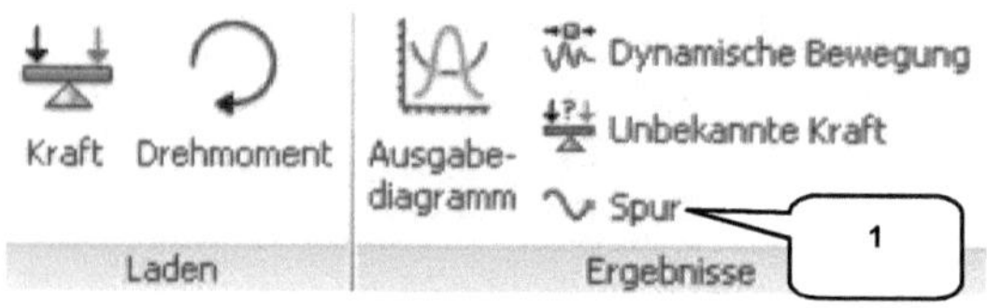

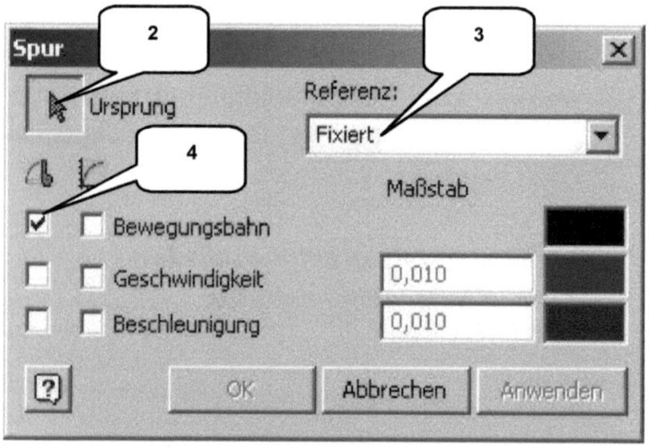

- Befehlsgruppe ***Ergebnisse***

  Spur (1)

Die Bewegungsbahn eines Punktes an der Schaufel soll während der Simulation abgeleitet werden, wofür ein Eckpunkt der Schaufel zu wählen ist.

- Ursprung: Ecke Schaufel (2)
- Referenz: Fixiert (3)
- Aktivieren: Bewegungsbahn (4)
- OK ***OK***

Um die Bewegungsbahn aufzeichnen zu können muss eine weitere Simulation ausgeführt werden.

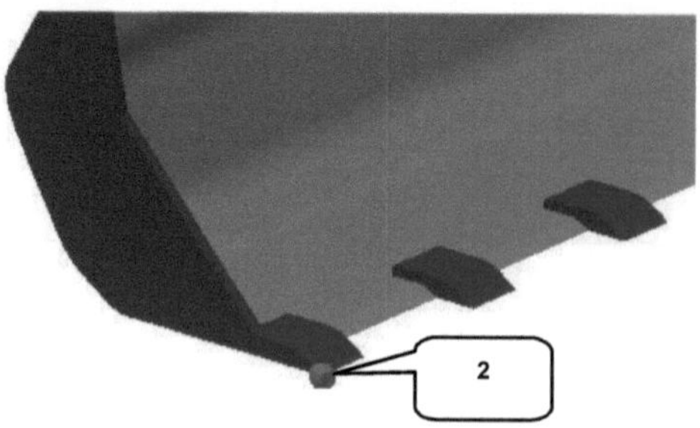

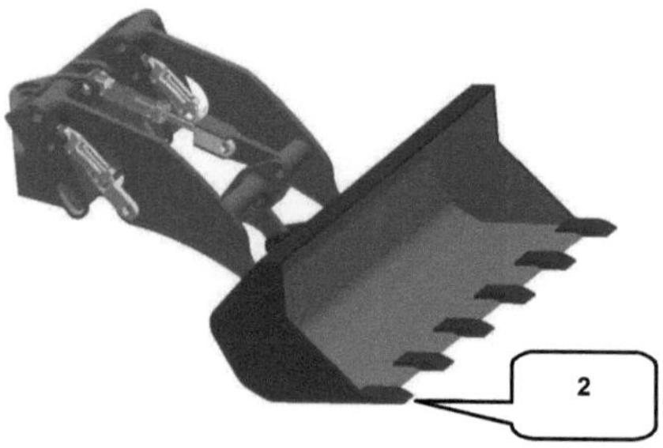

7.29.3 Ausführen und Aufzeichnen der Simulation

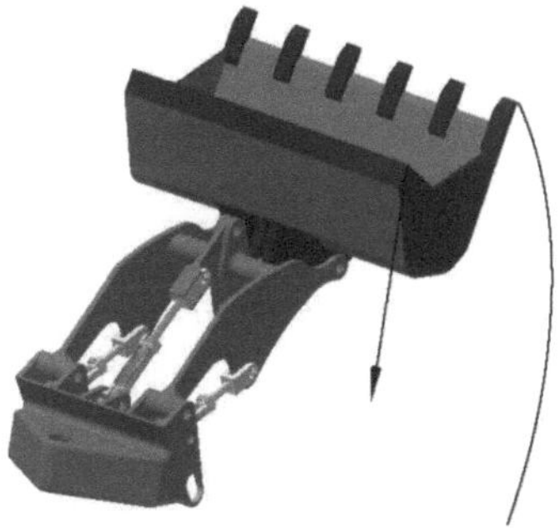

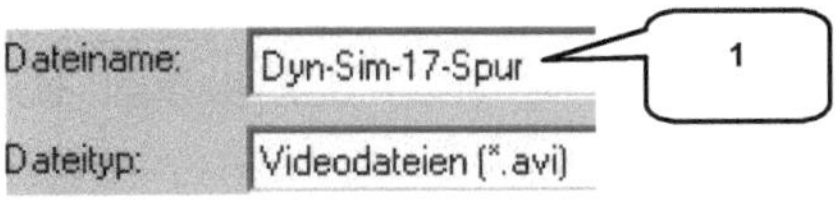

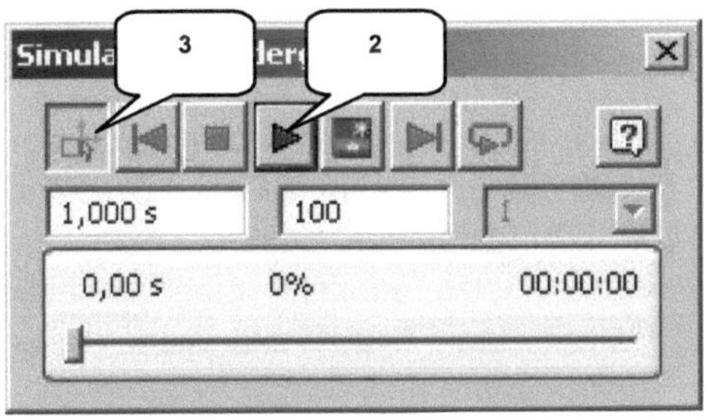

Film publizieren
- Dateiname: Dyn-Sim-17-Spur (1)
- Dateityp: *.avi
- ***Speichern***

- Komprimierung: Microsoft Video 1
- Qualität: 100 %
- ***OK***

- ***Wiedergabe*** (2)
- Simulation ablaufen lassen
- ***Konstruktionsmodus*** (3)

Film publizieren

Der Hubapparat führt den bereits bekannten Bewegungsablauf durch und das Programm zeichnet dabei den Pfad des Referenzpunkts an der Schaufel auf (4). Dieser Pfad soll jetzt als Skizze exportiert und in ein anderes Bauteil eingefügt werden. Hierfür muss das Ausgabediagramm erneut geöffnet werden, da auch Spuren darin hinterlegt werden.

Speichern Sie die Baugruppe vorher.

Speichern

7.29.4 Spuren als Skizze in andere Bauteile exportieren

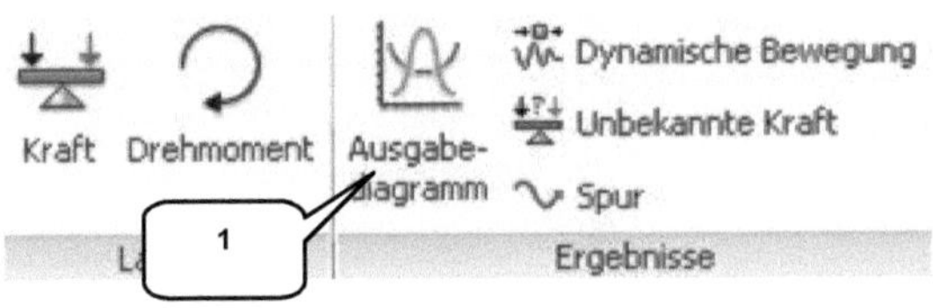

Ausgabediagramm (1)

- ***Wiedergabe***

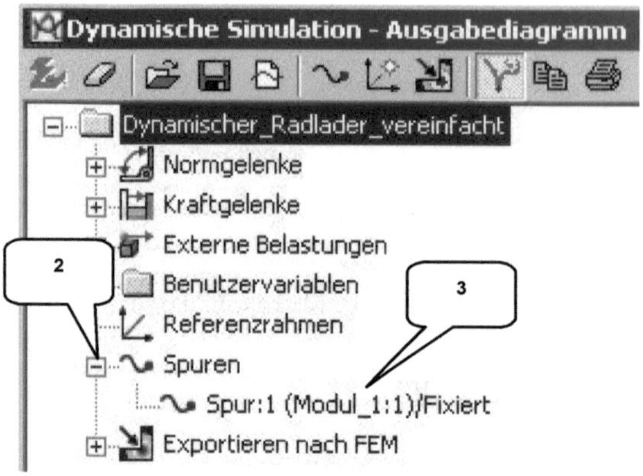

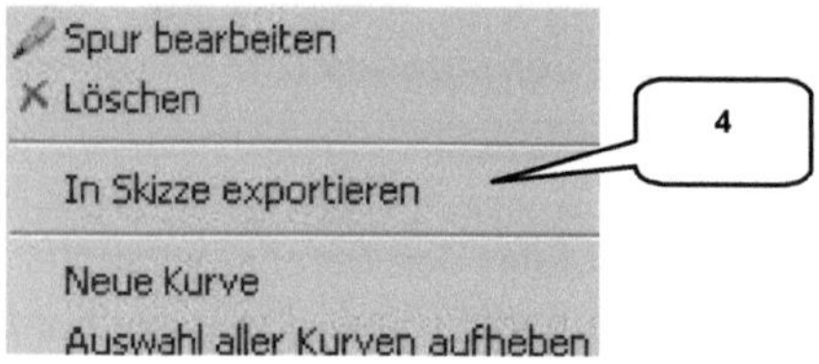

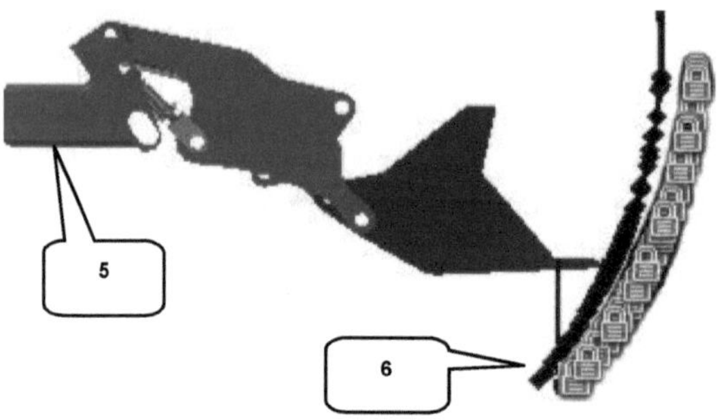

Erweitert man im Browser den Ordner ***Spuren*** (2) so findet man darin die ***Spur:1*** (3). Der Klick mit der rechten Maustaste darauf öffnet das Kontextmenu.

- ***Rechte Maustaste*** auf ***Spur:1*** (3)
- ***In Skizze exportieren*** (4)

Das Programm erwartet jetzt die Auswahl eines in der Baugruppe enthaltenen Bauteils, in das die Skizze mit der Bewegungsbahn integriert werden soll. Verwenden Sie dafür das Bauteil ***Maschinenrahmen***.

- ***Maschinenrahmen*** anklicken (5)

Nach einer kurzen Berechnungszeit erstellt das Programm die neue Skizze im Maschinenrahmen. Öffnet man das Bauteil jetzt, so kann man die neue Skizze darin finden und auch weiterbearbeiten.

Betrachtet man die Bewegungsbahn im Skizzenbereich des geöffneten Bauteils ***Maschinenrahmen*** etwas genauer, so ist zu erkennen dass hier einzelne Punkte fixiert im Raum liegen. Sie entsprechen der jeweiligen Position der Zeitschritte aus dem Ausgabediagramm. Die Punkte werden durch Splines miteinander verbunden. Die neu gewonnene Skizze könnte jetzt z. B. dazu verwendet werden, weitere konstruktive Elemente abzuleiten.

Das Bauteil ***Maschinenrahmen.ipt*** kann jetzt wieder ***geschlossen*** werden und die Baugruppe ***Dynamischer_Radlader_vereinfacht.iam*** sollte noch geöffnet sein.

7.30 Bauteile für eine Belastungsanalyse vorbereiten

7.30.1 Bauteil und lasttragende Flächen auswählen

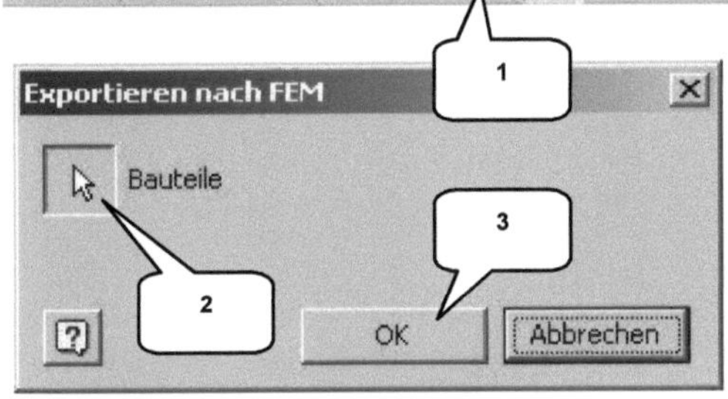

Nachdem die zu analysierenden Zeitpunkte bereits festgelegt wurden, muss das Bauteil noch definiert werden, das später im Bereich der Belastungsanalyse untersucht werden soll. Der dafür benötigte Befehl ***Exportieren nach FEM*** kann direkt aus dem Ausgabediagramm heraus geöffnet werden.

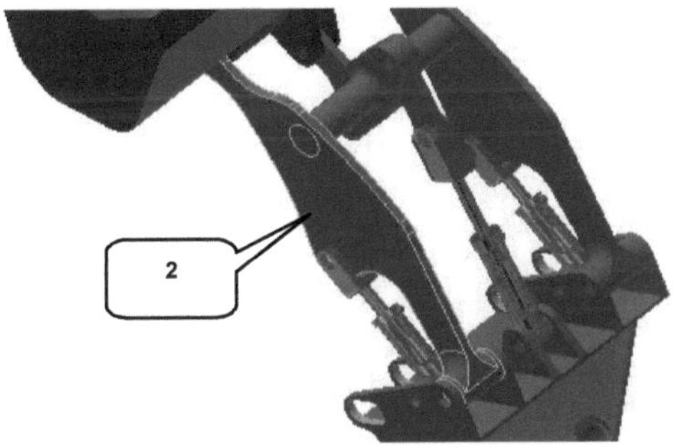

- ***In FEM exportieren*** (1)
- Bauteil: Hubrahmen:2 anklicken (2)
- ***OK*** (Modell überbestimmt)
- ***OK*** (3)

Das Programm erwartet jetzt die Auswahl der lasttragenden Flächen, womit die Flächen der bestehenden Gelenkverbindungen gemeint sind, mit denen der Hubrahmen an den angrenzenden Bauteilen befestigt wurde.

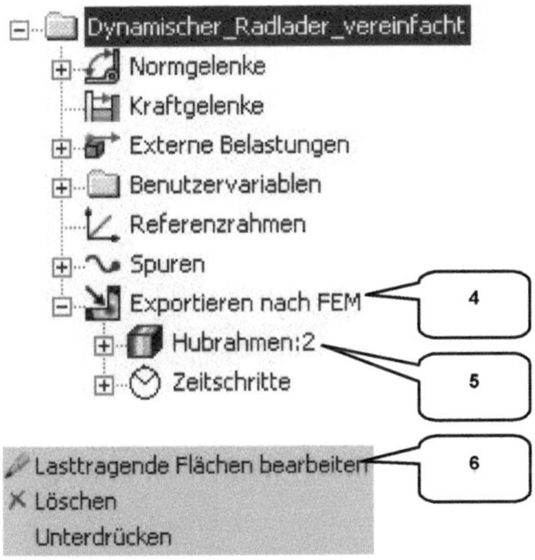

HINWEIS: Sollte das Fenster ***Auswahl lasttragender Flächen für FEM*** nicht automatisch geöffnet werden, so kann es alternativ auch manuell gestartet werden. Hierfür ist im Browser des ***Ausgabediagramms*** der Ordner ***Exportieren nach FEM*** (4) zu erweitern, dann mit ***rechter Maustaste*** auf das darin enthaltene Bauteil ***Hubrahmen:2*** (5) zu klicken und im Kontextmenü die Option ***Lasttragende Flächen bearbeiten*** (6) zu starten.

Die einzelnen Gelenkverbindungen des Hubrahmens zu den angrenzenden Bauteilen sollten jetzt nacheinander überprüft und gegebenenfalls korrigiert werden. Hierfür sind die jeweiligen Gelenke im Befehlsfenster auszuwählen und den geometrischen Elementen zuzuweisen.

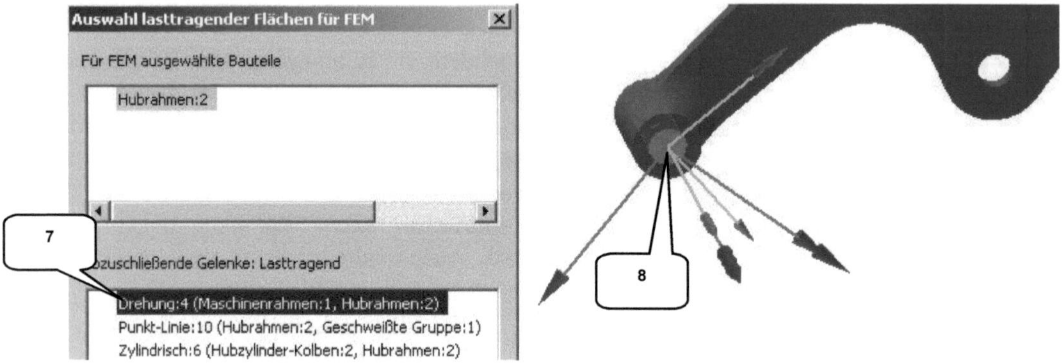

- Aktivieren: Drehgelenk ***Maschinenrahmen:1, Hubrahmen:2*** (7)
- Auswahl: Markierte Bohrungsfläche am Hubrahmen (8)

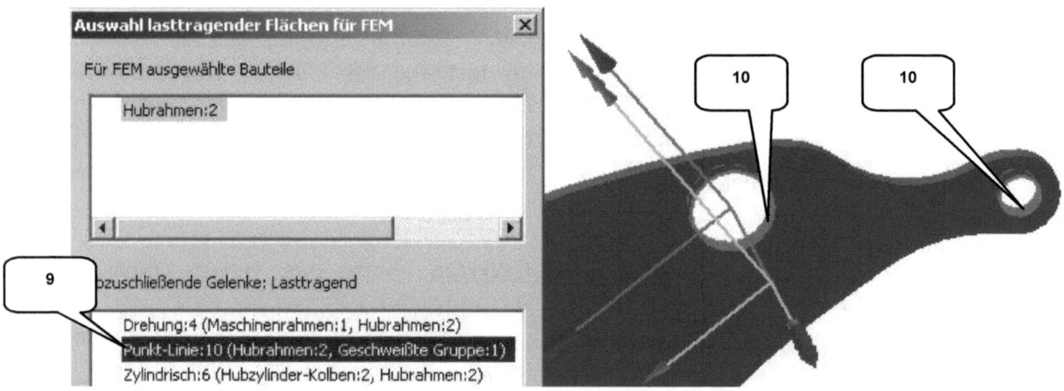

- Aktivieren: Punkt-Linien-Gelenk ***Hubrahmen:2, Geschweißte Gruppe:1*** (9)
- Auswahl: Markierte Bohrungsflächen am Hubrahmen (10)
- ***OK***

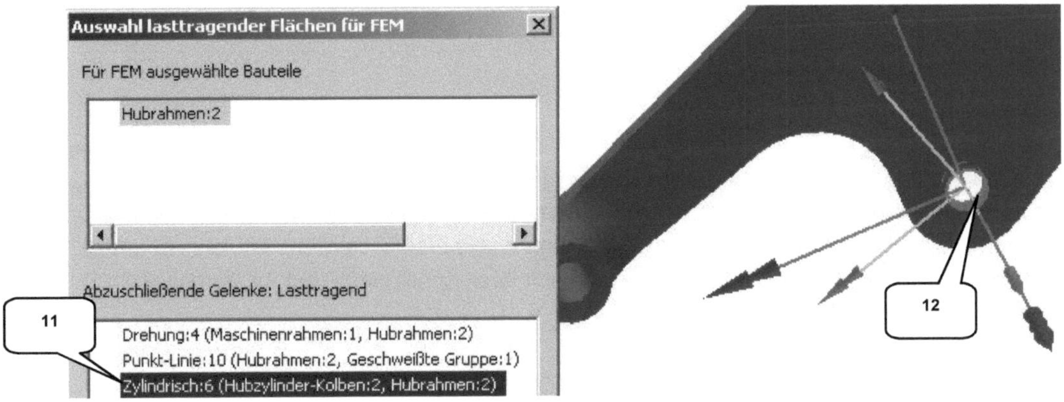

- Aktivieren: Zylindrisches Gelenk ***Hubzylinder-Kolben:2, Hubrahmen:2*** (11)
- Auswahl: Markierte Bohrungsfläche am Hubrahmen (12)
- ***OK***

Nach dem Auswahlfenster kann auch das Ausgabediagramm wieder geschlossen werden. Im Anschluss daran sollte der Konstruktionsmodus aktiviert, die Baugruppe gespeichert und der Bereich der dynamischen Simulation wieder verlassen werden.

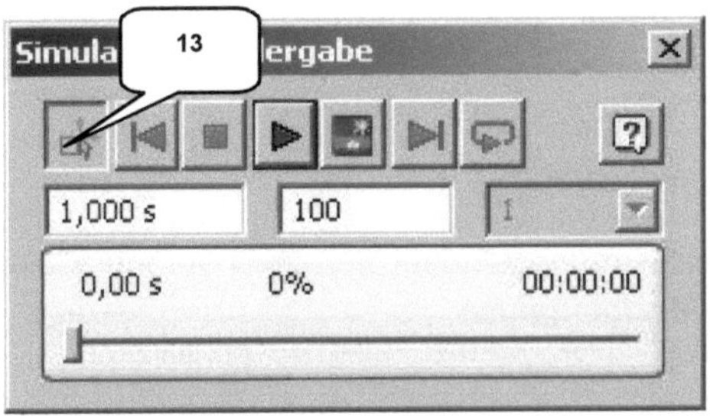

- ***Ausgabediagramm schließen***
- ***Konstruktionsmodus*** (13)

Fertigstellen

Speichern (Baugruppe) 8

Mit dieser Übung verlassen wir den Bereich der dynamischen Simulation um die Berechnungsergebnisse der letzten Simulationen im Bereich der Belastungsanalyse weiterzubearbeiten. Die aktuell geöffnete Baugruppendatei des vereinfachten Radladers soll weiterhin geöffnet bleiben.

8 Die Umgebung der Belastungsanalyse

8.1 Funktionen der Belastungsanalyse

Weil der Großteil der Fertigungskosten eines Bauteils bereits während der Konstruktionsphase entschieden wird, sollten auch hier möglichst viele Aspekte geprüft und Alternativen miteinander verglichen werden. So kann von vornherein die vermeintlich beste Variante ermittelt und für den weiteren Produktionsprozess vorbereitet werden. Mit der ***Inventor®-Belastungsanalyse*** können Bauteile direkt nach ihrer Konstruktion auf ihr Verhalten im Belastungsfall analysiert werden.

Die folgenden wichtigen Funktionen beinhaltet die Inventor®-Belastungsanalyse:

- Statische Analyse und Modalanalyse (Eigenfrequenzanalyse)
- Auswahl verschiedener Materialien
- Definition von Randbedingungen (Lasten und Abhängigkeiten)
- Definition von Kontaktbedingungen zwischen Bauteilen
- Vorbereiten von dünnen Bauteilen für eine verbesserte Analyse
- Darstellen geometrischer Änderungen von Bauteilen
- Lokale und globale Netzsteuerungen
- Parametrische Untersuchungen von Bauteilen
- Publizieren von Ergebnissen als vollständiger Bericht im HTML-Format

8.2 Arten der Inventor®-Belastungsanalyse

Bei einer Inventor®-Belastungsanalyse unterscheidet man grundsätzlich zwei verschiedene Simulationsarten: die ***statische Analyse*** und die ***Modalanalyse***.

Statische Analysen werden durchgeführt, wenn man von konstanten Belastungen und Auflagern ausgeht die auf ein Bauteil wirken. Unter Beachtung der konstruktiven Form des Bauteils, seines Materials und der Belastungen und Auflager, berechnet das Programm die innerhalb des Bauteils auftretenden Spannungen und geometrischen Verformungen.

Bei einer ***Modalanalyse*** (Eigenwertanalyse) werden die Eigenfrequenzen eines Bauteils ermittelt, d.h., dass ein Bauteil daraufhin untersucht wird, welche Form es theoretisch annehmen würde, wenn es von außen angeregt würde. Lasten sind dabei nicht erforderlich und Abhängigkeiten können nur als „Fest“ definiert werden. Eine Modalanalyse soll dem Konstrukteur dabei helfen, die bauteileigenen, dynamischen Verformungen eines Bauteils verstehen zu können, wobei diese lediglich als Tendenz zu verstehen sind.

8.3 Grundlegender Aufbau des Analysebereiches

8.3.1 Die Befehlsgruppen

Um in den Bereich der Belastungsanalyse wechseln zu können, muss bei geöffneter Baugruppe im Register ***Umgebungen*** der Befehl ***Belastungsanalyse*** gestartet werden. Dort angelangt sollten die Befehlsgruppen auf ihre Vollständigkeit kontrolliert werden.

Arbeitsbereich:
Belastungsanalyse

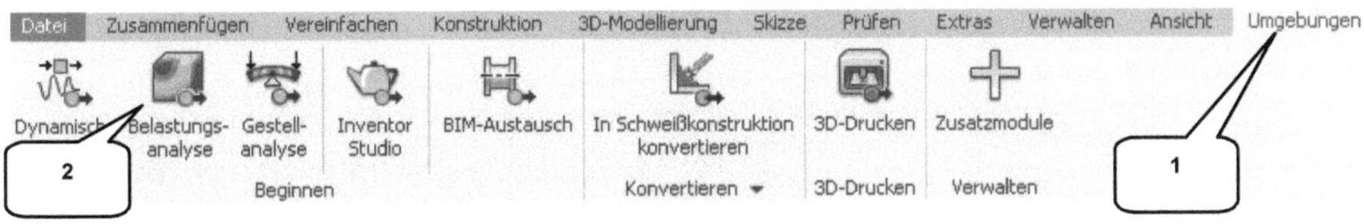

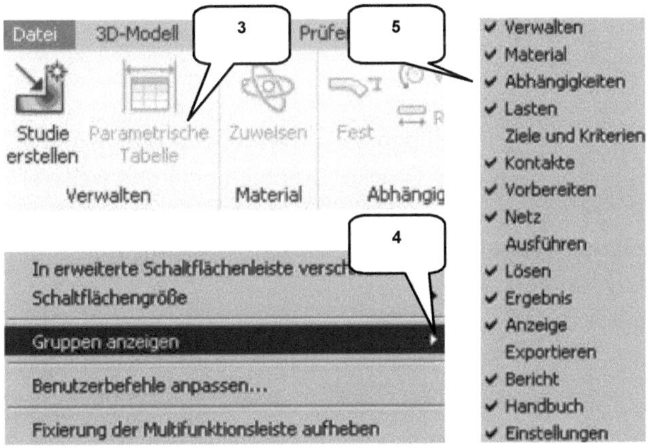

- Register ***Umgebungen*** (1)
- Belastungsanalyse (2)

- ***rechte Maustaste*** auf einen beliebigen Bereich in der Multifunktionsleiste (3)
- ***Gruppen anzeigen*** (4)
- dargestellte Befehlsgruppen aktivieren (5)

Die ***folgenden Befehlsgruppen*** finden Sie im Bereich der ***Belastungsanalyse***.

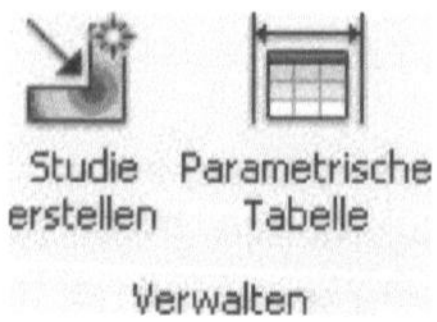

Verwalten

- Erstellen neuer Studien
- Öffnen einer parametrischen Tabelle (nur bei parametrischen Studien)

Material

- Überschreiben vorhandener Materialien

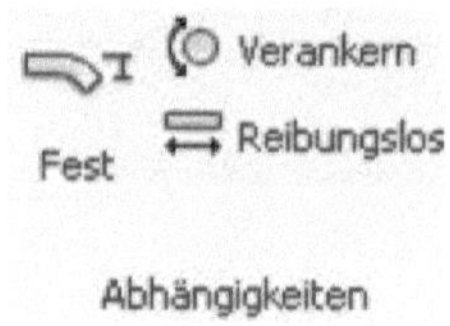

Abhängigkeiten

- Setzen von festen, radialen oder axialen Abhängigkeiten

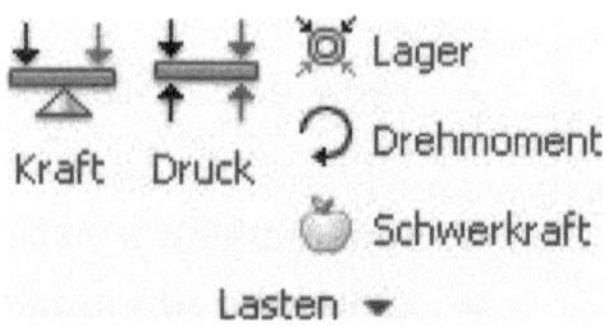

Lasten

- Hinzufügen einer Schwerkraft oder externer Kräfte, Drücke, Drehmomente und weiteren Lasten

Kontakte

- Spezifizieren vorhandener Kontaktflächen zwischen Bauteilen einer Baugruppe

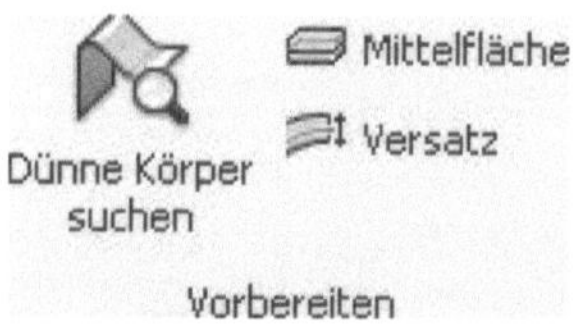

Vorbereiten

- Vereinfachen von sehr dünnen Bauteilen für eine schnellere Belastungsanalyse

Netz

- Erstellen einer Netzansicht
- Bearbeiten allgemeiner Netzeinstellungen
- Bearbeiten lokaler Netzeinstellungen

Lösen

- Startet die Simulation

Ergebnis

- Animation der Simulationsergebnisse
- Definition einzelner Prüfpunkte
- Öffnen des Konvergenz-Plots

Anzeige

- Bearbeiten der Grundeinstellungen für die visuellen Darstellungen der Berechnungsergebnisse

Bericht

- Erstellt einen Bericht mit allen Berechnungsergebnissen der Belastungsanalyse

Handbuch

- Öffnet das Simulationshandbuch mit grundlegenden Informationen zum Thema und nützlichen Hinweisen zur FEM

Einstellungen

- Bearbeiten der Grundeinstellungen der Belastungsanalyse

Beenden

- Verlassen des Bereiches der Belastungsanalyse

8.3.2 Der Browser

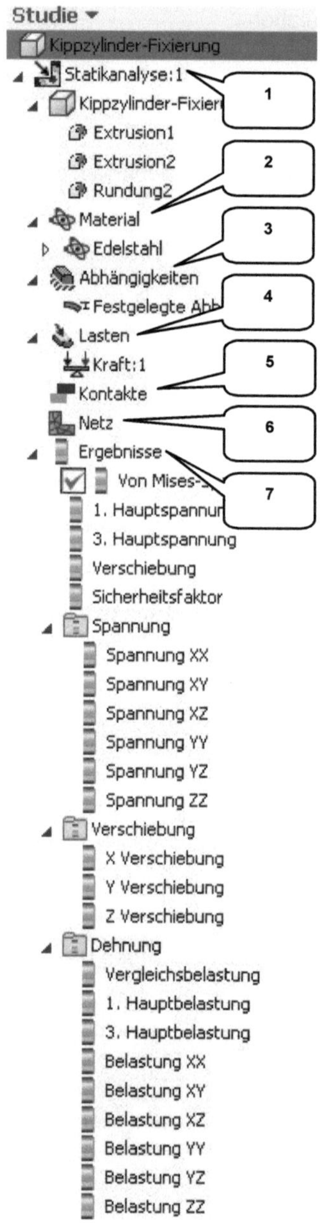

Der ***Browser*** der Belastungsanalyse spiegelt alle Eingabewerte und die Ergebnisse einer Simulation wider. Die folgenden ***Ordner*** können darin vorhanden sein:

Statische Analyse/ Modalanalyse (1)

Je nachdem welcher Typ einer Studie erzeugt wurde (***statische Analyse*** oder ***Modalanalyse***), befindet sich im oberen Bereich des Browsers der entsprechende Ordner.

Material (2)

Der Ordner ***Material*** enthält die Materialien von Bauteilen, wenn diese über den entsprechenden Befehl im Bereich der Belastungsanalyse zugewiesen wurden.

Abhängigkeiten (3)

Der Ordner ***Abhängigkeiten*** enthält alle definierten Befestigungsoptionen eines Bauteils (Fest, Verankern, Reibungslos).

Lasten (4)

Alle zusätzlich definierten Kräfte, Drücke, Lagerbelastungen, Drehmomente, externe Kraftmomente, Körperkräfte und auch die Schwerkraft wird im Ordner ***Lasten*** dargestellt.

Kontakte (5)

Ob Kontaktflächen zwischen Bauteilen gleitend oder fest sind, wird im Ordner ***Kontakte*** hinterlegt.

8.4 Analyse des Hubrahmens
8.4.1 Erstellen einer Studie

Zum aktuellen Zeitpunkt sind die meisten Befehle noch inaktiv. Erstellen Sie zuerst eine neue ***Studie*** um auch die anderen Befehle verfügbar zu machen.

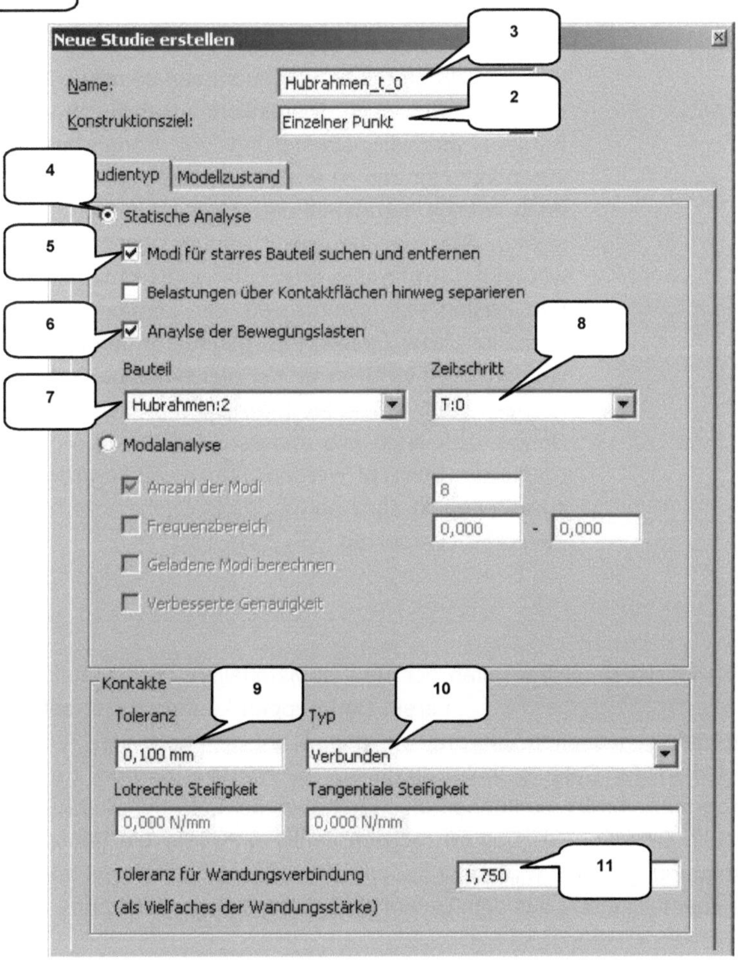

Studie erstellen (1)

Nachdem das Befehlsfenster geöffnet wurde, müssen dort alle Grundeinstellungen für die folgende Belastungsanalyse vorgenommen werden.

Zuerst sollte stets das Konstruktionsziel definiert werden, was in diesem Fall die Option ***Einzelner Punkt*** ist, denn die Analyse findet mit fest definierten Parametern statt. Danach muss unter anderem das Bauteil ausgewählt werden (denn es könnten auch mehrere Bauteile aus der dynamischen Simulation in den Bereich der Belastungsanalyse überführt worden sein) und der gewünschten Zeitpunkt der Analyse.

Übernehmen Sie anschließend auch die restlichen Einstellungen.

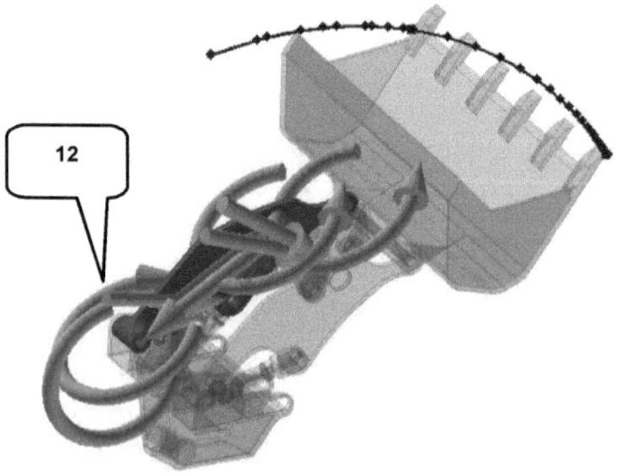

- Konstruktionsziel: Einzelner Punkt (2)
- Name: Hubrahmen_t_0 (3)
- Studientyp: Statische Analyse (4)
- Aktivieren: Modi für starres Bauteil ... (5)
- Aktivieren: Analyse für Bewegungslasten (6)
- Bauteil: Hubrahmen:2 (7)
- Zeitschritt: T:0 (8)
- Toleranz: 0,1 mm (9)
- Typ: Verbunden (10)
- Toleranz für Wandungsverbindung: 1,75 (11)
- OK ***OK***

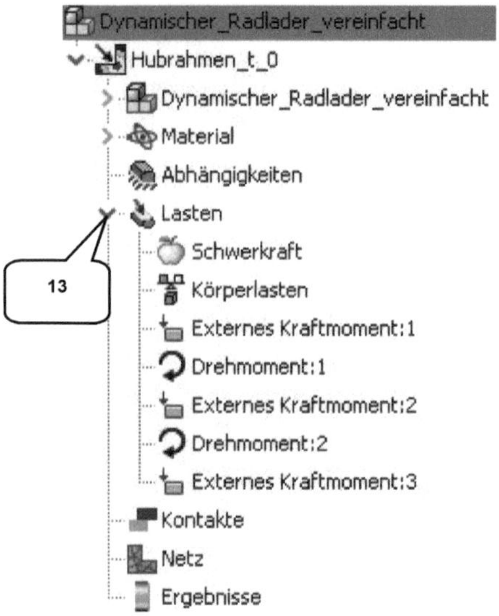

Wurden alle Eingaben vorgenommen so aktiviert das Programm auch die restlichen Befehle. Außerdem wird die Darstellung der Baugruppe verändert: Nur das zu analysierende Bauteil wird noch farblich dargestellt und der Rest ist durchsichtig. Alle zum aktuellen Simulationszeitpunkt wirkenden Kräfte und Momente werden mit gelben Pfeilen (12) symbolisiert. Sie können weiterhin im Order ***Lasten*** (13) genauer untersucht werden. Wird im Browser der gleichnamige Ordner erweitert so findet man darin neben der Schwerkraft auch alle anderen Kräfte und Momente die benötigt werden, um die Baugruppe zum Zeitpunkt der Analyse ins statische Gleichgewicht zu versetzen ($\sum F_{x,y,z}=0$; $\sum M_{x,y,z}=0$).

8.4.2 Material zuweisen

Der nächste grundlegende Schritt ist das Überprüfen der Bauteil-Materialien. Hierfür stellt das Programm den Befehl **Materialien zuweisen** bereit. Baugruppen können damit auf fehlende oder ungültige Materialeigenschaften überprüft werden. Nicht definierte oder unbrauchbare Materialien werden in der Befehlstabelle durch ein ***Hinweis-Symbol*** gekennzeichnet. Wurde das Programm fündig, so können die Materialien der betroffenen Bauteile im selben Befehl überschrieben werden. Das ist möglich indem entweder ein neues Material aus einem Auswahlmenü gewählt wird oder indem der Materialien... ***Materialien-Browser*** gestartet wird, was ebenfalls direkt aus dem Befehl heraus erledigt werden kann.

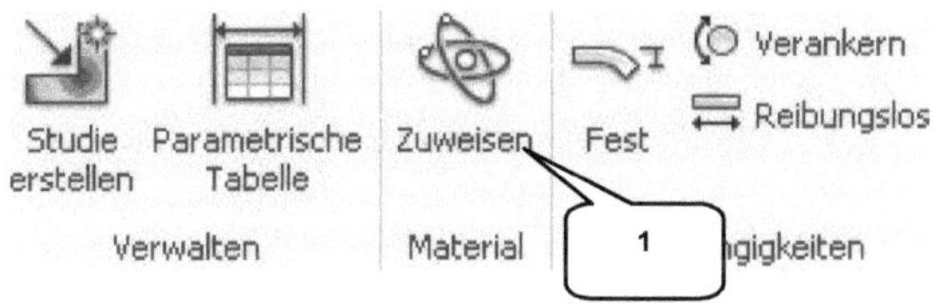

- Befehlsgruppe ***Material***
- **Materialien zuweisen** (1)

Nach dem Befehlsstart öffnet sich eine tabellarische Übersicht aller Komponenten der Baugruppe mit den jeweils vorhandenen Materialien. Weil noch keines der Bauteile mit einem Material versehen wurde erscheint auch in jeder Zeile das ***Hinweis-Symbol***. Da Simulationen nicht ohne verwertbare Materialeigenschaften durchgeführt werden können, muss zunächst jedes Bauteil überarbeitet werden. Klicken Sie hierfür mit linker Maustaste auf die entsprechende Zelle und überschreiben Sie das jeweilige Material.

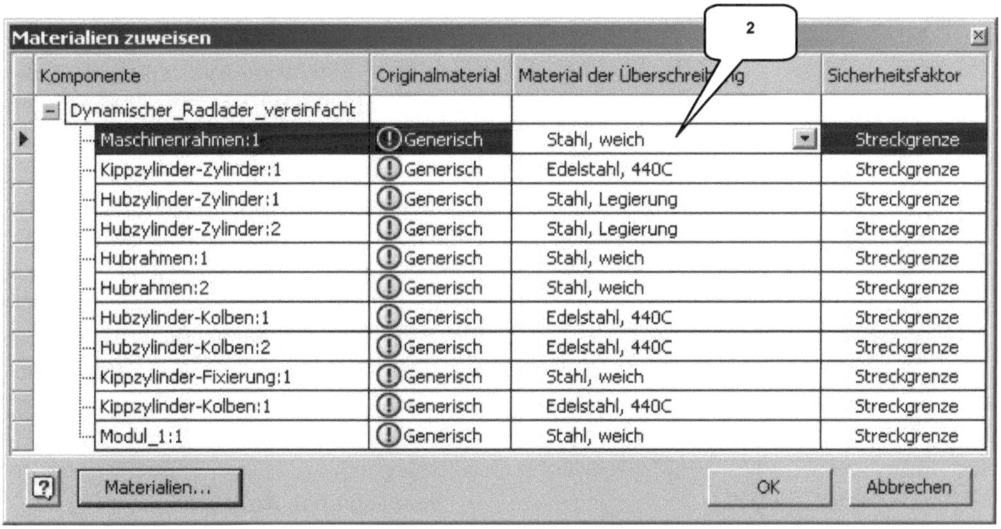

Komponente	Originalmaterial	Material der Überschreibung	Sicherheitsfaktor
Dynamischer_Radlader_vereinfacht			
Maschinenrahmen:1	Generisch	Stahl, weich	Streckgrenze
Kippzylinder-Zylinder:1	Generisch	Edelstahl, 440C	Streckgrenze
Hubzylinder-Zylinder:1	Generisch	Stahl, Legierung	Streckgrenze
Hubzylinder-Zylinder:2	Generisch	Stahl, Legierung	Streckgrenze
Hubrahmen:1	Generisch	Stahl, weich	Streckgrenze
Hubrahmen:2	Generisch	Stahl, weich	Streckgrenze
Hubzylinder-Kolben:1	Generisch	Edelstahl, 440C	Streckgrenze
Hubzylinder-Kolben:2	Generisch	Edelstahl, 440C	Streckgrenze
Kippzylinder-Fixierung:1	Generisch	Stahl, weich	Streckgrenze
Kippzylinder-Kolben:1	Generisch	Edelstahl, 440C	Streckgrenze
Modul_1:1	Generisch	Stahl, weich	Streckgrenze

- Markierte Zelle anklicken (2)
- Material: Stahl, weich
- Spalte ***Material der Überschreibung*** komplett übernehmen wie dargestellt
- ***OK***

Weitere Vorarbeiten sind nicht notwendig und eine erste ***Analyse*** des Hubrahmens zum Zeitpunkt t = 0 kann ausgeführt werden. Sollten dennoch Fehlermeldungen auftauchen und eine Simulation nicht möglich sein, müssten ggf. die Materialzuordnungen noch einmal überprüft werden.

8.4.3 Ausführen der Simulation

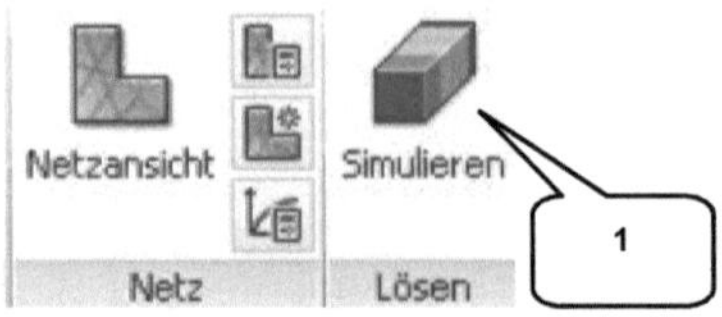

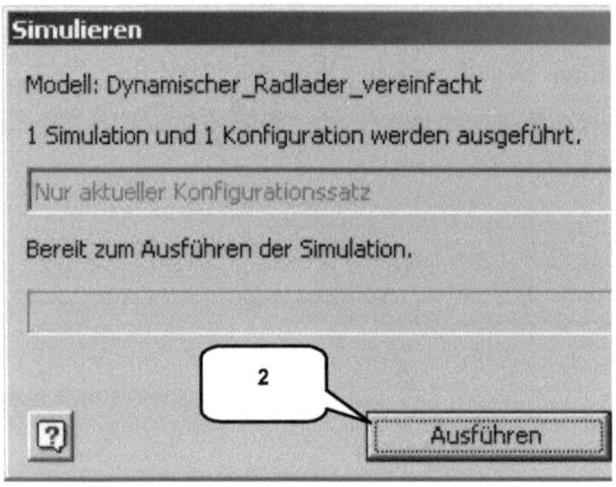

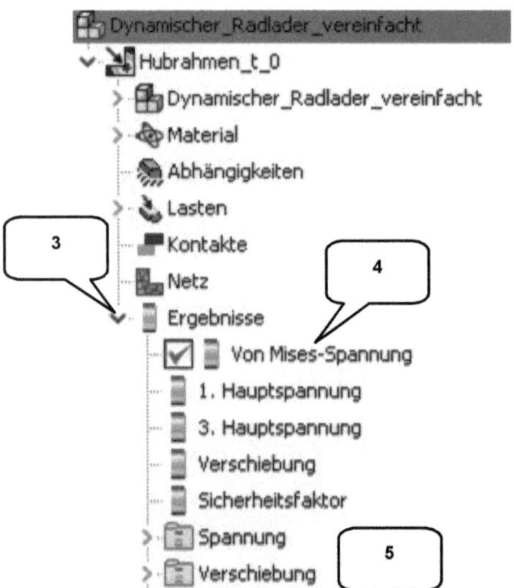

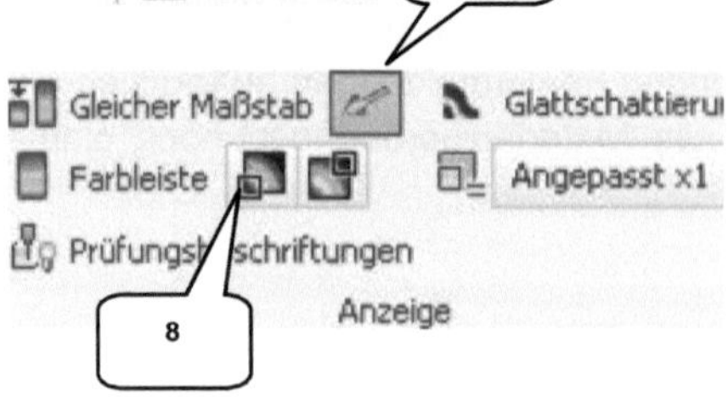

- Befehlsgruppe ***Lösen***

Simulieren (1)

- Ausführen ***Ausführen*** (2)

Nach erfolgreicher Simulation kann im Browser der Ordner ***Ergebnisse*** (3) erweitert werden. Darin werden alle Berechnungsergebnisse der Simulation aufgelistet und können per Doppelklick darauf aktiviert werden.

Nach einer Simulation wird automatisch die ***Von Mises-Spannung*** (Vergleichsspannung) (4) aktiviert. Als am häufigsten angewandte Methode werden damit Spannungen in Metallen und anderen, nicht spröden Materialien berechnet. Im Zeichenbereich werden die Berechnungsergebnisse farblich dargestellt, allerdings erschweren die gelben Pfeile und Bögen die Sicht darauf. Um sie auszublenden kann in der Befehlsgruppe ***Anzeige*** die entsprechende Option deaktiviert werden.

- Befehlsgruppe ***Anzeige***
- Deaktivieren: ***Begrenzungsbeding.*** (5)

Der Blick auf das Bauteil ist jetzt frei und die Ergebnisse können analysiert werden. Je nach Größe der im Bauteil auftretenden Spannungen variiert die Farbdarstellung von ***Blau*** (6) (geringe Spannungen) bis ***Rot*** (7) (hohe Spannungen). Um den Bereich der maximalen Spannungen am Bauteil darzustellen kann die Option ***Maximalwert*** aktiviert werden.

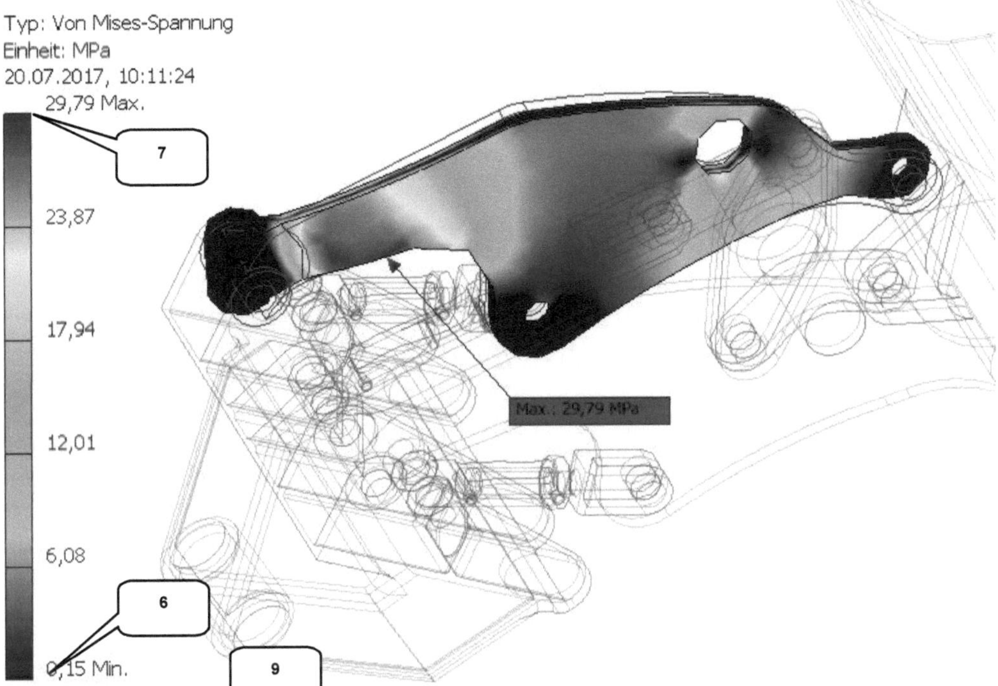

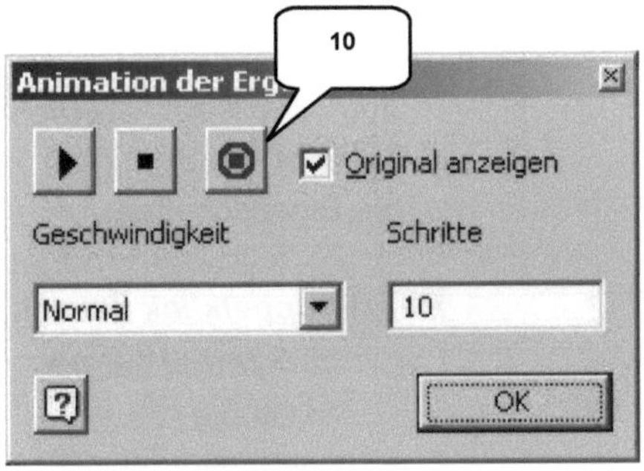

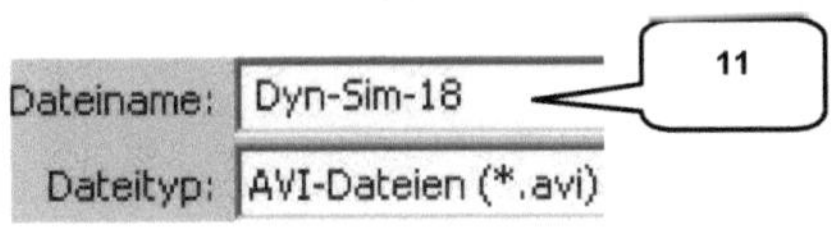

- Befehlsgruppe ***Anzeige***
- Aktivieren*:* ***Maximalwert*** (8)

Die Ergebnisse sollen jetzt zusätzlich animiert und als Video gespeichert werden.

- Befehlsgruppe ***Ergebnis***
- **Animieren** (9)
- ***Aufnahme*** (10)
- Dateiname:
  Dyn-Sim-18-Spannungen (11)
- Dateityp: *.avi
- Speichern ***Speichern***
- Komprimierung: Microsoft Video 1
- Qualität: 100 %
- OK ***OK***

8.4.4 Erstellen einer weiteren Studie

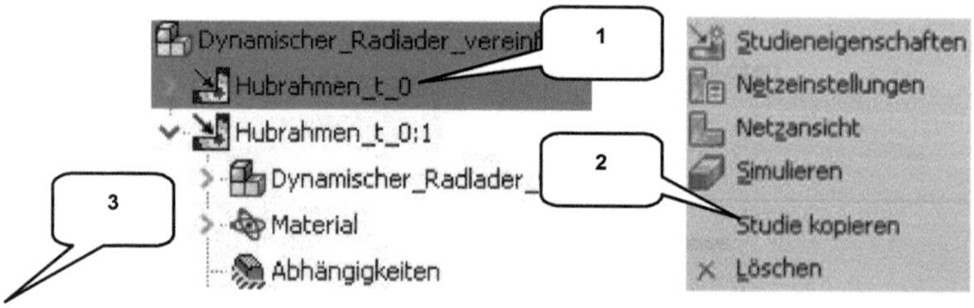

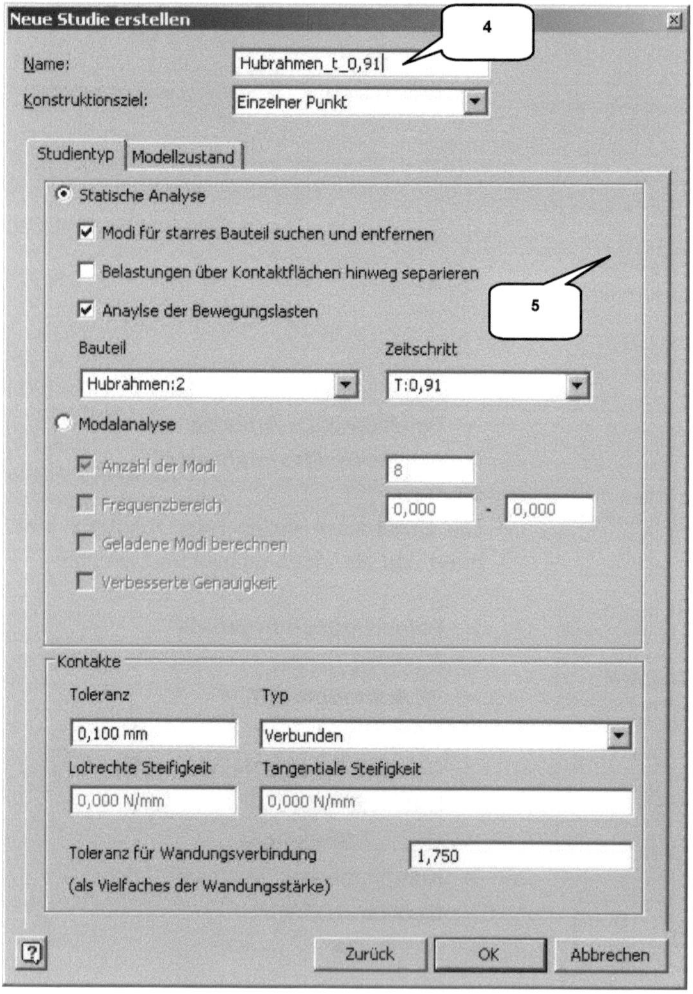

Auch für den zweiten Zeitpunkt (t=0,91s) soll eine ***Studie*** erstellt und der maximale Wert der Spannung ermittelt werden. Um nicht alle Voreinstellungen (z. B. die Änderungen der Materialeigenschaften) erneut durchführen zu müssen, soll die erste Studie zu diesem Zweck kopiert werden. Hierfür ist mit der ***rechten Maustaste*** darauf zu klicken um die Option ***Studie kopieren*** auszuwählen.

- ***Rechte Maustaste*** auf ***Hubrahmen_t_0*** (1)
- ***Studie kopieren*** (2)

Anschließend kann die neue Studie bearbeitet werden. Per Doppelklick auf das ***Studien-symbol*** gelangt man in die Eigenschaften.

- ***Doppelklick*** auf das ***Symbol*** der neuen Studie (3)
- Name: Hubrahmen_t_0,91 (4)
- Zeitschritt: T:0,91 (5)
- ***OK***

8.4.5 Ausführen der Simulation

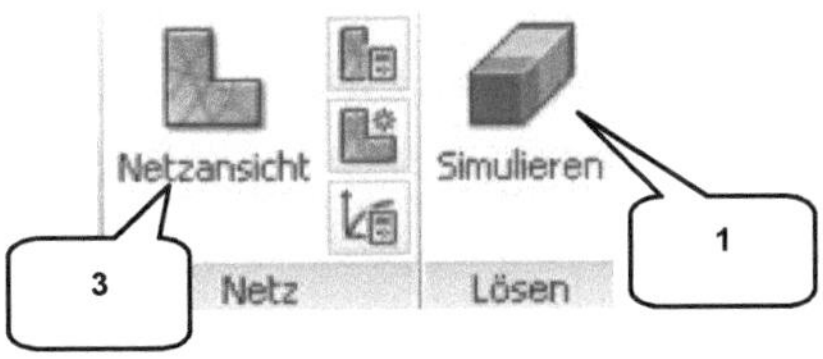

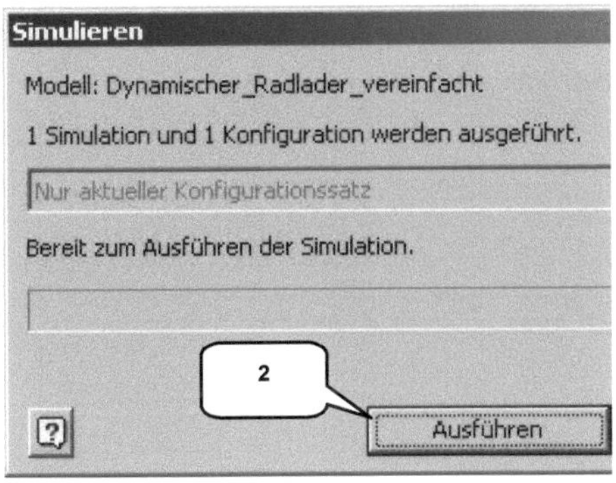

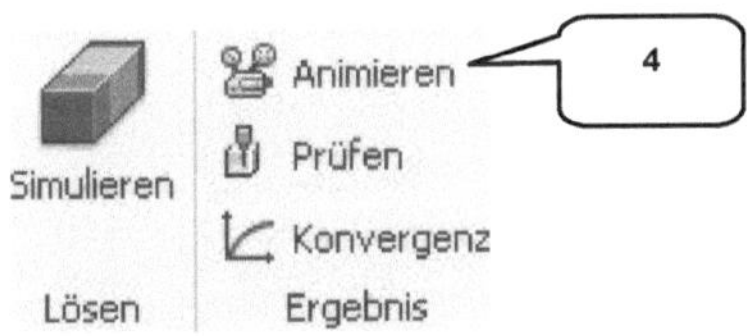

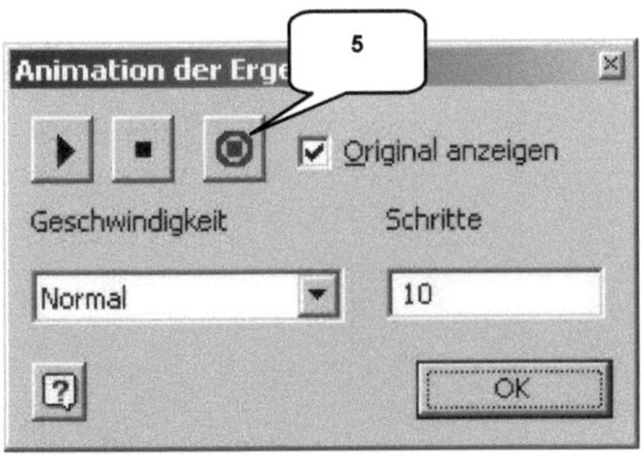

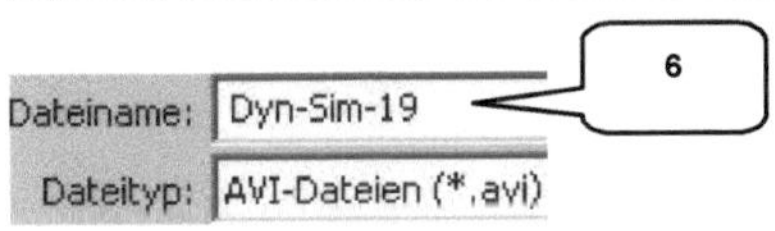

- Befehlsgruppe ***Lösen***

Simulieren (1)

- Ausführen ***Ausführen*** (2)

Die ***maximale Vergleichsspannung*** weicht mit ***29,12 MPa*** nur leicht von der in der ersten Studie ermittelten maximalen Spannung (29,79 MPa) ab.

Erstellen Sie abschließend eine ***Netzansicht*** und speichern Sie auch diese Ergebnisse als Video ab.

Netz (3)

Animieren (4)

- ***Aufnahme*** (5)
- Dateiname: Dyn-Sim-19-Spannungen (6)
- Dateityp: *.avi
- Speichern ***Speichern***
- Komprimierung: Microsoft Video 1
- Qualität: 100 %

OK ***OK***

Der kurze Ausflug in den Bereich der Belastungsanalyse soll damit bereits wieder beendet werden. Speichern Sie die Baugruppe und schließen Sie sie wieder.

Fertigstellen
Speichern
Baugruppe schließen

HINWEIS: Die FEM-Berechnungsergebnisse sind von Rechner zu Rechner stark unterschiedlich und sollten daher generell nicht überbewertet werden! Zusätzliche Untersuchungen in weiterführenden Programmen sind empfehlenswert.

9 Schlusswort

Der Autor des Buches hofft, dass Sie bei der Arbeit mit dem Programm und dem Übungsprojekt viel Spaß hatten. Der Inhalt des Buches wurde sorgfältig geprüft. Leider können Fehler nicht ausgeschlossen werden.

Wenn Ihnen während der Arbeit mit dem Buch Fehler auffallen sollten oder wenn Sie Ideen zur Verbesserung des Inhaltes haben, ist Ihnen der Autor für jeden Hinweis per E-Mail dankbar. Konstruktive Anmerkungen können jederzeit an:

- ***schlieder@cad-trainings.de***

gesendet werden.

Vielen Dank.

Auszug aus dem Inventor-Grundlagenbuch

Die folgenden Seiten zeigen Auszüge aus dem Buch:

- ***Autodesk® Inventor® 2017 - Grundlagen in Theorie und Praxis***

Dieses Buch ist ein Grundlagenbuch für Autodesk® Inventor® 2017. Anhand eines komplexen Übungsbeispiels, lernt der Leser den Umgang mit dem Programm. In kleinen, nachvollziehbaren Schritten, werden Skizzen gezeichnet, Bauteile erzeugt, Baugruppen zusammengefügt und animiert, Zeichnungen abgeleitet, Präsentationen erstellt, Bleche bearbeitet und parametrische Konstruktionen erzeugt. Der Leser erfährt nützliche Hinweise zum Umgang mit dem Programm und kann die Theorie, parallel zum Buch, in kleinen praktischen Schritten umsetzen.

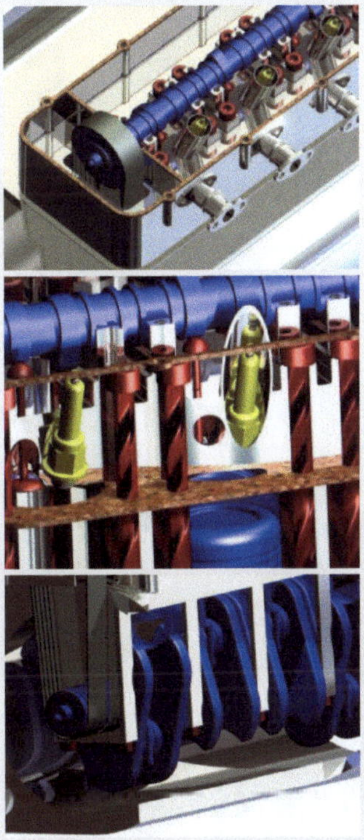

Die folgenden Bereiche werden in diesem Buch behandelt:

- ***Projekte erstellen, verwalten und exportieren***
- ***Skizzen erstellen und Konturen zeichnen***
- ***Bauteile aus Skizzen erzeugen***
- ***Baugruppen zusammenfügen und animieren***
- ***Normteile aus dem Inhaltscenter generieren***
- ***Bauteile und Baugruppen als Zeichnung ableiten***
- ***Bilder rendern***
- ***Baugruppen präsentieren***
- ***Bleche erzeugen und bearbeiten***
- ***Schweißbaugruppen erstellen***
- ***Parametrisches Konstruieren***

Weitere Informationen zu diesem und anderen Büchern erhalten Sie auf der Website:

- ***http://www.cad-trainings.de/***

LEICHT VERSTÄNDLICH - KOMPLEXES ÜBUNGSBEISPIEL

Christian Schlieder

Autodesk® Inventor® 2017

Grundlagen in Theorie und Praxis

7. Auflage

Viele praktische Übungen am Konstruktionsobjekt 4-TAKT-MOTOR

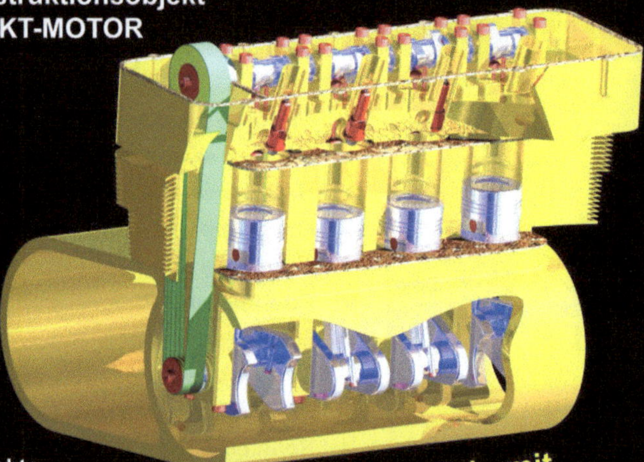

Projekte
Bauteile
Parameter
Baugruppen
Zeichnungen
Präsentationen
Inventor Studio
Blechbearbeitung
Schweißbaugruppen

Leicht verständlich, mit zahlreichen Abbildungen!

INHALTSVERZEICHNIS

1 Grundlegendes zum Buch

1.1 Zielgruppe und Aufbau des Buches

Dieses Übungsbuch für ***Autodesk® Inventor® 2017*** richtet sich an alle interessierten Personen, die den Umgang mit dieser Software von Grund auf erlernen möchten. Die Bereiche 2D-Skizze, 3D-Modell, Baugruppe (Zusammenfügen), Zeichnungserstellung (Ansichten platzieren, Mit Anmerkung versehen) und Präsentation werden ausführlich behandelt.

Viele wichtige Befehle des Programms werden erläutert und in kleinen Schritten praktisch gefestigt. Als Übungsbeispiel dient ein Viertaktmotor, dessen Bauteile schrittweise erzeugt und später in einer Hauptbaugruppe miteinander verbunden werden.

1.2 Erzeugen des Projektordners/ Herunterladen der Übungsdateien

Bevor Sie mit der Umsetzung des Projekts beginnen, sollten die folgenden Arbeiten erledigt werden:

Erzeugen eines neuen Projektordners

Erstellen Sie auf Ihrem PC an geeigneter Stelle einen neuen Ordner:

- ***Inventor-2017-Übung-4-Takt-Motor***

Herunterladen der Übungsdateien

Besuchen Sie im Internet die folgende Website:

- ***http://www.cad-trainings.de/html/Download.html***

Suchen Sie das passende Buch und klicken Sie auf den nebenstehenden Link, um die zum Buch gehörende Übungsdatei (ZIP-Format) auf Ihrem PC zu speichern. Speichern Sie die Datei in dem vorher erzeugten Projektordner ***Inventor-2017-Übung-4-Takt-Motor*** und entpacken Sie die Datei dort hinein. Die darin enthaltenen Dateien werden später benötigt.

5 Erstellen eines Einzelbenutzerprojekts

In Inventor® sollte möglichst in Projekten gearbeitet werden, um die Koordination zusammenhängender Dateien und Einstellungen zu vereinfachen. Hierfür bietet das Programm im Register ***Erste Schritte*** (Befehlsgruppe ***Starten***) den Befehl Projekte (1).

Zu jedem Projekt wird eine eigene Projektdatei (*.ipj) erzeugt. Sie sichert alle Informationen und Querverweise eines Projekts. Das ist wichtig, wenn später komplexe Projekte archiviert oder von einem PC auf einen anderen übertragen werden sollen.

Erzeugen Sie im folgenden Arbeitsschritt ein neues Einzelbenutzer-Projekt mit der Bezeichnung ***Inventor-2017-4-Takt-Motor***. Das Projekt sollte im gleichnamigen Projektordner ***gespeichert*** werden.

- Projekte (1)
- Neu ***Neu*** (2)
- Option: ***Einzelbenutzer-Projekt***
- Weiter ***Weiter***
- Name: ***Inventor-2017-4-Takt-Motor*** (3)
- ... Projektordner: Ordner ***Inventor-2017-Übung-4-Takt-Motor*** wählen (4)
- Fertig stellen ***Fertigstellen*** (5)
- Fertig ***Fertig*** (6)

Das neue Projekt wird automatisch aktiviert, was durch einen kleinen Haken in der Zeile des aktiven Projekts signalisiert wird. Bei der späteren Arbeit mit dem Programm sollte das jeweils aktive Projekt nach Programmstart stets kontrolliert werden.

So kann vermieden werden, dass Dateien unbeabsichtigt an einem falschen Speicherort gesichert und damit einem anderen Projekt zugeordnet werden.

- Erstellen eines Einzelbenutzerprojekts -

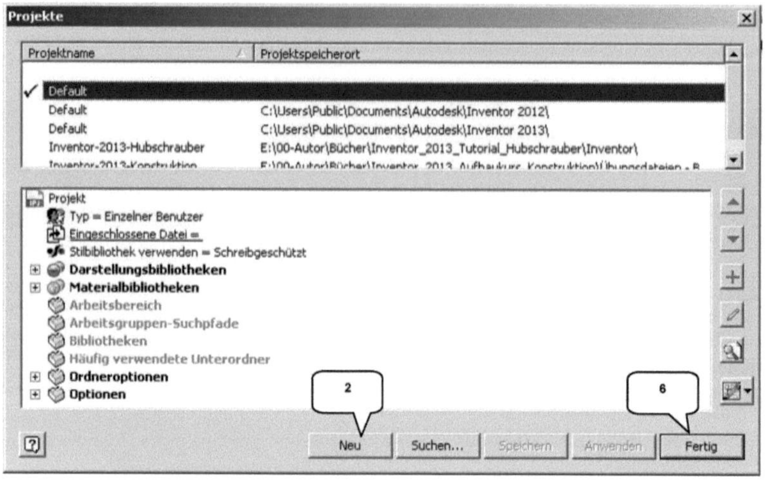

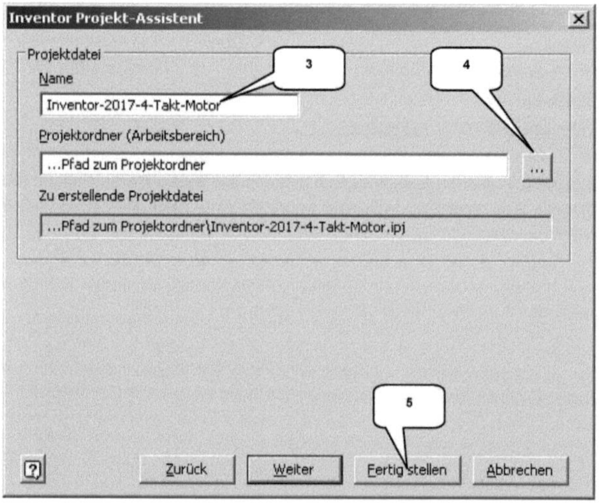

6 SKIZZEN und BAUTEILE

6.1 Bauteil: Ventil

6.1.1 Erstellen einer neuen Datei

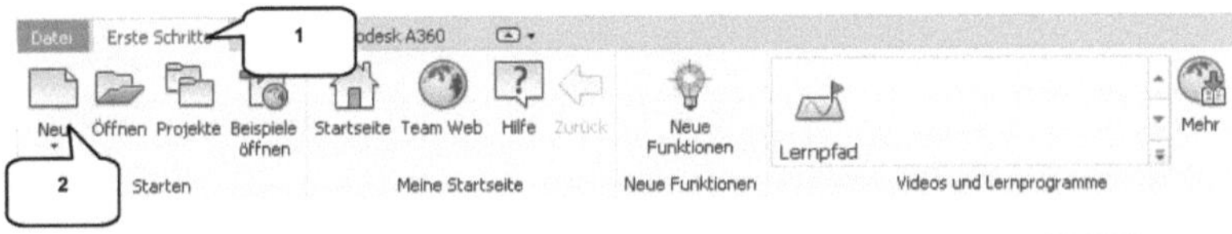

Um eine neue Datei zu erstellen, ist im Register ***Erste Schritte*** (1) der Befehl Neu (2) zu starten. Im Fenster ***Neue Datei erstellen*** (3) kann dann aus den vorhandenen Vorlagen ausgewählt werden, welche in Ordner eingeteilt sind (Englisch, Metrisch, Mold Design). Wurden die ***Templates*** (4) aktiviert, erscheinen auf der rechten Seite des Fensters die Bereiche ***Bauteil***, ***Baugruppe***, ***Zeichnung*** und ***Präsentation***.

Darin befinden sich die folgenden Optionen:

- ***Blech.ipt*** erzeugt ein neues Blechbauteil
- ***Norm.ipt*** erzeugt ein neues Bauteil
- ***Norm.iam*** erzeugt eine neue Baugruppe
- ***Schweißkonstruktion.iam*** erzeugt eine neue Schweißbaugruppe
- ***Norm.dwg*** erzeugt eine neue AutoCAD-Zeichnung (*.dwg)
- ***Norm.idw*** erzeugt eine neue Inventor®-Zeichnung (*.idw)
- ***Norm.ipn*** erzeugt eine neue Präsentation (Sprengbild)

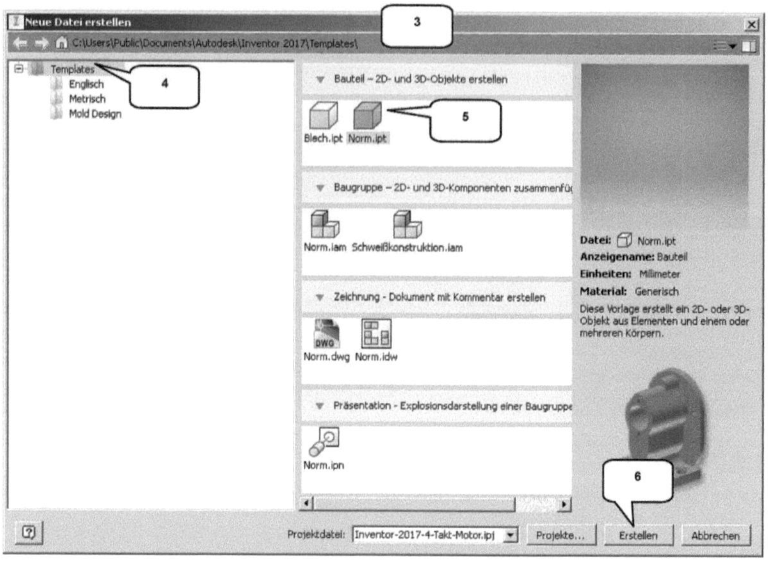

Wählen Sie die Vorlage ***Norm.ipt*** (5) und erzeugen Sie damit ein neues Bauteil.

- Neu (2)
- Templates (4)
- ***Norm.ipt*** (5)
- Erstellen ***Erstellen*** (6)

Durch die angepassten Voreinstellungen in den Anwendungsoptionen (vorangegangenes Kapitel), erzeugt das Programm automatisch eine neue 2D-Skizze auf der XY-Ebene und wechselt danach in den Skizzenbereich.

6.1.2 Projizieren der drei Hauptachsen

Bauteile und Baugruppen verfügen grundsätzlich über die ***Hauptachsen*** (X, Y, Z) und die ***Hauptebenen*** (XY, XZ, YZ). Auf den Ebenen können neue Skizzen erzeugt werden, die Achsen dienen u. a. zur Ausrichtung geometrischer Zeichenelemente im Skizzenbereich. Grundlegend sollten alle Objekte im Skizzenbereich am Koordinatensystem ausgerichtet und auch möglichst symmetrisch dazu gezeichnet werden. Das vereinfacht die Konstruktion eines Bauteils und eröffnet dem Anwender in späteren Konstruktionsschritten viele neue Möglichkeiten.

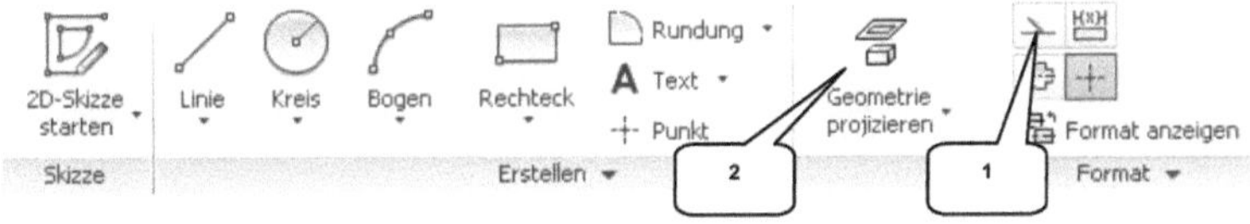

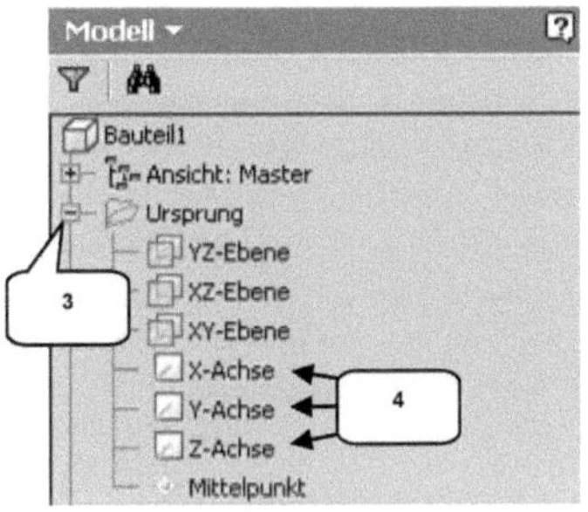

Bauteile/ Baugruppen verfügen über ein Koordinatensystem, das allerdings nicht sofort im Skizzenbereich verwendet werden kann: es muss zuerst dorthin übertragen werden. Es sollte als Hilfslinie (Konstruktionslinie) in die Skizze übernommen werden, um spätere Probleme im 3D-Modellbereich zu vermeiden. Folgen Sie jetzt Schritt für Schritt der nachfolgenden Befehlskette, um das Koordinatensystem in den Skizzenbereich zu übernehmen und die entstandenen Linien als Hilfslinien (Konstruktionslinien) zu definieren.

- Konstruktion aktivieren (1)
- Geometrie projizieren (2)
- Ordner ***Ursprung*** aufklappen (3)
- 3 Achsen nacheinander anklicken (4)
- Taste: **ESC** drücken (Beendet den Befehl Geometrie projizieren)
- Konstruktion deaktivieren (1)

HINWEIS: Dieser erste Schritt (Projizieren des Koordinatensystems in den Skizzenbereich eines Bauteils - Geometrie projizieren) sollte in jeder neuen Skizze angewandt werden. Anschließend ist dringend darauf zu achten, die Option Konstruktion wieder zu deaktivieren, da ansonsten alle weiteren Zeichenobjekte fehlerhaft erzeugt werden könnten.

6.1.3 Das Register SKIZZE im Überblick

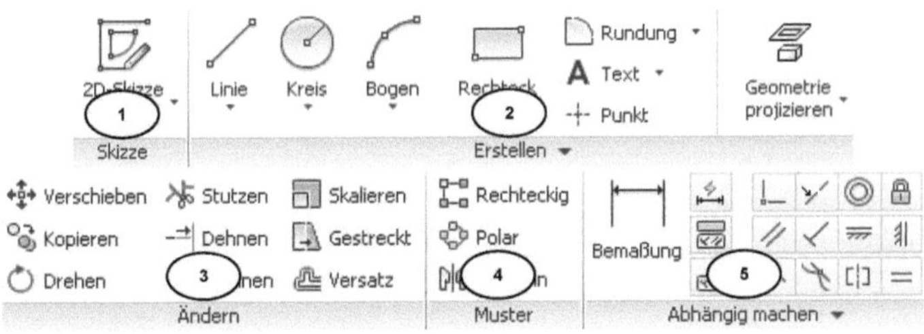

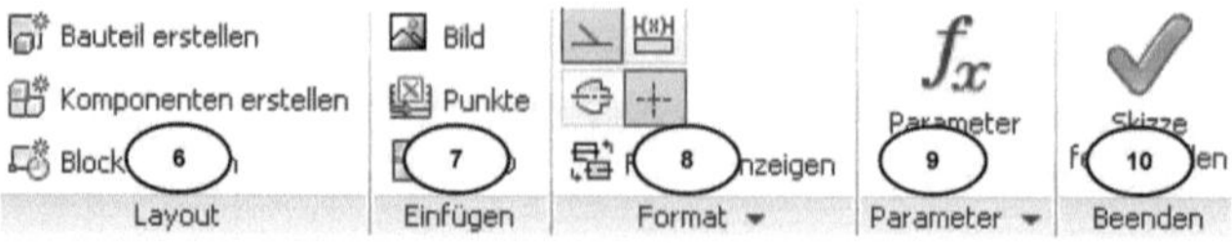

OPTIONEN

1) Erzeugen einer neuen Skizze (2D/3D)
2) Erstellen neuer Zeichenobjekte
3) Bearbeiten von Zeichenobjekten
4) Rechteckige, polare oder gespiegelte Kopien erzeugen
5) Bemaßungen und Abhängigkeiten einfügen
6) Objekte als Bauteile oder Baugruppen exportieren, Gruppieren
7) Bilder, Tabellenpunkte oder AutoCAD-Zeichnungen importieren
8) Eigenschaften von Linien, Punkten und Bemaßungen ändern
9) Parametermanager starten
10) Skizze beenden

6.1.4 Zeichnen der ersten Linien

Nachdem das Koordinatensystem in den Skizzenbereich übernommen wurde, kann mit dem Zeichnen der ersten Linien begonnen werden. Hierfür ist der Befehl Linie (1) zu starten. Es sollte jetzt noch einmal kontrolliert werden, ob die Option Konstruktion (2) wirklich wieder deaktiviert wurde, also nicht blau sondern grau hinterlegt ist.

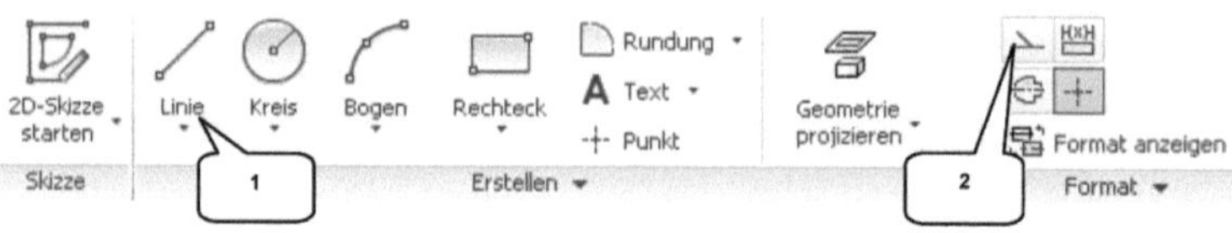

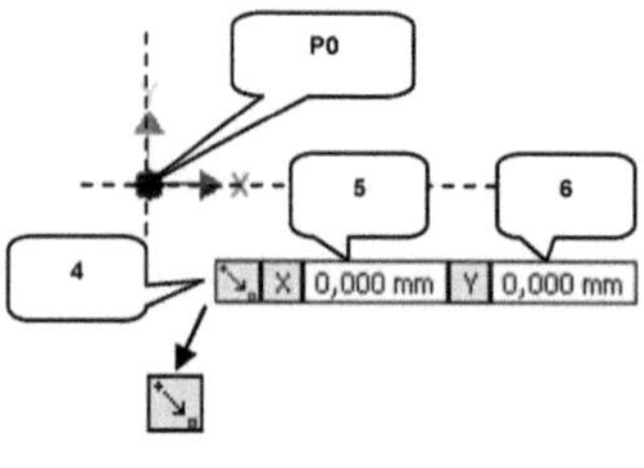

Bewegen Sie den Mauszeiger auf den Koordinatennullpunkt (P0). Das Programm sollte jetzt an der markierten Stelle (4) das Symbol der Abhängigkeit Koinzident anzeigen und die Koordinaten für X und Y müssten jeweils auf ***0*** (Null) stehen (5, 6). Sobald diese Bedingungen erfüllt sind, können Sie den ersten Linienpunkt mit einem Klick (linke Maustaste) bestätigen.

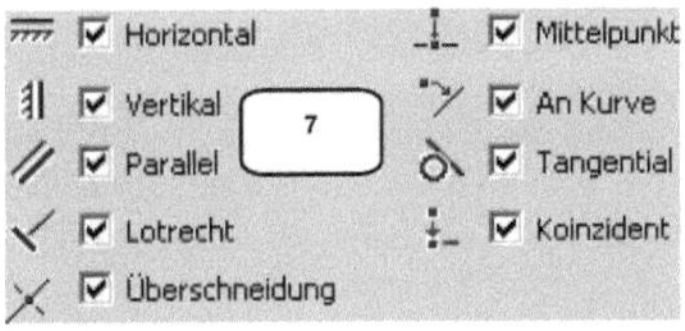

An dieser Stelle folgt ein kurzer Hinweis zu den Abhängigkeiten: Inventor® wird (so wie in den Anwendungsoptionen vorgegeben) alle Abhängigkeiten (7) in den Skizzenbereich übernehmen, wenn diese während des Zeichnens vom Programm erkannt und angezeigt werden. Folgende Abhängigkeiten stehen hierbei zur Verfügung:

- ***Horizontal*** eine Linie wird parallel zur X-Achse ausgerichtet
- ***Vertikal*** eine Linie wird parallel zur Y-Achse ausgerichtet
- ***Parallel*** zwei Linien werden parallel zueinander ausgerichtet
- ***Lotrecht*** zwei Linien werden in einem Winkel von 90° zueinander angeordnet
- ***Überschneidung*** ein Punkt wird am Schnittpunkt zweier Objekte befestigt
- ***Mittelpunkt*** ein Punkt wird am Mittelpunkt eines Objektes (Linie/ Bogen) befestigt
- ***An Kurve*** ein Punkt wird auf einen Strahl gelegt
- ***Tangential*** zwei Objekte werden tangential aneinander befestigt
- ***Koinzident*** zwei Punkte werden aufeinandergelegt

HINWEIS: Beim Zeichnen sollte stets darauf geachtet werden, ob das Programm eine dieser Abhängigkeiten anzeigt. Wird an dieser Stelle dann mit der linken Maustaste geklickt, wird die Abhängigkeit automatisch in den Skizzenbereich übernommen. Beim späteren Bemaßen der Zeichenobjekte kann es dann ggf. zu Problemen kommen, weil unbeabsichtigt gesetzte Abhängigkeiten in Widerspruch zu den gewollt erzeugten Maßen stehen könnten.

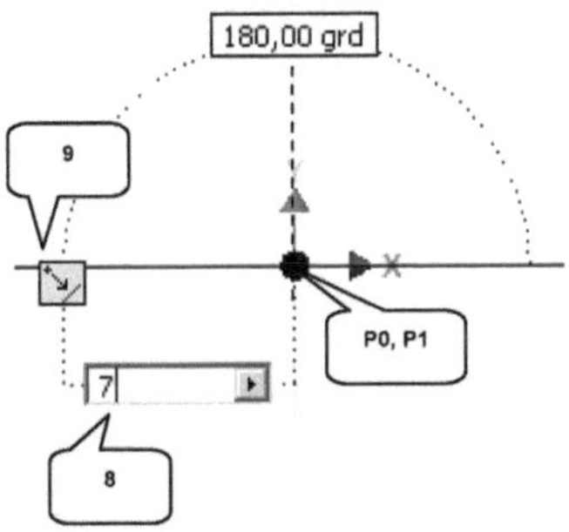

Der erste Punkt der Linie (P1) wurde bereits im Koordinatenursprung abgelegt, und das Programm erwartet jetzt weitere Punkte, um ein Linienobjekt erzeugen zu können. Ziehen Sie die Maus entlang der projizierten X-Achse nach links (die Abhängigkeit Koinzident (9) sollte angezeigt werden) und tragen Sie in das Eingabefeld für die Linienlänge (8) den Wert ***7 mm*** ein. Bestätigen Sie mit der Taste: **ENTER**. Wenn es in den Anwendungsoptionen so festgelegt wurde, wird die Bemaßung anschließend automatisch erzeugt.

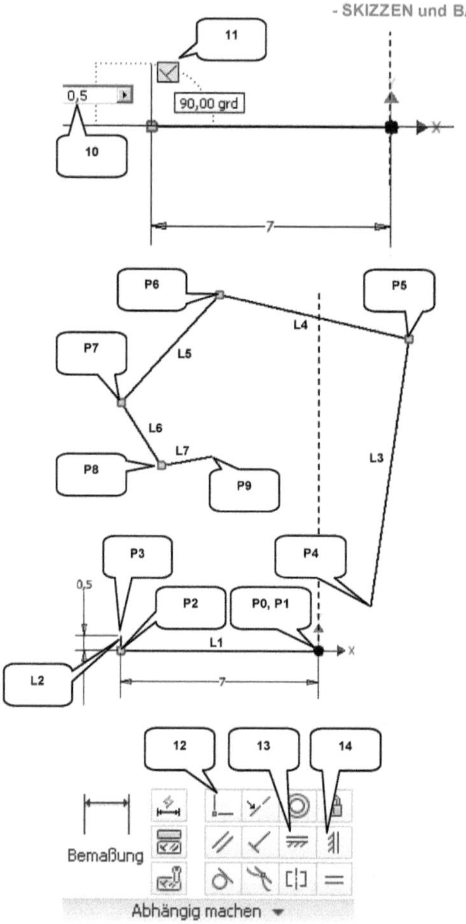

Ziehen Sie die Maus in gerader Linie nach oben und tragen Sie in das Eingabefeld der Linienlänge den Wert ***0,5 mm*** ein (10). Achten Sie darauf, dass während des Zeichnens die Abhängigkeit Lotrecht (11) angezeigt wird. Bestätigen Sie die Eingabe mit der Taste: **ENTER** und beenden Sie den Zeichenbefehl mit der Taste: **ESC**.

Starten Sie den Linienbefehl erneut und zeichnen Sie fünf zusammenhängende Linien durch Setzen der einzelnen Linienpunkte (P4...P9). Alle Linien sind leicht schräg zu zeichnen, so wie in der linken Abbildung dargestellt. Achten Sie darauf, dass beim Ablegen der Punkte <u>keine</u> Abhängigkeiten angezeigt werden.

- Linie
- (P4) frei ablegen (linke Maustaste)
- (P5) frei ablegen (linke Maustaste)
- (P6) frei ablegen (linke Maustaste)
- (P7) frei ablegen (linke Maustaste)
- (P8) frei ablegen (linke Maustaste)
- (P9) frei ablegen (linke Maustaste)
- Taste: **ESC**

Abhängigkeiten können bereits während des Zeichnens gesetzt (wie bei den ersten beiden Linien L1, L2) oder nachträglich platziert werden. Um die Linien (L3...L7) nachträglich in Form zu bringen, soll die zuletzt erwähnte Option verwendet werden.

Starten Sie die Abhängigkeit Koinzident (12), um den Punkt (P4) auf den Koordinatenursprung (P0) zu platzieren.

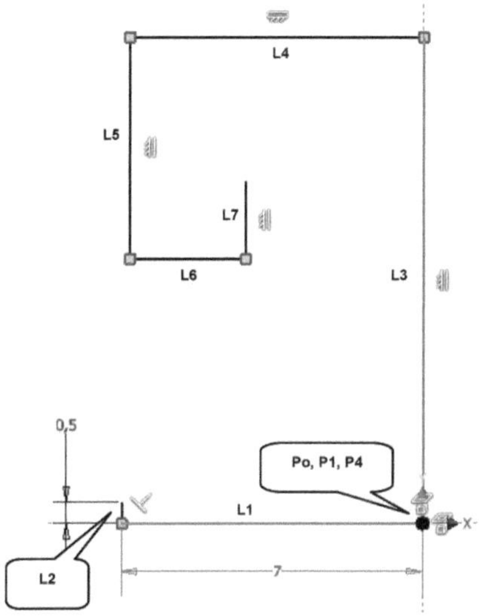

- Koinzident (12)
- (P0) wählen (linke Maustaste)
- (P4) wählen (linke Maustaste)
- Taste: ESC

Mit den Abhängigkeiten Horizontal (13) und Vertikal (14) sind die restlichen Linien zu bearbeiten.

- Horizontal (13)
- Linien (L4) und (L6) wählen
- Taste: ESC

- Vertikal (14)
- Linien (L3), (L5) und (L7) wählen
- Taste: ESC

HINWEIS: Alle in einer Skizze existierenden Abhängigkeiten können mit der Taste: F8 ein- und mit der Taste: F9 wieder ausgeblendet werden. Kleine Symbole deuten die jeweiligen Abhängigkeiten an. Um eine falsch gesetzte Abhängigkeit zu löschen, klicken Sie auf das entsprechende Abhängigkeitssymbol (es wird dann rot dargestellt) und drücken die Taste: ENTF (Alternativ: ***Rechte Maustaste*** > ***Löschen***).

6.1.5 Bemaßung und Bearbeitung von Zeichenelementen

Die ersten beiden Linien (L1, L2), die mit dynamischer Werteeingabe gezeichnet wurden, sind bereits bemaßt. Bei den restlichen Linien (L3...L7) muss das noch nachgeholt werden. Hierfür ist der Befehl Bemaßung (1) zu verwenden.

Dieser Befehl kann verschiedene Objekte anhand ihrer Eigenschaften bemaßen (Längen, Winkel, Abstände, Radien, Durchmesser, Bogenlängen u. v. m.). Nach der Auswahl des zu bemaßenden Objektes wird in der Regel das Maß selbst abgelegt. Der Klick mit der rechten Maustaste vor dem Ablegen eines Maßes eröffnet weitere Optionen.

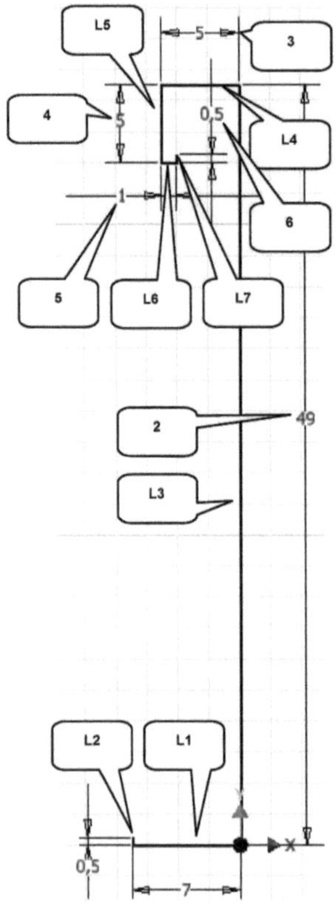

Eine Linie z. B. kann horizontal, vertikal oder ausgerichtet bemaßt werden (***rechte Maustaste*** vor dem Ablegen des Maßes, um die Optionen zu wählen).

Bemaßen Sie die Linien jetzt wie folgt:

- Bemaßung (1)
- Linie (L1) wählen, dann Linie (L4) wählen und Maß an Pos. (2) ablegen
- Wert eingeben: [49 mm] > Taste: ENTER
- Linie (L4) wählen und Maß an Pos. (3) ablegen
- Wert eingeben: [5 mm] > Taste: ENTER
- Linie (L5) wählen und Maß an Pos. (4) ablegen
- Wert eingeben: [5 mm] > Taste: ENTER
- Linie (L6) wählen und Maß an Pos. (5) ablegen
- Wert eingeben: [1 mm] > Taste: ENTER
- Linie (L7) wählen und Maß an Pos. (6) ablegen
- Wert eingeben: [0,5 mm] > Taste: ENTER
- Taste: ESC

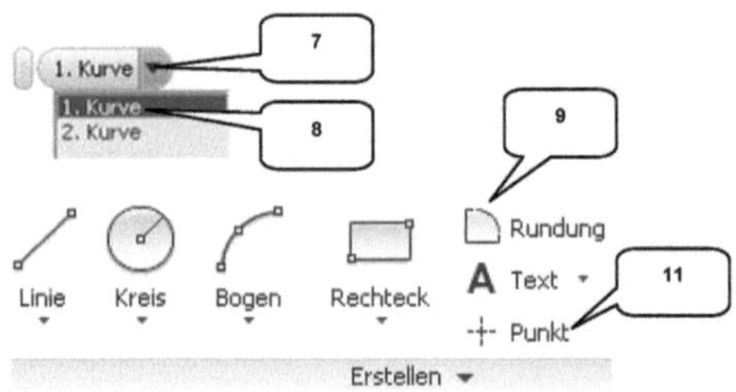

HINWEIS: Liegen mehrere Objekte sehr dicht aneinander (oder übereinander), kann das gesuchte Objekt möglicherweise nicht ausgewählt werden. Hier bietet das Programm die Möglichkeit, die Auswahl zu differenzieren. Halten Sie in diesem Fall den Mauszeiger eine Weile auf das gewünschte Objekt und warten Sie, bis das Fenster (7) erscheint. Im Popup-Menü (8) kann das gesuchte Objekt dann ohne Probleme ausgewählt werden.

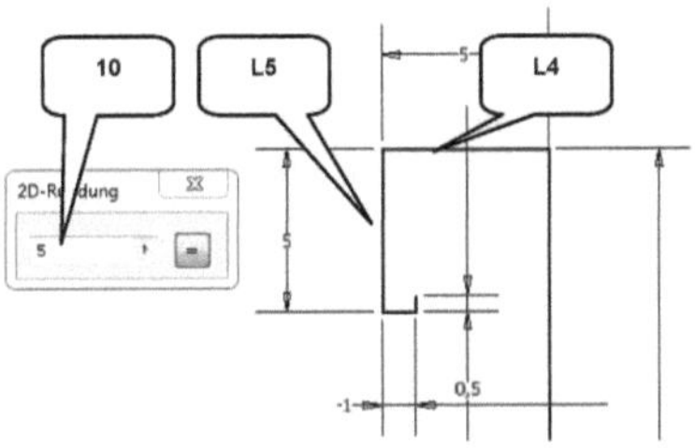

In der folgenden Übung soll die Ecke im oberen Bereich mit einem Radius von ***5 mm*** abgerundet werden.

- Rundung (9)
- Radius: [5 mm] eingeben (10)
- Linie (L4), dann Linie (L5) wählen
- Taste: **ESC**

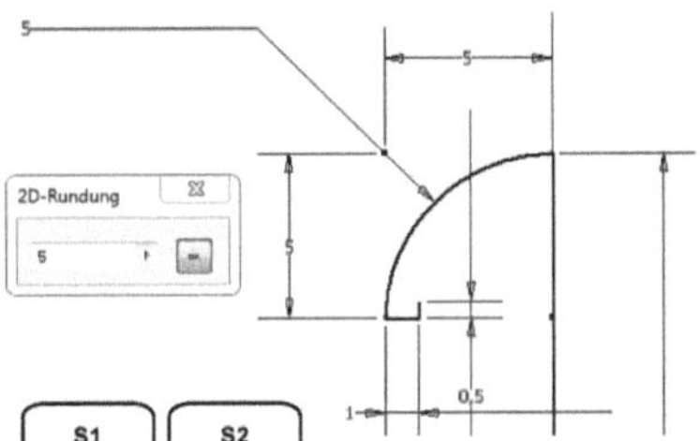

Im unteren Bereich der Skizze sollen zwei Punkte erzeugt werden. Sie sind mittels Koordinateneingabe per Tastatur zu positionieren.

- Punkt (11)
- Taste: **TAB** > X-Koordinate: [-6 mm]
- Taste: **TAB** > Y-Koordinate: [1,5 mm]
- Taste: **ENTER**
- Taste: **TAB** > X-Koordinate: [-1,5 mm]
- Taste: **TAB** > Y-Koordinate: [2,5 mm]
- Taste: **ENTER**
- Taste: **ESC**

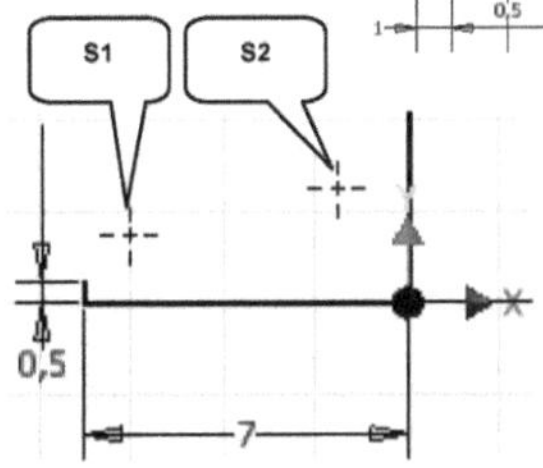

Erzeugen Sie, beginnend im Punkt (P9) im oberen Teil der Skizzenkontur, zwei weitere Linien (L8) und (L9).

- Linie
- Startpunkt (P9) wählen
- Linie gerade nach rechts ziehen
- Länge eingeben: [2,5 mm]
- Taste: **ENTER**
- Linie gerade nach unten ziehen und auf den Punkt (S2) klicken
- Taste: **ESC**

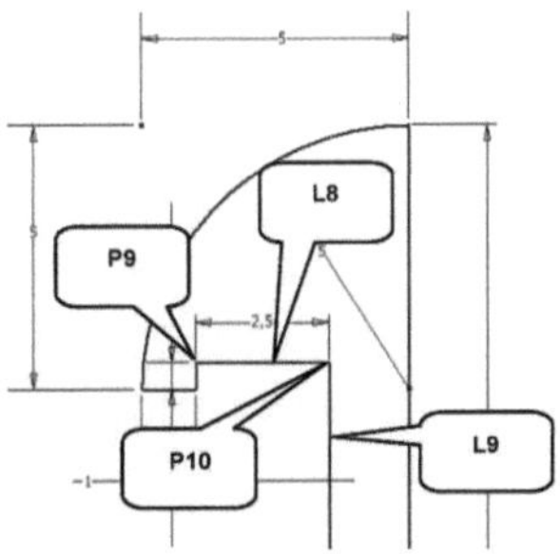

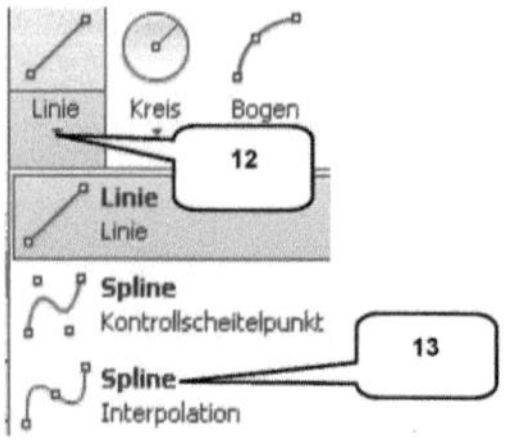

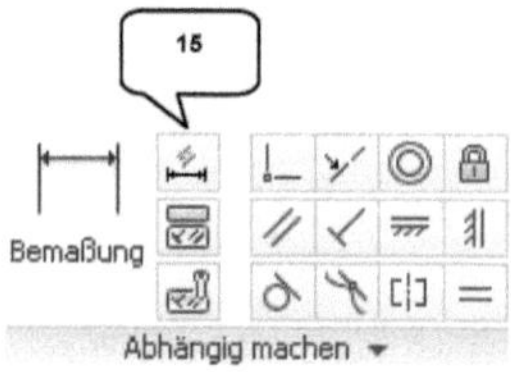

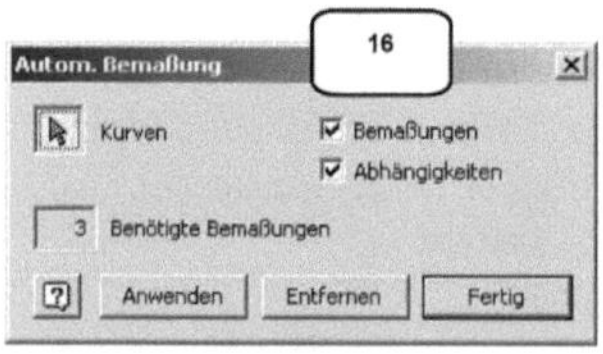

Der untere Teil der Skizzengeometrie muss noch geschlossen werden. Erweitern Sie den Befehl ***Linie*** durch einen Klick auf das kleine Dreieck (12) und starten Sie den Befehl **Spline Interpolation** (13).

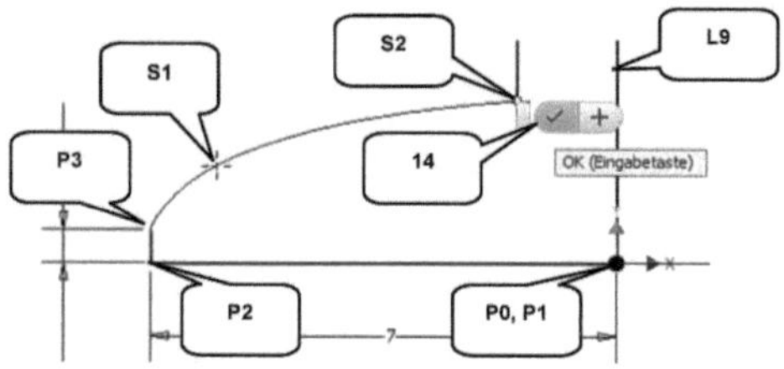

- **Spline Interpolation** (13)
- Punkt (P3) wählen
- Punkt (S1) wählen
- Punkt (S2) wählen
- ***OK*** (14)

Fehlende Bemaßungen sollen jetzt automatisch ergänzt werden.

- **Automatisches Bemaßen** (15)
- Einstellungen übernehmen (16)
- ***Anwenden***
- ***Fertig***

Die Basisskizze wurde um die letzten fehlenden Maße ergänzt und der Skizzenbereich kann geschlossen werden. Mit dem Befehl **Skizze fertigstellen** (17) wird der Skizzenbereich verlassen und das Programm wechselt in den Modellbereich.

6.1.6 Das Register 3D-MODELL im Überblick

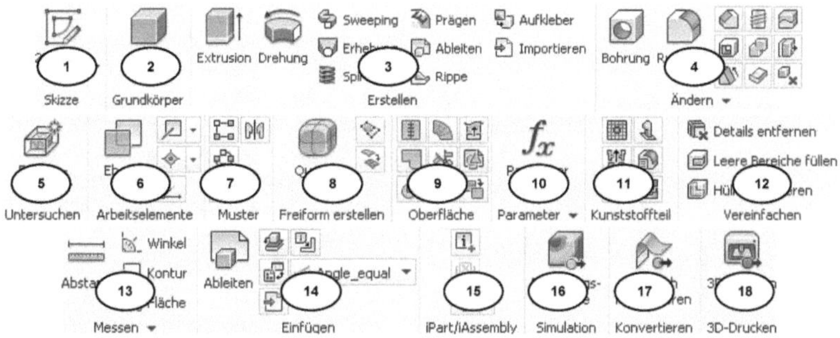

OPTIONEN

1) Neue 2D/ 3D-Skizzen erzeugen
2) Volumenkörper-Basiselemente erzeugen (Quader, Kugel, Zylinder…)
3) Volumen- oder Flächenkörper aus Skizzen erzeugen
4) Bearbeiten vorhandener Volumen- oder Flächenkörper
5) Formen-Generator
6) Arbeitsebenen, -achsen, -punkte
7) Rechteck/ polar anordnen, Spiegel
8) Freiformflächen erstellen/ bearbeiten
9) Flächen erstellen/ bearbeiten
10) Parametermanager
11) Kunststoffteile erzeugen
12) Konturen vereinfachen
13) Messwerkzeuge
14) Bauteile importieren/ exportieren
15) iPart/ iAssembly
16) Belastungsanalyse
17) Volumen in Blechkörper konvertieren
18) 3D-Drucken

6.1.7 Volumenkörper erzeugen

Nach dem Verlassen des Skizzenbereiches wechselt das Programm ins Register ***3D-Modell***. Die soeben erzeugte Skizze (Skizze1) befindet sich links im Browser (1) und kann dort jederzeit geöffnet und bearbeitet werden (***rechte Maustaste*** > ***Skizze bearbeiten***). Die geschlossene 2D-Kontur aus dem Skizzenbereich soll jetzt in einen Volumenkörper konvertiert werden.

Starten Sie den Befehl Drehung (2) und erweitern Sie das Befehlsfenster (3).

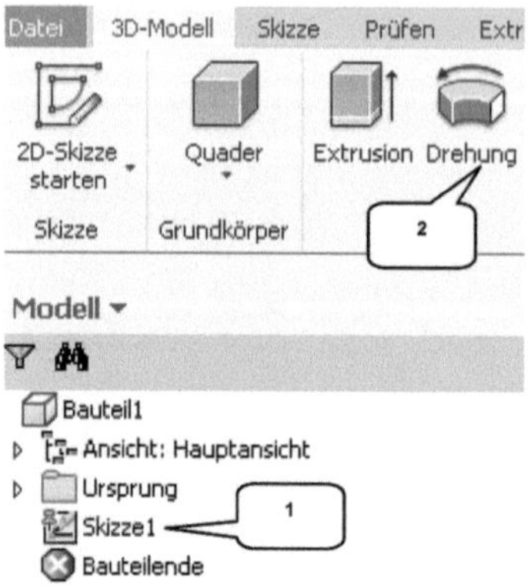

Das geschlossene ***Profil*** (4) aus der Skizze sollte vom Programm automatisch markiert werden. Als ***Achse*** (5) wählen Sie die projizierte ***Y-Achse*** der Skizze. Im Auswahlbereich ***Größe*** ist die Option ***Voll*** (6) zu wählen. Weitere Einstellungen sind nicht erforderlich, und der Befehl kann durch [OK] ***OK*** (7) bestätigt werden.

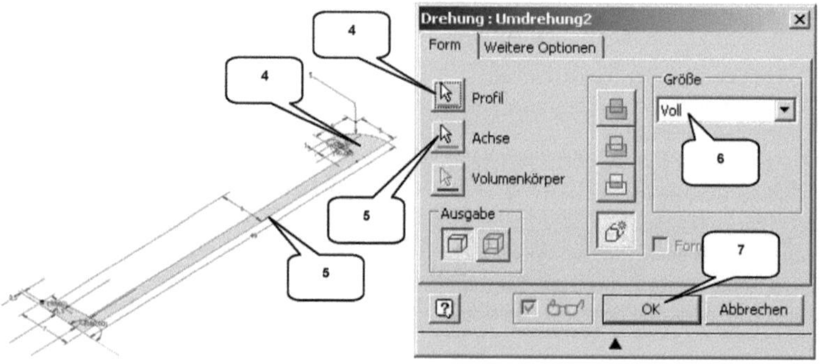

HINWEIS: Sollte das Profil nicht automatisch vom Programm erkannt werden, beenden Sie den Befehl mit der Taste: **ESC** und öffnen die ***Skizze1*** (1) im Browser. Markieren Sie eine der gezeichneten Linien, wählen Sie mit der rechten Maustaste darauf die Option ***Kontur schließen*** und folgen Sie den Anweisungen des Programms.

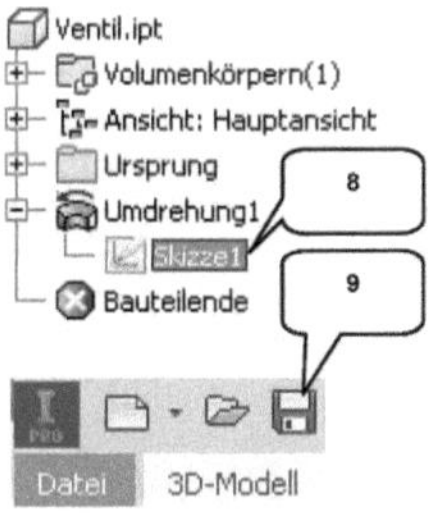

Die Skizze mit der Basisgeometrie wurde in den Befehl ***Umdrehung*** integriert (8). Um diesen Befehl bearbeiten zu können, muss mit der ***rechten Maustaste*** darauf geklickt und die Option ***Element bearbeiten*** gewählt werden. Zur Bearbeitung der Skizze1 ist die Option ***Skizze bearbeiten*** zu verwenden.

Das Bauteil kann jetzt ***gespeichert*** werden. Starten Sie den Befehl Speichern (9) und verwenden Sie die Bezeichnung ***Ventil***. Achten Sie auf den korrekten Speicherort (Ordner ***Übung-4-Takt-Motor-2017***).

6.2 Bauteil: Kurbelwelle-Riemenrad

6.2.1 Erzeugen der Basisskizze

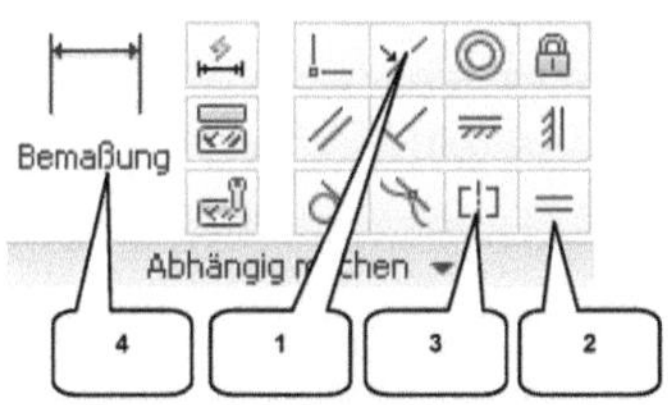

Die Vorgehensweise bei der Konstruktion dieses Bauteils ist der der Konstruktion des vorherigen Bauteils ähnlich. Erzeugen Sie eine neue Bauteildatei (Norm.ipt) und folgen Sie der Befehlskette:

- ➢ Neu
- ➢ Norm.ipt
- ➢ Erstellen ***Erstellen***

7 BAUGRUPPEN

7.1 Unterbaugruppe: BG_Kolben

7.1.1 Erzeugen der ersten Baugruppe

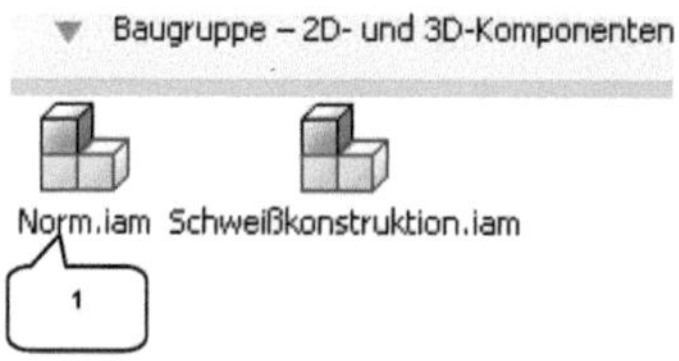

Erstellen Sie eine neue Baugruppe (Norm.iam) und ***speichern*** Sie sie unter der Bezeichnung ***BG_Kolben***.

- Neu
- ***Norm.iam*** (1)
- ***Erstellen***
- Speichern [BG_Kolben]

7.1.2 Das Register ZUSAMMENFÜGEN im Überblick

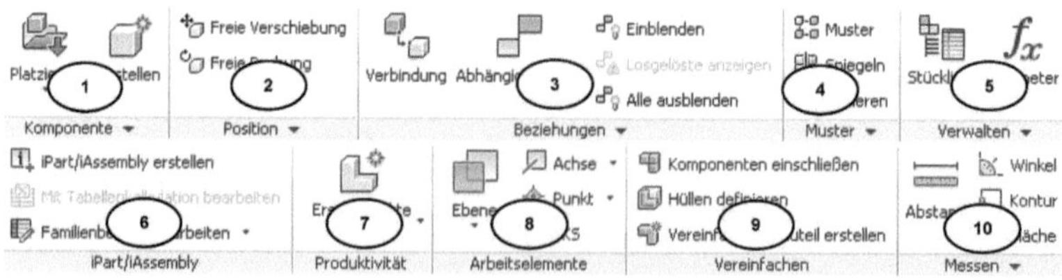

- Unterbaugruppe: BG_Kolben -

OPTIONEN

1) Bauteile, Baugruppen oder Normteile aus dem Inhaltscenter einfügen; neue Bauteile erstellen; vorhandene Bauteile kopieren/ anordnen oder ersetzen
2) Komponenten in Position/ Lage ändern
3) Abhängigkeiten/ Verbindungen setzen
4) Elemente anordnen, kopieren oder spiegel
5) Parametermanager
6) Teilefamilien (iParts/ iAssemblys)
7) Bauteilstrukturen organisieren
8) Ebenen, Achsen, Punkte erzeugen
9) Bauteile vereinfachen
10) Abstände, Winkel, Konturen, Flächeninhalte berechnen

7.1.3 Komponenten platzieren

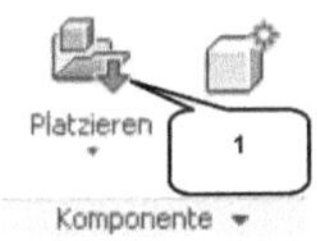

Der Befehl Platzieren (1) fügt Bauteile oder (Unter-)Baugruppen in eine Baugruppe ein. Das erste Objekt, das in eine Baugruppe eingefügt wird, sollte möglichst eine statische Komponente ohne Freiheitsgrade sein, woran die folgenden Komponenten befestigt werden können. Und es sollte einzeln platziert werden. In den Anwendungsoptionen wurde das bereits so festgelegt, und das Programm übernimmt diese Vorgaben automatisch.

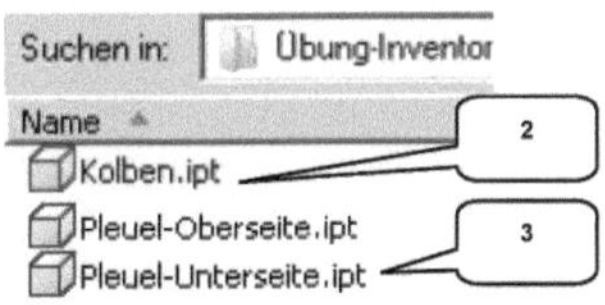

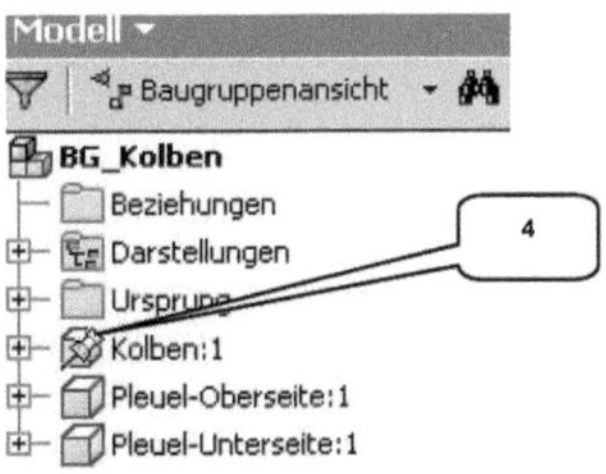

- Platzieren (1)
- Auswahl: Kolben (2)
- Öffnen ***Öffnen***
- Taste: ESC

Der Kolben wurde vom Programm automatisch am Koordinatensystem der Baugruppe ausgerichtet und auch fixiert. Die Fixierung wird durch ein kleines ***Pin-Symbol*** (4) im Browser symbolisiert. Fügen Sie jetzt weitere Bauteile ein.

- Platzieren (1)
- Auswahl: Pleuel-Oberseite, Pleuel-Unterseite (3)
- Öffnen ***Öffnen***
- Die Bauteile einmal mit der linken Maustaste frei ablegen
- Taste: ESC

7.1.4 Kolben und Pleueloberseite voneinander abhängig machen

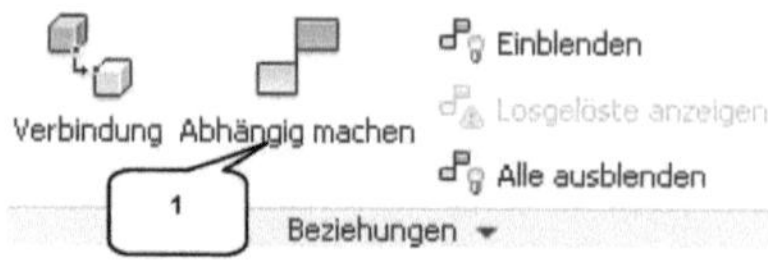

Der Befehl **Abhängig machen** (1) stellt Verbindungen zwischen Komponenten her, indem deren geometrische Elemente voneinander abhängig gemacht werden. Starten Sie den Befehl und verbinden Sie die Bauteile ***Kolben*** und ***Pleuel-Oberseite*** miteinander.

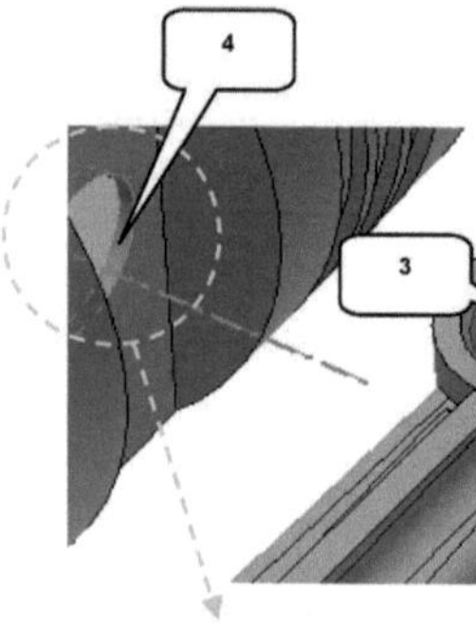

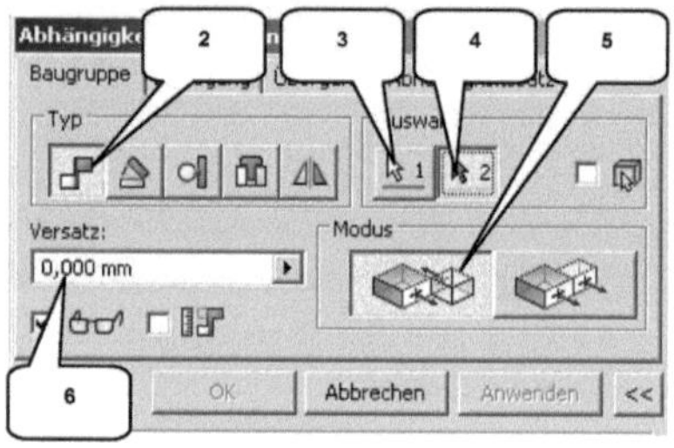

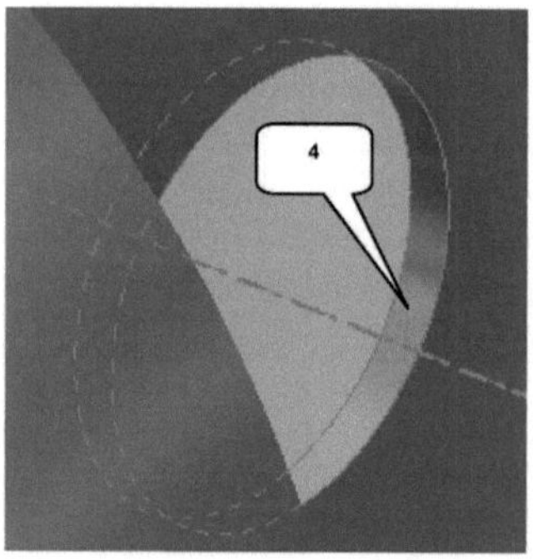

- **Abhängig machen** (1)
- Reiter: Baugruppe
- Typ: Passend (2)
- Auswahl 1: Markierte Zylinderfläche am Pleuel (3) (die dazugehörige Achse wird automatisch erkannt)
- Auswahl 2: Markierte Bohrungsfläche am Kolben (4) (die dazugehörige Achse wird automatisch erkannt)
- Modus: Passend (5)
- Versatz: [0 mm] (6)
- ***OK***

HINWEIS: Die Achse einer Bohrung/ eines zylindrischen Elements können Sie wählen, indem Sie mit der linken Maustaste auf die dazugehörige zylindrische Fläche klicken. Bei manchen Elementen sind die zylindrischen Flächen sehr schmal (in unserem Fall die Querbohrung des Kolbens (4)). Dann ist es erforderlich, sehr nah an diesen Bereich heranzuzoomen, um die korrekte Fläche greifen zu können.

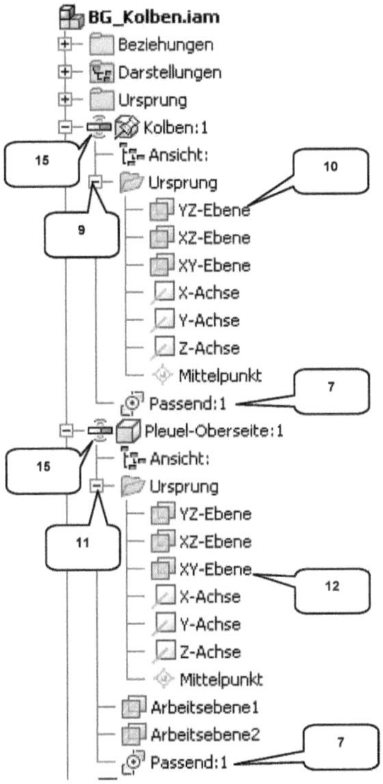

Die axiale Abhängigkeit wird jetzt den zugehörigen Komponenten im Browser zugeordnet. Werden im Browser die Bauteil ***Kolben*** oder ***Pleuel-Oberseite*** erweitert, findet man darin die soeben erzeugte Abhängigkeit ***Passend*** (7).

HINWEIS: Um eine Abhängigkeit zu bearbeiten, klicken Sie mit der ***rechten Maustaste*** darauf und wählen die Option ***Bearbeiten***. Um sie zu löschen, wählen Sie die Option ***Löschen***.

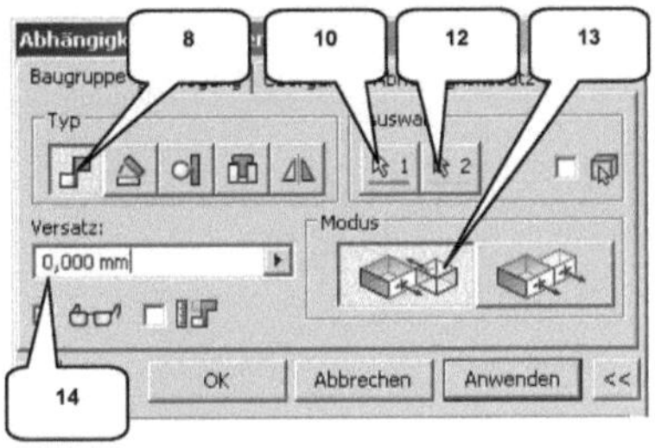

- **Abhängig machen**
- Reiter: Baugruppe
- Typ: Passend (8)
- Ordner ***Ursprung*** (Kolben) aufklappen (9)
- Auswahl 1: YZ-Ebene (Kolben) (10)
- Ordner ***Ursprung*** (Pleuel-Oberseite) aufklappen (11)
- Auswahl 2: XY-Ebene (Pleuel-Oberseite) (12)
- Modus: Passend (13)
- Versatz: 0 mm (14)
- ***OK***

Das Programm kann Kollisionen zwischen Komponenten ohne weitere Vorgaben nicht automatisch erkennen. Das Pleuel kann im derzeitigen Zustand also problemlos durch den Kolben hindurchbewegt werden. Um diesen Fehler zu beheben, drehen Sie das Pleuel so, dass es nicht mit dem Kolben kollidiert. Klicken Sie dann mit der ***rechten Maustaste*** auf das Bauteil ***Pleuel-Oberseite*** und aktivieren Sie den ***Kontaktsatz***. Übernehmen Sie diese Einstellung auch für den ***Kolben***.

- Unterbaugruppe: BG_Kolben -

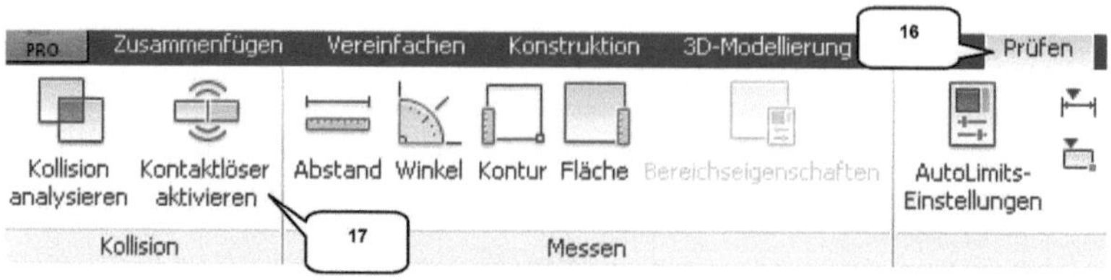

Bei beiden Komponenten wird jetzt im Browser das Symbol ***Kontaktsatz*** (15) angezeigt. Wechseln Sie ins Register ***Prüfen*** (16) und aktivieren Sie dort die Option Kontaktlöser aktivieren (17). Wenn Sie das Bauteil ***Pleuel-Oberteil*** jetzt bei gedrückter linker Maustaste bewegen, sollte die Bewegung begrenzt und eine Kollision verhindert werden.

7.1.5 Pleuelober- und -unterseite miteinander verbinden

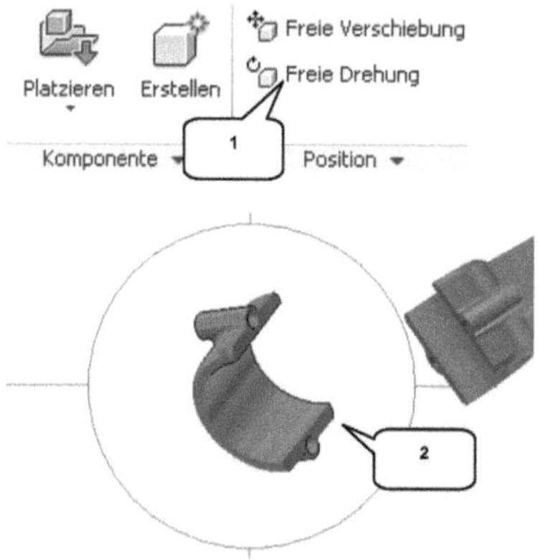

Im nächsten Schritt sollen Ober- und Unterseite des Pleuels miteinander verbunden werden. Um dies zu erleichtern, kann die Unterseite vorher etwas ausgerichtet werden. Der Befehl Freie Drehung (1) ermöglicht ein freies Drehen einzelner Komponenten einer Baugruppe (alternativ: Taste: **G**).

Markieren Sie die Unterseite des Pleuels (2), starten Sie den Befehl und drehen Sie die Pleuelunterseite bei gedrückter linker Maustaste, bis ihre Lage zur Pleueloberseite wie nebenstehend dargestellt erreicht wurde. Die Taste: **ESC** beendet den Befehl.

<u>HINWEIS</u>: Um das Setzen von Abhängigkeiten zu erleichtern, können die betreffenden Komponenten vorher mit dem Befehl Freie Drehung etwas aneinander ausgerichtet werden. Das verhindert oftmals eine fehlerhafte Positionierung durch das Programm.

Nachdem die Unterseite des Pleuels ausgerichtet wurde, kann mit dem Setzen der Abhängigkeiten begonnen werden. Folgen Sie der Befehlskette und verbinden Sie beide Bauteile miteinander.

- Unterbaugruppe: BG_Kolben -

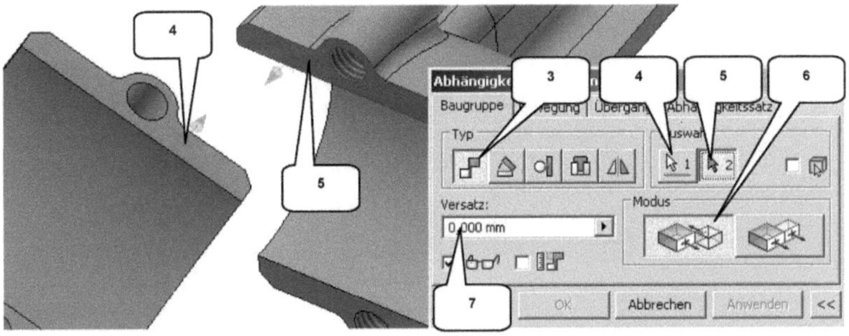

- Abhängig machen
- Reiter: Baugruppe
- Typ: Passend (3)
- Auswahl 1: Markierte Fläche (4)
- Auswahl 2: Markierte Fläche (5)
- Modus: Passend (6)
- Versatz: [0 mm] (7)
- ***OK***

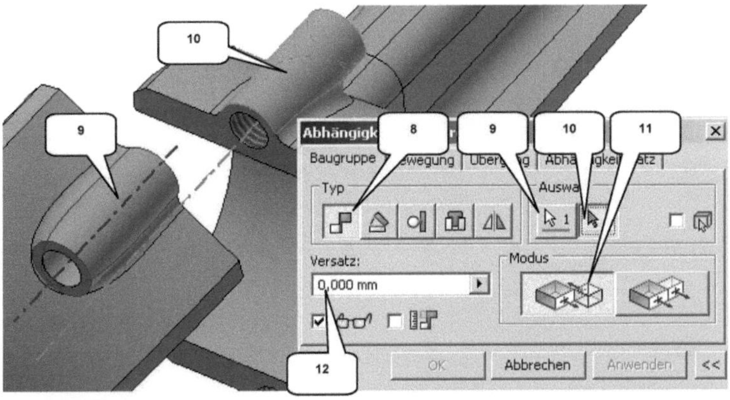

- Abhängig machen
- Reiter: Baugruppe
- Typ: Passend (8)
- Auswahl 1: Mark. Zylinderfläche (9)
- Auswahl 2: Mark. Zylinderfläche (10)
- Modus: Passend (11)
- Versatz: [0 mm] (12)
- ***OK***

- Unterbaugruppe: BG_Kolben -

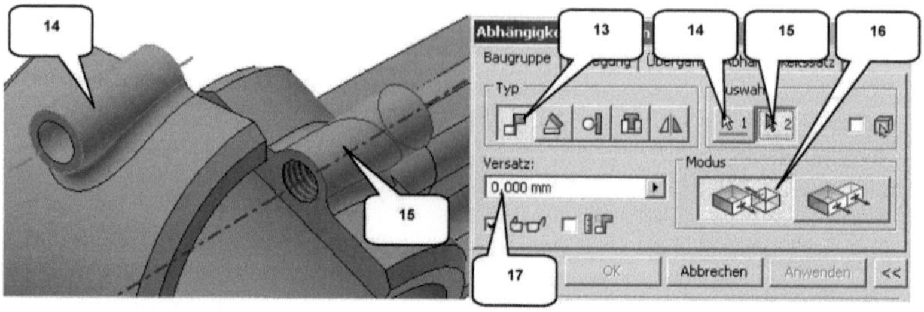

- Abhängig machen
- Reiter: Baugruppe
- Typ: Passend (13)
- Auswahl 1: Mark. Zylinderfläche (14)
- Auswahl 2: Mark. Zylinderfläche (15)
- Modus: Passend (16)
- Versatz: [0 mm] (17)
- OK

7.1.6 Schrauben aus dem Inhaltscenter platzieren

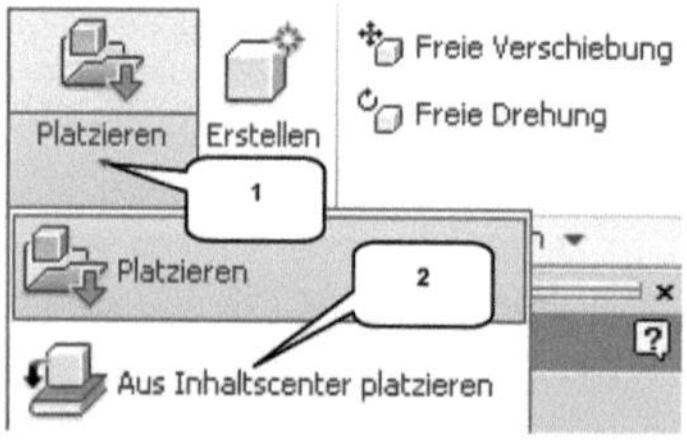

Nachdem alle zur Baugruppe gehörenden Bauteile platziert und ausgerichtet wurden, sollen zwei Schrauben aus dem Inhaltscenter die Baugruppe komplettieren.

- Befehl Platzieren erweitern (1)
- Aus Inhaltscenter platzieren (2)

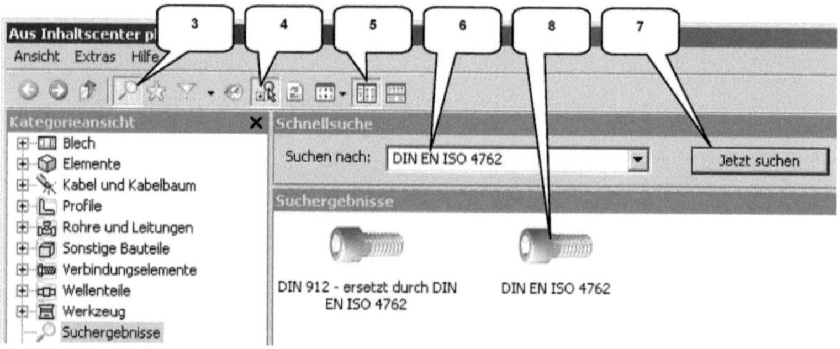

- Option: *Suchen* aktivieren (3)
- Option: *AutoDrop* aktivieren (4)
- Option: *Baumstrukturansicht* aktivieren (5)
- Suchen nach: [DIN EN ISO 4762] eingeben (6)
- Jetzt suchen ***Jetzt suchen*** (7)
- Markierte Schraube doppelklicken (8)

Die Schraube muss jetzt platziert werden.

HINWEIS: Sollte Ihr Inhaltscenter nicht verfügbar sein, platzieren Sie die Normteile aus dem Order ***Normteile*** (Projektordner) manuell. Die Schrauben müssen dann allerdings einzeln mit Abhängigkeiten platziert werden.

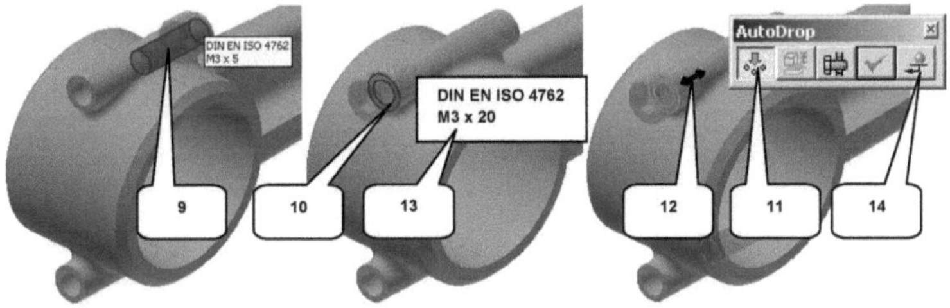

- Markierte Zylinderfläche anklicken, um die darin enthaltene Gewindebohrung zu wählen (9)
- Markierte Ringfläche wählen (10)
- ***Mehrere einfügen*** aktivieren (11)
- Am Doppelpfeil ziehen (12), bis die Länge (M3 x 20) angezeigt wird (13)
- ***Anwenden*** (14)

HINWEIS: ***AutoDrop*** ermöglicht eine teilautomatisierte Konfiguration von Komponenten aus dem Inhaltscenter. Geometrische Eigenschaften der Komponenten werden dabei anhand bereits vorhandener geometrischer Elemente ermittelt. Diese Option ist sehr praktikabel, funktioniert allerdings nur bei wenigen Normteilen aus dem Inhaltscenter.

7.1.7 Erstellen einer Komponente aus der Baugruppe heraus

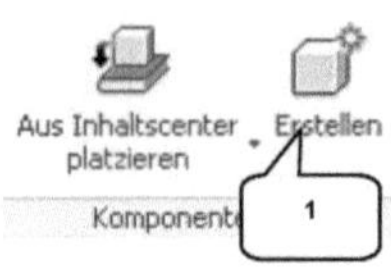

Bauteile und Baugruppen können auch direkt aus einer Baugruppe heraus erzeugt werden, wobei zusätzlich Adaptivitäten (geometrische Abhängigkeiten) zu anderen Komponenten der Baugruppe generiert werden.

8 ZEICHNUNGSABLEITUNGEN

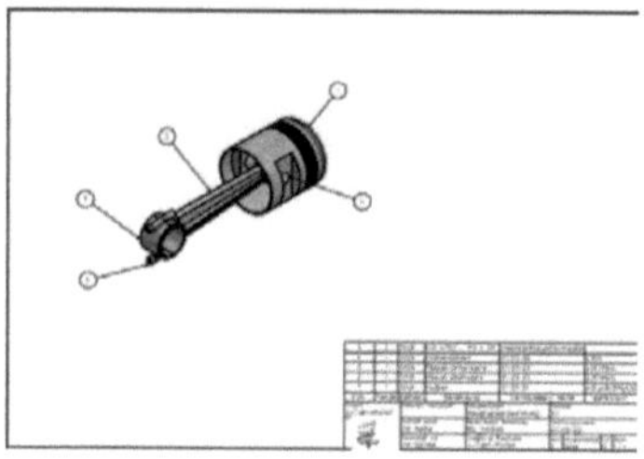

Bauteile werden im Skizzenbereich gezeichnet, im Modellbereich in Volumen- oder Flächenelemente konvertiert, dann in Baugruppen eingefügt und zum Schluss als Zeichnung abgeleitet. Ein vollständiger ***Zeichnungssatz*** besteht in der Regel aus der Baugruppenzeichnung samt Positionsnummern, der Stückliste und den Bauteilzeichnungen.

8.1 Öffnen der vorhandenen Zeichnungsvorlage

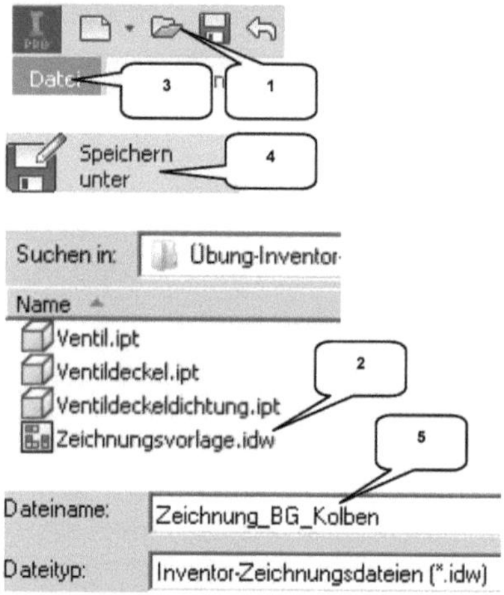

Inventor® verfügt über Zeichenvorlagen, die über den Pfad: Neu > ***Zeichnung*** > ***Norm.idw*** geöffnet werden können. Da Schriftfeld und Rahmen hier erst eingerichtet werden müssten, verwenden wir in unseren Übungen eine vorgefertigte und bereits angepasste Dateivorlage. Sie kann im Downloadordner geöffnet werden.

- Öffnen (1)
- Auswahl: Zeichnungsvorlage.idw (2)
- Öffnen ***Öffnen***

- Register: ***Datei*** (3)
- Speichern unter (4)
- Name: [Zeichnung_BG_Kolben] (5)
- Speichern ***Speichern***

HINWEIS: Das ***Speichern*** der Zeichnung ***unter*** einer anderen Bezeichnung soll verhindern, dass die Zeichnungsvorlage ungewollt überschieben wird. Alternativ kann ein eigenes Template in Inventor erzeugt werden. Bei geöffneter Datei ***Zeichnungsvorlage.idw*** muss dafür der Pfad: Hauptmenü > Kopie als Vorlage speichern gewählt werden.

8.2 Das Register ANSICHTEN PLATZIEREN im Überblick

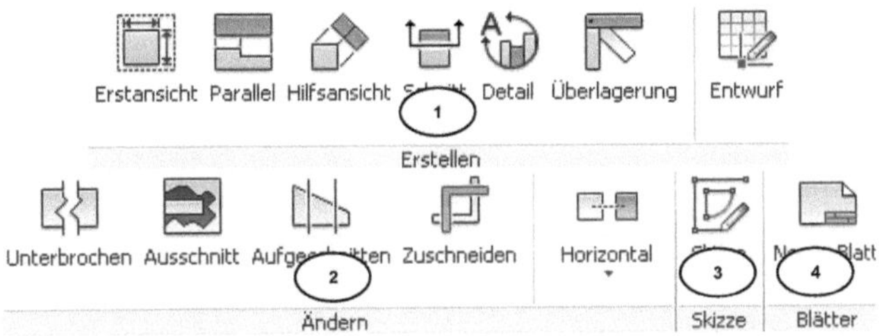

OPTIONEN

1) Erstellen neuer Ansichten	3) Erstellen einer 2D-Skizze
2) Bearbeiten vorhandener Ansichten	4) Erstellen weiterer Blätter

8.3 Das Register MIT ANMERKUNG VERSEHEN im Überblick

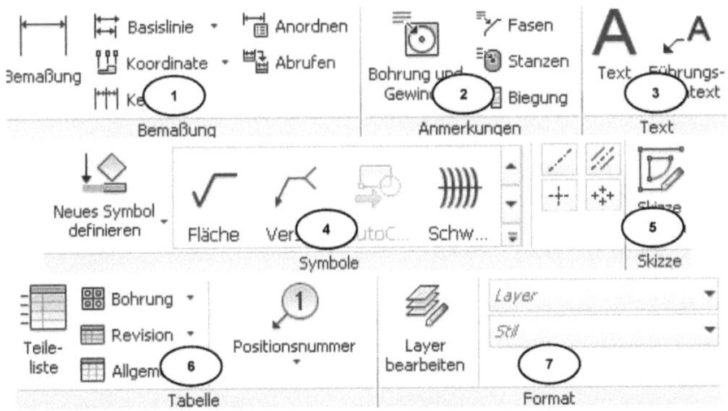

OPTIONEN

1) Bemaßungen erzeugen	4) Symbole und Markierungen einfügen
2) Informationen von Bohrungen, Fasen, Biegungen abrufen	5) 2D-Skizze erstellen
	6) Tabellen und Positionsnummern
3) Textfelder einfügen	7) Linien, Texte, Layer einstellen

8.4 Zeichnungsableitung der Baugruppe: BG_Kolben

8.4.1 Blattformat und Schriftfeld bearbeiten

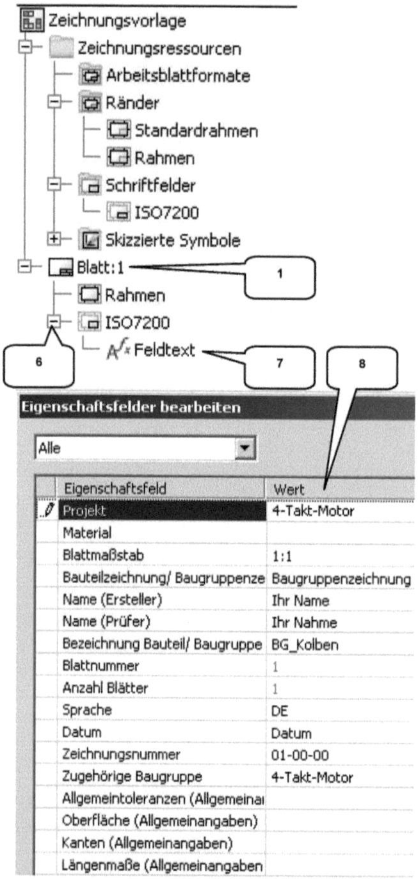

Eigenschaftsfeld	Wert
Projekt	4-Takt-Motor
Material	
Blattmaßstab	1:1
Bauteilzeichnung/ Baugruppenze	Baugruppenzeichnung
Name (Ersteller)	Ihr Name
Name (Prüfer)	Ihr Nahme
Bezeichnung Bauteil/ Baugruppe	BG_Kolben
Blattnummer	1
Anzahl Blätter	1
Sprache	DE
Datum	Datum
Zeichnungsnummer	01-00-00
Zugehörige Baugruppe	4-Takt-Motor
Allgemeintoleranzen (Allgemeinai	
Oberfläche (Allgemeinangaben)	
Kanten (Allgemeinangaben)	
Längenmaße (Allgemeinangaben	

Das ***Blattformat*** DIN A4 soll auf das Blattformat DIN A3 vergrößert werden, um die Baugruppe ***BG_Kolben*** besser darstellen zu können.

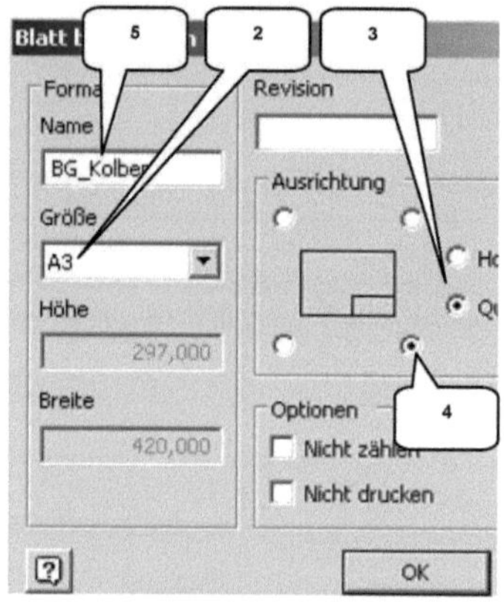

- ***Rechte Maustaste*** auf ***Blatt:1*** (1)
- Option: ***Blatt bearbeiten*** wählen
- Größe: A3 (2)
- Ausrichtung: Querformat (3)
- Position Schriftfeld: Unten rechts (4)
- Name: [BG_Kolben] (5)
- [OK] ***OK***

Bearbeiten Sie jetzt das Schriftfeld:

- ***ISO7200*** erweitern (6)
- Doppelklick auf ***Feldtext*** (7)
- Eingaben der Spalte ***Wert*** übernehmen wie dargestellt (8)
- [OK] ***OK***

8.4.2 Platzieren einer schattierten Ansicht

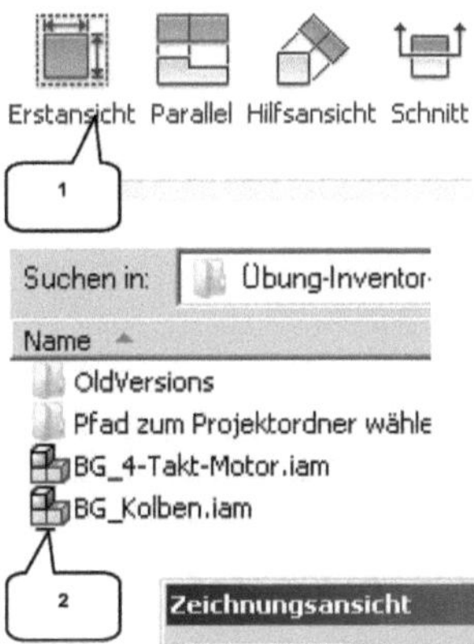

Als ***Ansicht*** wird die Abbildung einer Baugruppe/ eines Bauteils verstanden. Platzieren Sie eine ***isometrische Erstansicht*** der Baugruppe ***BG_Kolben***.

- Erstansicht (1)
- Auswahl: BG_Kolben (2)
- ***Öffnen***

Im Fenster ***Zeichnungsansicht*** können nun die folgenden Einstellungen übernommen werden.

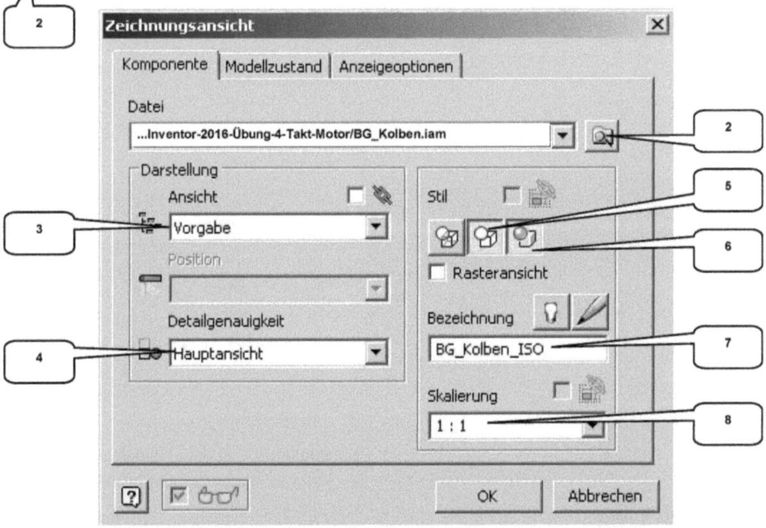

HINWEIS: Im Zeichenbereich sollte die Baugruppe ***BG_Kolben*** bereits zu sehen sein. Wenn nicht, sind die Anwendungsoptionen zu kontrollieren: ***Register: Extras*** > ***Anwendungsoptionen*** > ***Reiter: Zeichnung*** > ***Vorschau anzeigen als: Alle Komponenten***.

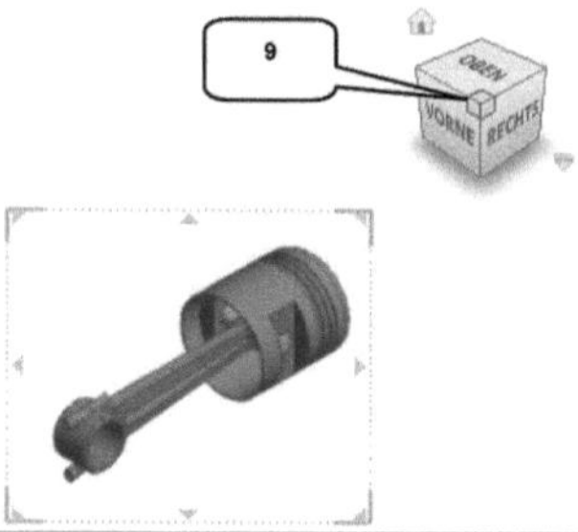

- Ansicht: Vorgabe (3)
- Detailgenauigkeit: Hauptansicht (4)
- Stil: Ohne verdeckte Linien (5) und Schattiert (6)
- Bezeichnung: [BG_Kolben_ISO] (7)
- Skalierung: 1:1 wählen (8)
- ***ViewCube***-Ansicht: ***ECKE*** zwischen den Seiten VORNE, OBEN und RECHTS wählen (9)
- OK ***OK***

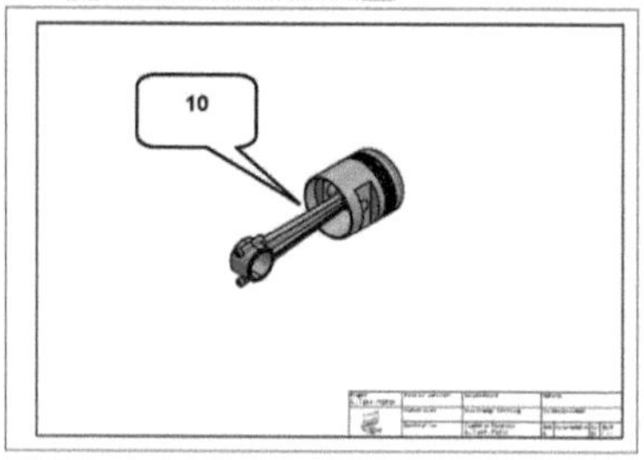

Die Maus ist jetzt über die Ansicht zu schieben, bis eine rote Umrandung erscheint. Bei gedrückter linker Maustaste darauf kann diese Ansicht jetzt in die Mitte der Zeichnung geschoben werden (10).

HINWEIS: Eine Ansicht kann auch nachträglich bearbeitet werden: ***Rechte Maustaste*** im Browser auf die Ansicht > ***Ansicht bearbeiten***.

8.4.3 Einfügen einer Teileliste (Stückliste)

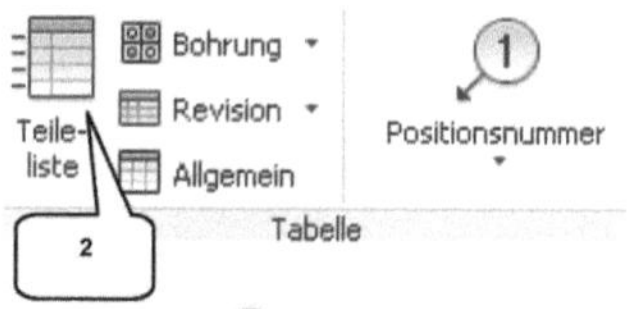

- Register: ***Mit Anmerkungen versehen*** (1)
- Teileliste (2)
- Quelle: BG_Kolben anklicken (3)
- Stücklistenansicht: Strukturiert (4)
- Ebene: Erste (wenn verfügbar) (5)
- Min. Stellen: 1 (wenn verfügbar) (6)
- Umbruchrichtung: Links (7)
- OK ***OK***

HINWEIS: Die Quelle kann alternativ auch über das Ordnersymbol (8) gewählt werden.

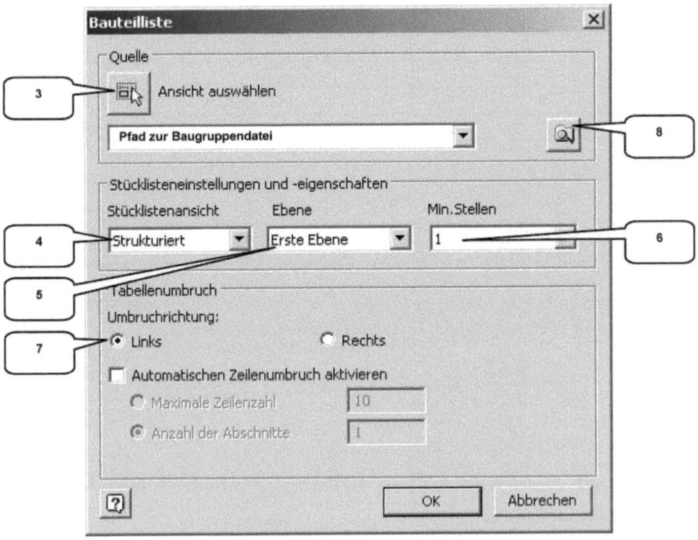

Legen Sie die Tabelle oberhalb des Schriftfeldes ab. Das eventuell erscheinende Hinweisfenster ***Stücklistenansicht deaktiviert*** kann mit [OK] ***OK*** (9) bestätigt werden. Legen Sie die Teileliste danach so im Zeichenbereich ab, dass diese auf dem Schriftfeld oben aufliegt und an ihrer rechten Seite an den Zeichnungsrahmen anschließt.

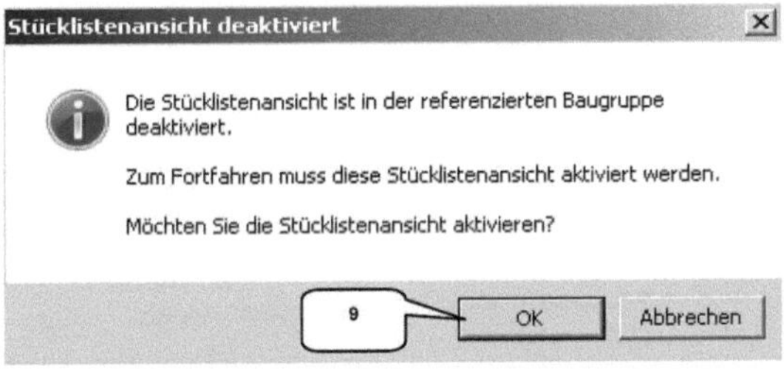

Die Teileliste ist jetzt in der Zeichnung hinterlegt, muss aber noch überarbeitet werden.

- Zeichnungsableitung der Baugruppe: BG_Kolben -

TEILELISTE			
OBJEKT	ANZAHL	BAUTEILNUMMER	BESCHREIBUNG
1	1	Kolben	
2	1	Pleuel-Oberseite	
3	1	Pleuel-Unterseite	
4	2	ISO 4762 - M3 x 20	Innensechskantschraube
5	1	Kolbenbolzen	

10

Projekt 4-Takt-Motor	Material/ Werkstoff	Dokumentenart Baugruppenzeichnung	Maßstab 1:1
	Erstellt durch Ihr Name	Bezeichnung/ Benennung BG_Kolben	Zeichnungsnummer 01-00-00
	Genehmigt von Ihr Nahme	Zugehörige Baugruppe 4-Takt-Motor	Änd. A / Ausgabedatum Datum / Spr. DE / Blatt 1 / 1

Mit einem ***Doppelklick*** auf einen beliebigen Text der Teileliste gelangt man in ihren ***Bearbeitungsbereich***. Nehmen Sie darin die folgenden Änderungen vor:

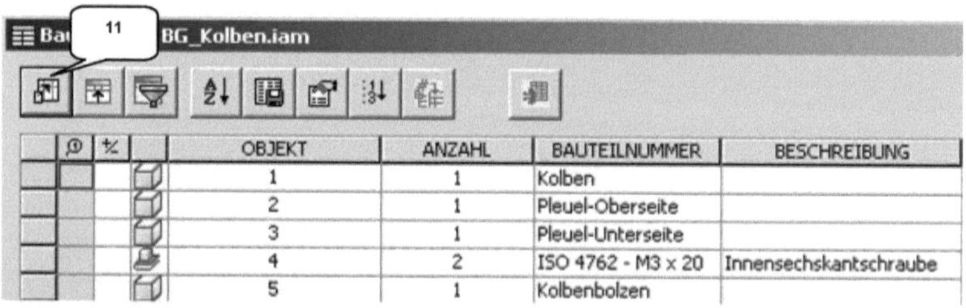

OBJEKT	ANZAHL	BAUTEILNUMMER	BESCHREIBUNG
1	1	Kolben	
2	1	Pleuel-Oberseite	
3	1	Pleuel-Unterseite	
4	2	ISO 4762 - M3 x 20	Innensechskantschraube
5	1	Kolbenbolzen	

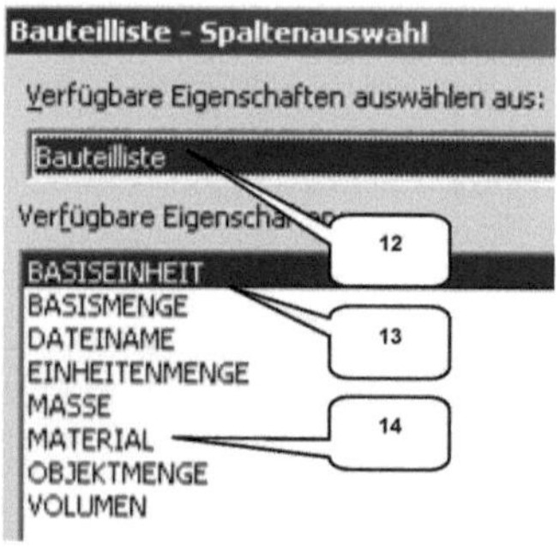

- Doppelklick auf den Text (10)

- Spaltenauswahl (11)
- Auswahl: Bauteilliste (12)
- Doppelklicken: Basiseinheit (13)
- Doppelklicken: Material (14)

Mit den beiden Optionen ***Nach unten*** und ***Nach oben*** kann die Reihenfolge im rechten Fenster (Ausgewählte Eigenschaften) bearbeitet werden.

- Zeichnungsableitung der Baugruppe: BG_Kolben -

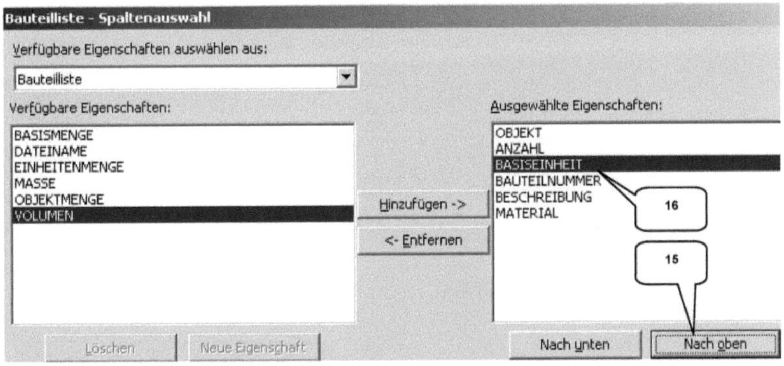

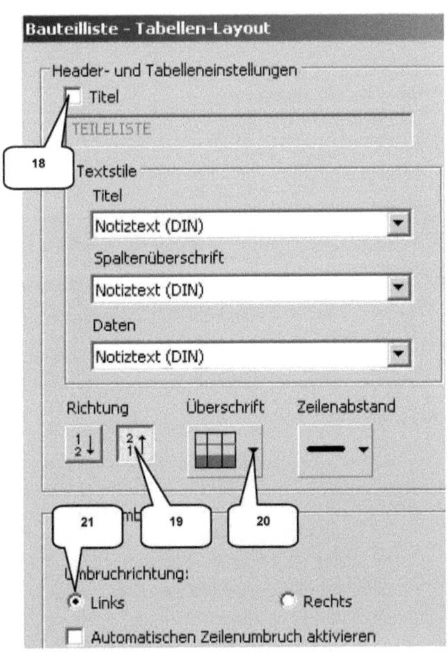

- Markieren: Basiseinheit (16)
- ***Nach oben*** (15) klicken, bis die ***Basiseinheit*** in der 3. Zeile angeordnet ist
- OK ***OK*** (Fenster: Bauteilliste-Spaltenauswahl)
- Anwenden ***Anwenden***

- Tabellen-Layout (17)
- Deaktivieren: Titel (18)
- Richtung: Oben neue Bauteile (19)
- Überschrift: Unten (20)
- Umbruchausrichtung: Links (21)
- OK ***OK*** (Fenster: Bauteilliste-Tabellen-Layout)
- Anwenden ***Anwenden***

Jetzt können die Bezeichnungen der einzelnen Spalten überarbeitet werden.

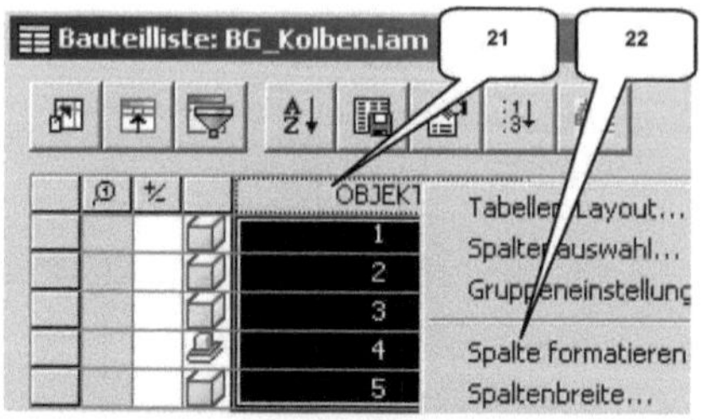

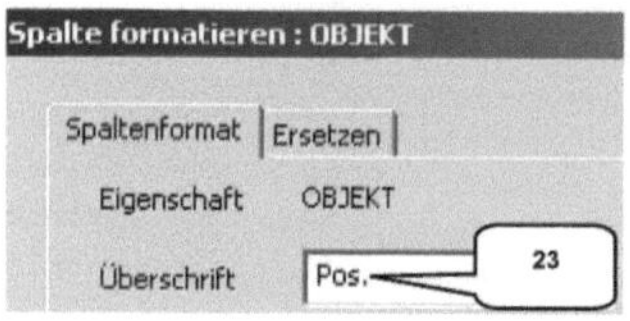

- Spaltenbezeichnung ***Objekt*** mit der linken Maustaste markieren (21)
- ***Rechte Maustaste*** auf ***Objekt*** (21)
- Option: ***Spalte formatieren*** (22)
- Überschrift: [Pos.] eintragen (23)
- OK ***OK*** (Fenster: Spalte formatieren)
- Anwenden ***Anwenden***

Ändern Sie auch die Bezeichnungen der restlichen fünf Spalten. Achten Sie darauf, jede Änderung durch Anwenden ***Anwenden*** zu bestätigen.

Alte Bezeichnung	***Neue Bezeichnung***
Anzahl	Menge (24)
Basiseinheit	Einheit (25)
Bauteilnummer	Benennung (26)
Beschreibung	Sachnummer / Norm (27)
Material	Werkstoff (28)

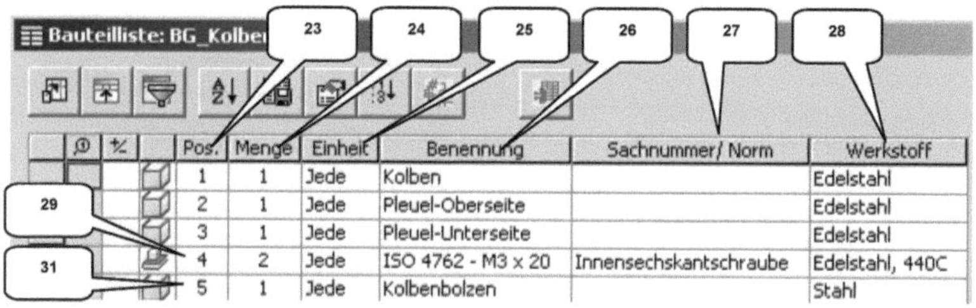

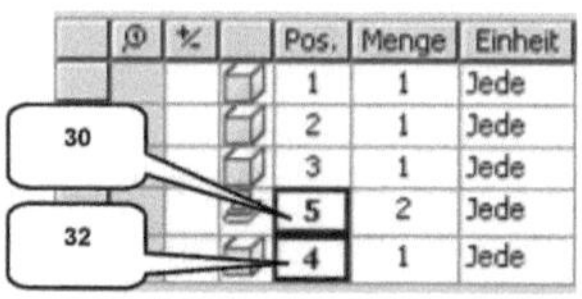

- Feld (29) doppelklicken
- Wert: [5] eintragen (30)
- Feld (31) doppelklicken
- Wert: [4] eintragen (32)

- Zeichnungsableitung der Baugruppe: BG_Kolben -

- Sortieren (33)
- Sortieren nach: Pos. (34)
- OK **OK** (Fenster: Bauteilliste sortieren)
- Anwenden ***Anwenden***

Überarbeiten Sie die Teileliste jetzt wie folgt: Per Doppelklick gelangen Sie in die jeweiligen Felder, und mit den Pfeiltasten wechseln Sie zwischen diesen.

				Pos.	Menge	Einheit	Benennung	Sachnummer/ Norm	Werkstoff
				1	1	Stck	Kolben	01-01-01	AlCu4Ni2Mg1,5
				2	1	Stck	Pleuel-Oberseite	01-01-02	42CrMo4
				3	1	Stck	Pleuel-Unterseite	01-01-03	42CrMo4
				4	1	Stck	Kolbenbolzen	01-01-04	E355
				5	2	Stck	ISO 4762 - M3 x 20	Innensechskantschraube	

Sobald alle Änderungen übernommen wurden, bestätigen Sie mit Anwenden ***Anwenden*** und beenden die Bearbeitung der Teileliste abschließend mit OK ***OK***.

35

5	2	Stck	ISO 4762 - M3 x 20	Innensechskantschraube	
4	1	Stck	Kolbenbolzen	01-01-04	E355
3	1	Stck	Pleuel-Unterseite	01-01-03	42CrMo4
2	1	Stck	Pleuel-Oberseite	01-01-02	42CrMo4
1	1	Stck	Kolben	01-01-01	AlCu4Ni2Mg1,5
Pos.	Menge	Einheit	Benennung	Sachnummer/ Norm	Werkstoff

Projekt 4-Takt-Motor	Material/ Werkstoff	Dokumentenart Baugruppenzeichnung	Maßstab 1:1
	Erstellt durch Ihr Name	Bezeichnung/ Benennung BG_Kolben	Zeichnungsnummer 01-00-00
	Genehmigt von Ihr Nahme	Zugehörige Baugruppe 4-Takt-Motor	Änd. A · Ausgabedatum Datum · Spr. DE · Blatt 1 / 1

Verschieben Sie die Teileliste bei gedrückter linker Maustaste so, dass diese passend oberhalb des Schriftfeldes angeordnet ist. Die Spaltenbreiten können geändert werden, indem die Trennlinien (z. B. 35) bei gedrückter linker Maustaste verschoben werden. ***Speichern*** Sie die Zeichnung, und lassen Sie sie noch geöffnet.

Auszug aus dem Aufbaukurs KONSTRUKTION

Die folgenden Seiten zeigen Auszüge aus dem Buch:

- ***Autodesk® Inventor® 2017 - Aufbaukurs KONSTRUKTION***

Inventor® verfügt im Baugruppenbereich über einen Reiter ***Konstruktion*** welcher im Grundlagenbuch nicht enthalten ist.

Die Befehle hier wurden an die speziellen Bedürfnisse der Konstruktion im Maschinenbau angepasst. Sie sind teilweise sehr komplex und erfordern ein gewisses Grundwissen zum Programm.

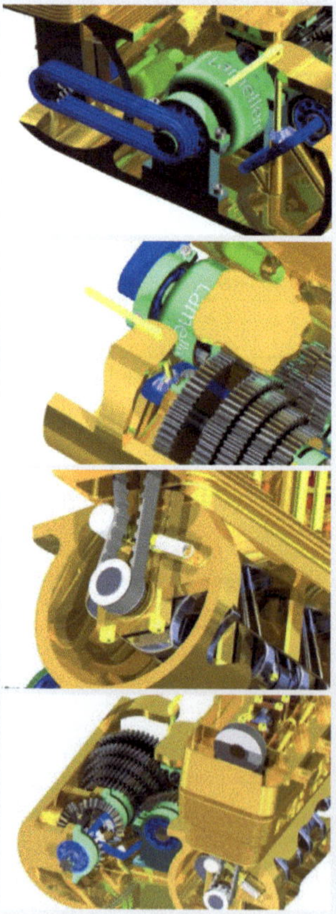

Der ***Aufbaukurs KONSTRUKTION*** erweitert das Übungsbeispiel 4-Takt-Motor um viele neue Komponenten. Die folgenden Befehle werden in diesem Buch behandelt:

- ***Druckfeder-Generator***
- ***Gehrungen erzeugen***
- ***Gestell-Generator***
- ***Kegelräder-Generator***
- ***Keilwellen-Generator***
- ***Lager-Generator***
- ***Rollenketten-Generator***
- ***Schraubenverbindungs-Generator***
- ***Stirnräder-Generator***
- ***Wellen-Generator***
- ***Zahnriemen-Generator***
- ***Zugfeder-Generator***

Weitere Informationen zu diesem und anderen Büchern erhalten Sie auf der Webseite:

- ***http://www.cad-trainings.de/***

LEICHT VERSTÄNDLICH - KOMPLEXES ÜBUNGSBEISPIEL

Christian Schlieder

Autodesk® Inventor® 2017

Aufbaukurs KONSTRUKTION

6. Auflage

Viele praktische Übungen am Konstruktionsobjekt GETRIEBE

Konstruieren von Druckfedern, Gehrungen, Gestellen, Kegelrädern, Keilwellen, Lagern, Rollenketten, Stirnrädern, Schraubenverbindungen, Wellen, Zahnriemen und Zugfedern mit den Inventor® -Generatoren.

INHALTSVERZEICHNIS

1 Grundlegendes zum Buch

1.1 Zielgruppe & Aufbau des Buches

Dieses Buch ist ein Aufbaukurs für Fortgeschrittene, die mit den Grundlagen von ***Autodesk® Inventor® 2017*** bereits vertraut sind. Das Programm verfügt im Baugruppenbereich über ein Register ***Konstruktion*** welches zur Berechnung und Konstruktion, speziell im Maschinenbau verwendeter Komponenten dient. In einem komplexen Übungsbeispiel wird der Leser theoretische Grundlagen einiger Befehle aus diesem Register erlernen und anschließend praktisch umsetzen.

Das verwendete Übungsbeispiel baut auf das Grundlagenbuch ***Autodesk® Inventor® 2017 – Grundlagen in Theorie und Praxis*** auf, in welchem ein vereinfachter 4-Takt-Motor erstellt wurde. Dieser Motor wird im vorliegenden Buch um ein Getriebe erweitert.

In diesem Buch werden die folgenden Befehle des Registers ***Konstruktion*** behandelt:

- ***Druckfeder-Generator***
- ***Gehrungen erzeugen***
- ***Gestell-Generator***
- ***Kegelräder-Generator***
- ***Keilwellen-Generator***
- ***Lager-Generator***
- ***Rollenketten-Generator***
- ***Schraubenverbindungs-Generator***
- ***Stirnräder-Generator***
- ***Wellen-Generator***
- ***Zahnriemen-Generator***
- ***Zugfeder-Generator***

Das Übungsbeispiel bietet genügend Möglichkeiten, die Befehlsketten sporadisch zu verlassen und eigene Versuche mit den Befehlen zu starten.

1.2 Erzeugen des Projektordners/ Herunterladen der Übungsdateien

Bevor Sie mit der Umsetzung des Projekts beginnen, sollten die folgenden Arbeiten erledigt werden:

Erzeugen eines neuen Projektordners

Erstellen Sie auf Ihrem PC an geeigneter Stelle einen neuen Ordner:

- ***Inventor-2017-Übung-Konstruktion***

Herunterladen der Übungsdateien

Besuchen Sie im Internet die folgende Website:

- ***http://www.cad-trainings.de/html/Download.html***

Suchen Sie das passende Buch und klicken Sie auf den nebenstehenden Link, um die zum Buch gehörende Übungsdatei (ZIP-Format) auf Ihrem PC zu speichern. Speichern Sie die Datei in dem vorher erzeugten Projektordner ***Inventor-2017-Übung-Konstruktion*** und entpacken Sie die Datei dort hinein. Die darin enthaltenen Dateien werden später benötigt.

5 Aktivierung des Einzelbenutzerprojekts

Inventor[®] arbeitet grundsätzlich in Projekten, was die Koordination zusammenhängender Dateien und Einstellungen vereinfacht. Eine Projektdatei (*.ipj) sichert alle Informationen und Querverweise eines Projekts. Das ist wichtig, wenn später komplexe Baugruppen archiviert oder von einem PC auf einen anderen übertragen werden sollen.

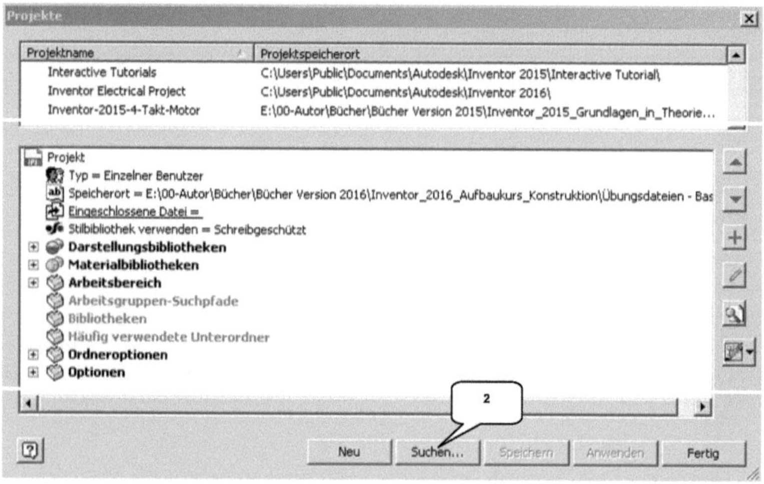

Starten Sie im Register ***Erste Schritte*** (Befehlsgruppe ***Starten***) den Befehl Projekte (1). Mit der Option ***Suchen*** (2) soll in Ihrem Projektordner die Projektdatei ***Übung-Konstruktion-2017.ipj*** (3) aktiviert werden, welche sich bereits bei den extrahierten Dateien befindet.

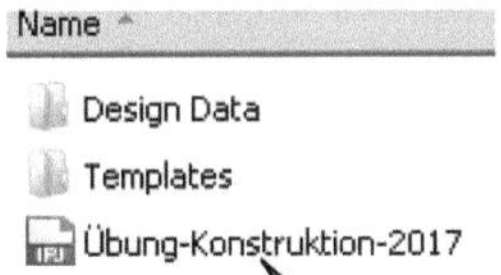

Das neue Projekt wird automatisch aktiviert, was durch ein kleines ✓ ***Häkchen*** in der entsprechenden Zeile des Projektfensters (4) signalisiert wird. Auch bei der späteren Arbeit mit dem Programm, sollte das jeweils aktive Projekt nach Programmstart stets kontrolliert werden.

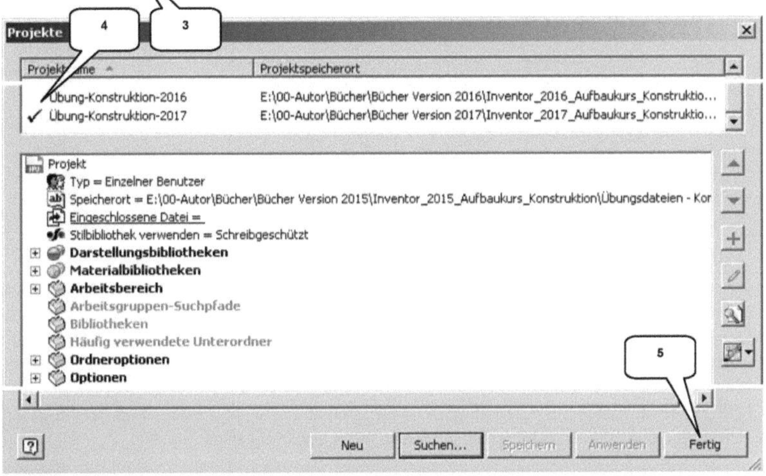

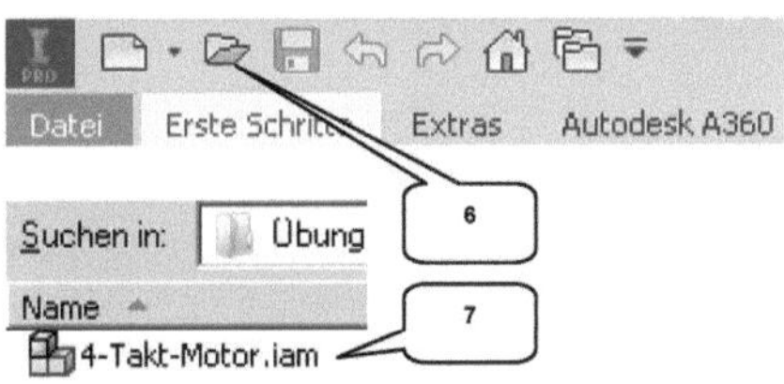

So kann vermieden werden, dass Dateien unbeabsichtigt einem anderen Projekt zugeordnet werden.

Wurde das Projekt aktiviert, kann das Befehlsfenster mit ***Fertig*** (5) beendet und die Baugruppe geöffnet werden.

Öffnen (6) Sie die vorhandene Baugruppe ***4-Takt-Motor.iam*** (7), welche sich bereits im Downloadordner befindet.

6 Komplettierung des Kurbeltriebs

6.1 Theoretische Grundlagen zum Zahnriemenantrieb

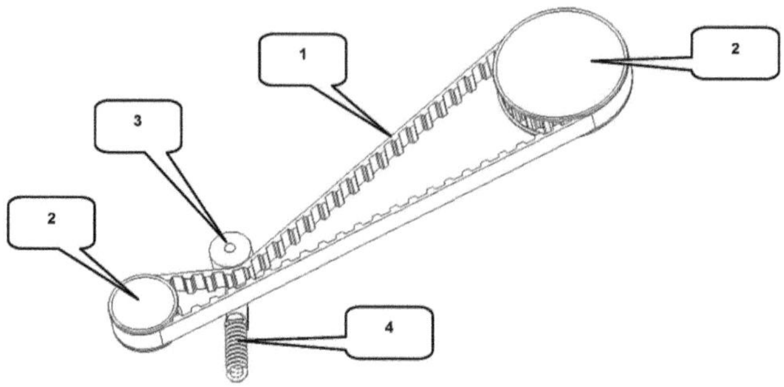

Um die Nockenwelle des Motors durch die Kurbelwelle antreiben zu können, können Zahnriemen-, Ketten- oder Zahnradantriebe eingesetzt werden. Häufig werden Zahnriemenantriebe verwendet, da sie, bedingt durch ihren Aufbau (Kunststoffgewebe mit innenliegenden Zugdrähten aus Metall), geräuscharm während des Betriebs und kostengünstig sind. Der Zahnriemen (1), der auch in diesem Projekt verwendet wird, wird über Zahnräder geführt (2). Um ihn konstant auf Spannung zu halten, soll er mit einer zusätzlichen Spannrolle (3) versehen werden, welche mit einer Zugfeder (4) zu spannen ist.

6.2 Konstruktion eines Zahnriemenantriebes

6.2.1 Befehlsgrundlagen ZAHNRIEMEN-GENERATOR

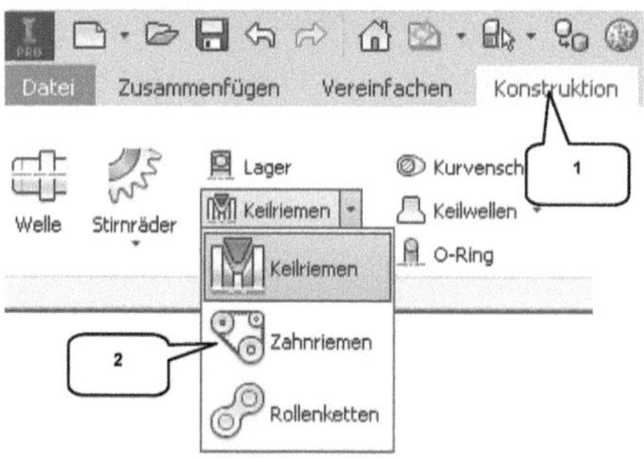

Im Register ***Konstruktion*** (1) finden Sie den **Zahnriemen-Generator** (2). Damit können Zahnriemenantriebe (bestehend aus Zahnriemen, Riemenscheiben und Spannrollen) berechnet und konstruiert werden.

Nachdem der Befehl gestartet wurde, öffnet sich das Befehlsfenster, in dem die Einstellungen vorzunehmen sind.

Sie finden Sie eine Auswahl an Zahnriementypen, welche anhand ihrer Norm ausgewählt und bearbeitet werden können. Ein Zahnriemenantrieb kann frei positioniert oder auf bereits vorhandene geometrische Elemente bezogen werden, wobei die Darstellung per Skizze, als Volumenkörper oder auch detailliert ausgeführt kann.

6.2.1.1 Register KONSTRUKTION

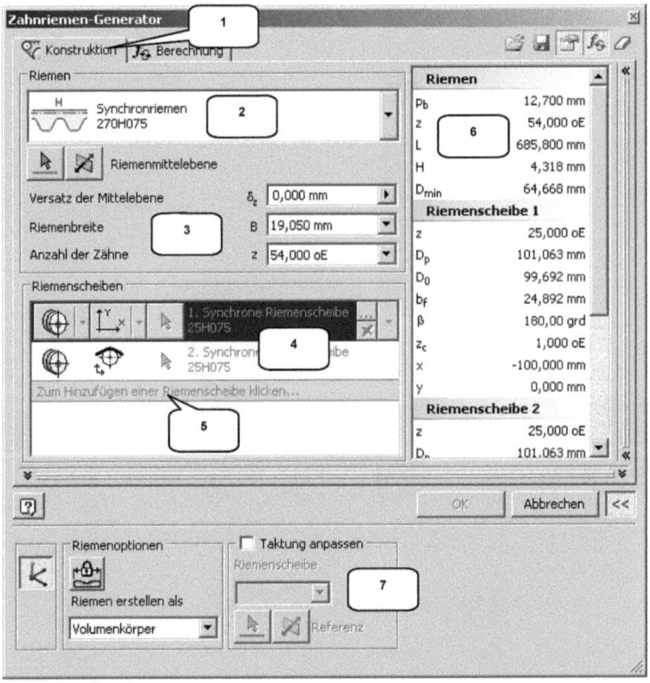

INHALT

Im Register ***Konstruktion*** kann ein Zahnriementyp aus dem Inhaltscenter ausgewählt und anschließend bearbeitet werden. Riemenscheiben und Spannrollen können ergänzt und bearbeitet werden. Die Konstellation kann als Vorlage exportiert werden, vorhandene Konstellationen können importiert werden.

OPTIONEN

1) Register: Konstruktion/ Berechnung
2) Riementyp auswählen
3) Riemenmittelebene, Versatz der Mittelebene, Riemenbreite und Anzahl der Zähne
4) Riemenscheiben/ Spannrollen bearbeiten
5) Riemenscheiben/ Spannrollen hinzufügen
6) Berechnungsergebnisse
7) Riementrieb als Skizze, Volumenkörper oder detailliert darstellen

6.2.1.2 Register BERECHNUNG

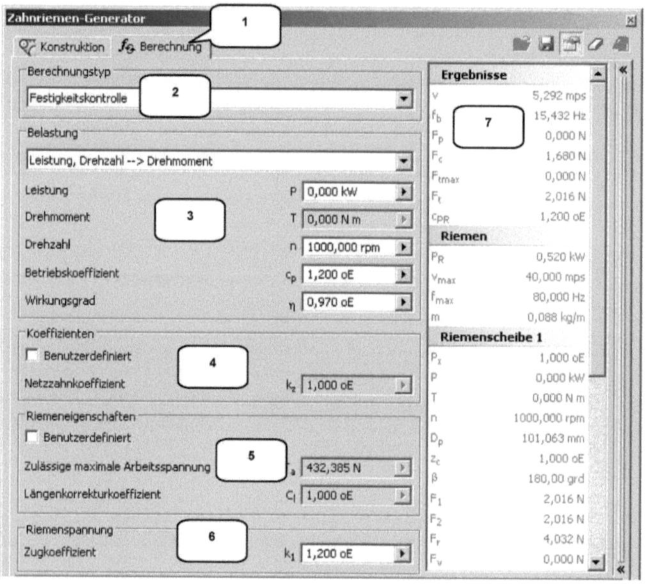

INHALT

Das Register ***Berechnung*** wird zur Berechnung des gesamten Riemensystems auf Belastung, Koeffizienten, Riemeneigenschaften und Riemenspannung verwendet.

OPTIONEN

1) Register: Konstruktion/ Berechnung
2) Berechnungstyp
3) Belastung
4) Koeffizienten
5) Riemeneigenschaften
6) Riemenspannung
7) Berechnungsergebnisse

6.2.2 Zahnriemenantrieb zwischen Nocken-und Kurbelwelle erzeugen

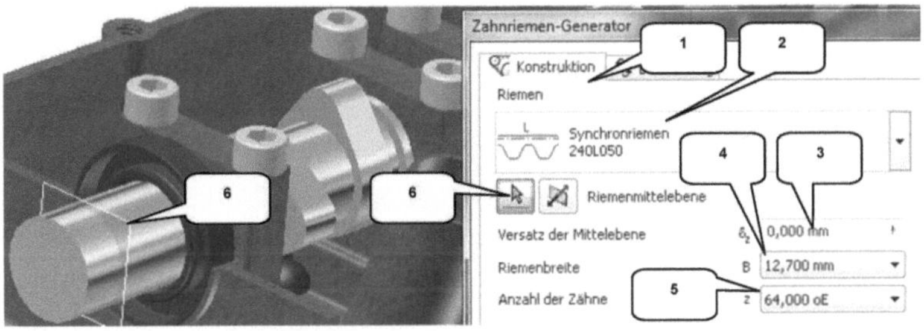

Ändern Sie im Register ***Konstruktion*** (1) die Form des Riemens auf ***Synchronriemen L*** (hierfür ist auf das ***Riemensymbol*** (2) zu klicken), wählen Sie einen Versatz von ***0 mm*** (3) eine Riemenbreite von ***12,7 mm*** (4) und ***64*** Zähne (5).

Mit dem Zahnriemen-Generator können Riemen und Riemenscheiben auf bereits vorhandene geometrische Elemente der Baugruppe platziert werden, und in unserem Übungsbeispiel sollen hierfür Nockenwelle und Kurbelwelle verwendet werden. Vorab muss allerdings eine ***Referenzebene*** zugewiesen werden, wofür die Ebene (6) zu verwenden ist, die sich auf der Nockenwelle befindet.

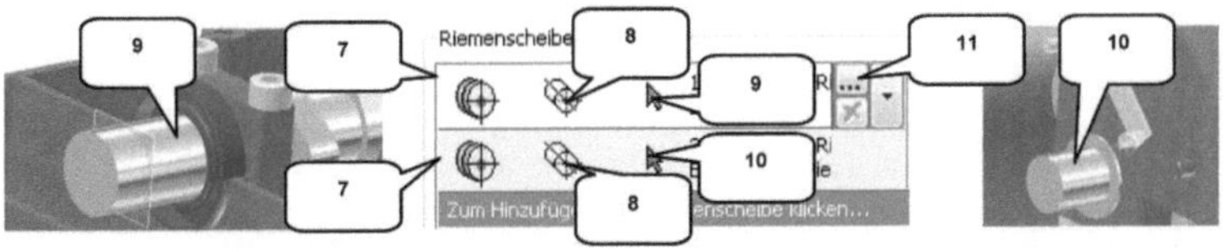

Anschließend können die Riemenscheiben referenziert werden. Im Auswahlfeld ***Riemenscheiben*** sollten bereits zwei Riemenscheiben voreingestellt sein. Achten Sie darauf, dass bei beiden die Optionen Komponente ***Komponente*** (7) und Feste Position ***Feste Position über ausgewählte Geometrie*** (8) aktiviert ist. Andernfalls sind diese Einstellungen nachzuholen.

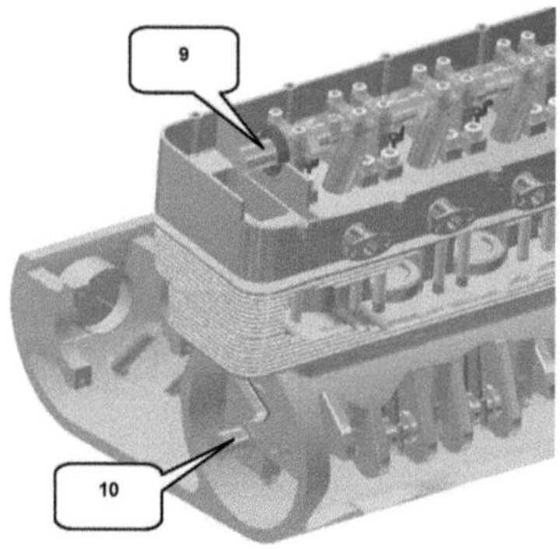

Weisen Sie der ersten Riemenscheibe die Zylinderfläche der Nockenwelle (9) und der zweiten Riemenscheibe die Zylinderfläche der Kurbelwelle (10) zu.

HINWEIS: Sollte es Probleme dabei geben, die Referenzen der Riemenscheiben auszuwählen (der ***Pfeil*** bleibt grau hinterlegt und lässt sich nicht aktivieren), aktivieren Sie zuerst die Option ***Vorhanden***, wählen dann die Referenzen um danach wieder zur Option ***Komponente*** zurückzukehren.

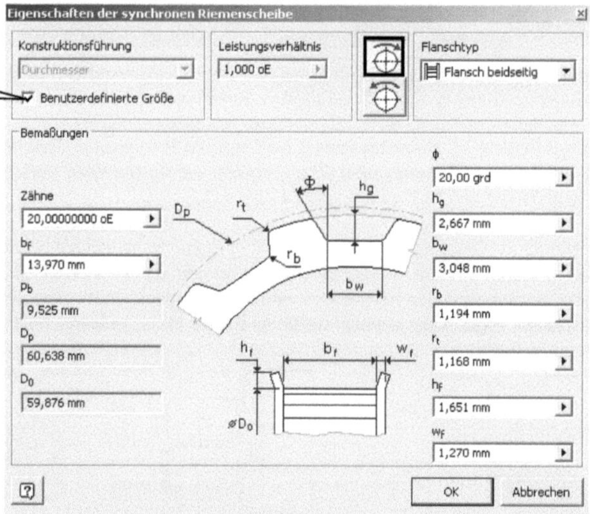

Klicken Sie auf die Zeile des ersten Riemenrades und öffnen Sie die ***Eigenschaften*** (11). Aktivieren Sie die ***Benutzerdefinierte Größe*** (12) und übernehmen Sie die Einstellungen und Werte der oberen Abbildung. Beenden Sie den Befehl abschließend mit ***OK***.

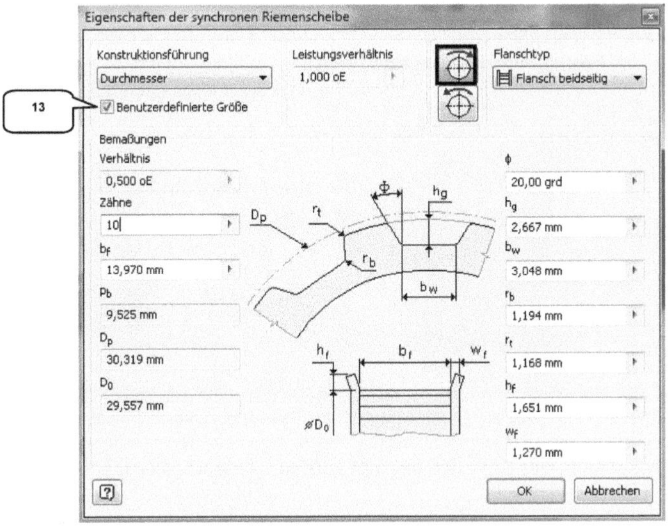

Im Anschluss daran sind die ***Eigenschaften*** der zweiten Riemenscheibe zu bearbeiten. Aktivieren Sie die ***Benutzerdefinierte Größe*** (13) und übernehmen Sie die in der oberen Abbildung dargestellten Einstellungen und Werte.

Ein Zahnriemen kann sich mit der Zeit längen, was ein Rutschen des Riemens über die Zähne des Zahnrades zur Folge haben könnte. Um das zu verhindern und den Zahnriemen dauerhaft zu spannen, wird ein Riemenspanner verwendet, der auch im Übungsbeispiel montiert werden soll. Hierfür soll eine Spannrolle als flache Riemenscheibe hinzugefügt werden. Klicken Sie auf das Feld ***Zum Hinzufügen einer Riemenscheibe klicken...*** (14) um dann die ***Flache Riemenscheibe (metrisch)*** (15) auszuwählen.

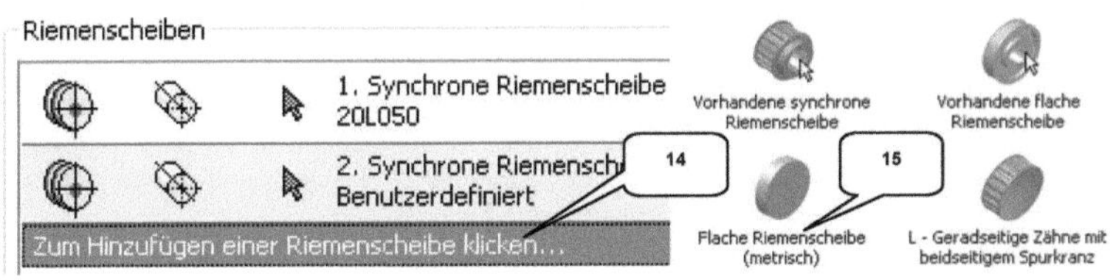

Aktivieren Sie in der neuen Zeile die Optionen ***Komponente*** (16) sowie ***Richtungsorientierte verschiebbare Position*** (17) und als ***Richtungsreferenz*** die Ebene (18) am Bauteil ***Führung-Spannrolle-Zahnriemen***.

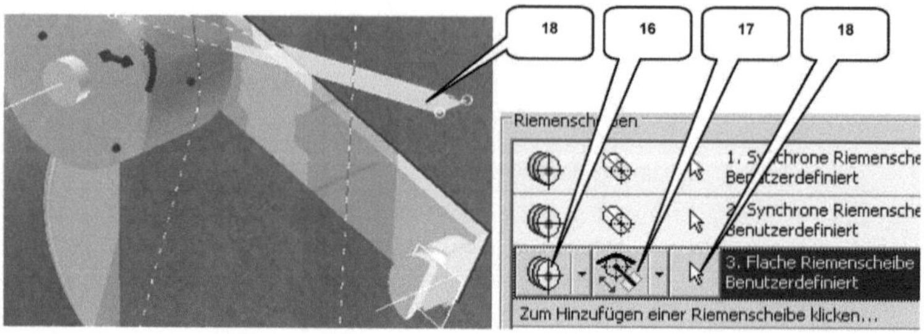

HINWEIS: Zahnriemenantriebe unterliegen festgelegten Berechnungsvorschriften. Um dem Programm zu ermöglichen, die Riemenlänge unter Beachtung aller Parameter korrekt errechnen zu können, ist es notwendig, eine der drei Riemenscheiben mit einem zusätzlichen Freiheitsgrad zu versehen. Dieser soll eine Korrektur des Längenausgleichs ermöglichen.

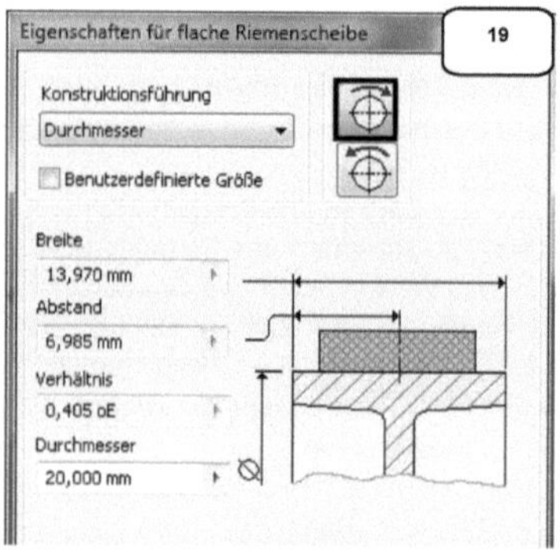

Die Option ***Richtungsorientierte verschiebbare Position*** gibt der Riemenscheibe die Möglichkeit, sich auf einer definierten Ebene frei bewegen zu können. Hierdurch kann die Position der Riemenscheibe auf der Ebene frei verschoben, die korrekte Zahnriemenlänge berechnet und der Zahnriemenantrieb erzeugt werden.

Öffnen Sie die ***Eigenschaften*** der flachen Riemenscheibe und übernehmen Sie die Einstellungen der nebenstehenden Abbildung (19).

Noch verläuft der Zahnriemen links neben der Spannrolle (20), was aufgrund der konstruktiven Eigenschaften des Zahnriemens (außen glatt, innen gezahnt) falsch wäre. Klicken Sie zur Korrektur auf den ***gebogenen Pfeil*** der Spannrolle (21). Anschließend sollte der Zahnriemen rechts neben der Spannrolle entlanggeführt werden (22).

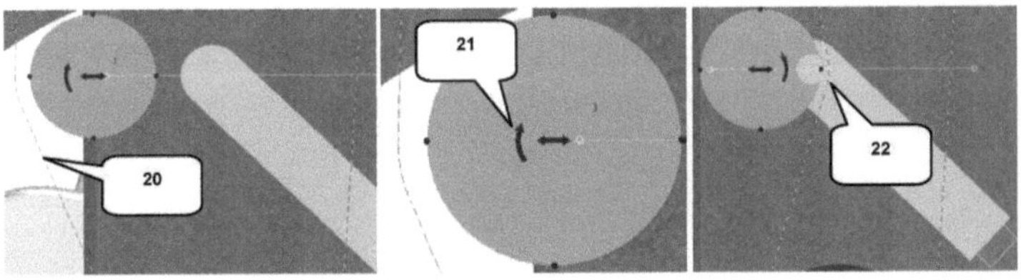

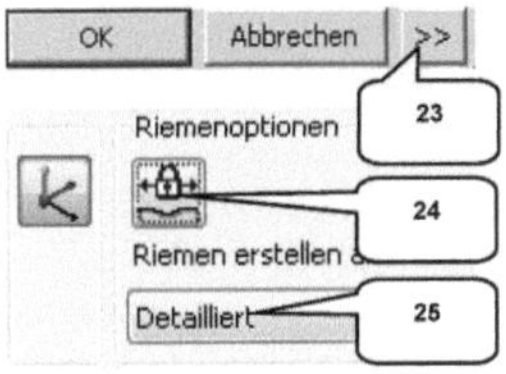

Das korrigierte Ergebnis ist in der oberen rechten Abbildung zu sehen. Der Riementrieb kann jetzt berechnet werden. >> ***Erweitern*** Sie das Befehlsfenster (23), deaktivieren Sie im unteren Bereich des Zahnriemen-Generators die ***Riemenlängensperre*** (24) und stellen Sie die Option ***Detailliert*** (25) ein. Wechseln Sie ins Register Berechnung ***Berechnung***, beginnen Sie dort mit dem Berechnen ***Berechnen*** und bestätigen Sie mit OK ***OK***.

HINWEIS: Sollte nach der Berechnung eine Fehlermeldung angezeigt werden, bestätigen Sie sie einfach. Leider reagiert das Programm auf kleine Abweichungen oft sehr sensibel, die Berechnung erfolgt allerdings trotzdem.

Die Abfrage nach dem Speicherort der neuen Komponenten (Zahnriemen, Riemenräder, Spannrolle) kann mit OK ***OK*** bestätigt werden. Ein weiterer Ordner ***Konstruktions-Assistent*** wird automatisch innerhalb des Projektordners erzeugt, in dem die neuen Komponenten gesichert werden. ***Speichern*** Sie die gesamte Baugruppe und achten Sie darauf, die Option Ja für alle ***Ja für alle*** zu aktivieren, um auch die neu generierten Komponenten zu speichern.

HINWEIS: Um eine Komponente des Registers ***Konstruktion*** zu bearbeiten, klicken Sie mit der ***rechten Maustaste*** darauf und wählen dann die Option ***Mit Konstruktions-Assistent bearbeiten***. Um es zu löschen, muss die Option ***Konstruktions-Assistent-Komponente löschen*** verwendet werden.

6.2.3 Befehlsgrundlagen ZUGFEDER-KOMPONENTEN-GENERATOR

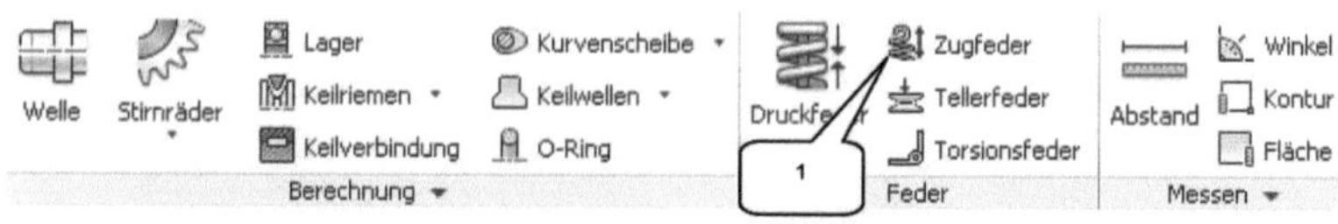

Der Zugfeder-Komponenten-Generator (1) dient zur Berechnung und zur Konstruktion von Zugfedern. Im Gegensatz zum vorherigen Befehl, kann die Feder nicht auf bereits vorhandene geometrische Elemente der Baugruppe bezogen werden, sondern muss manuell positioniert, also mit Abhängigkeiten versehen werden.

6.2.3.1 Register KONSTRUKTION

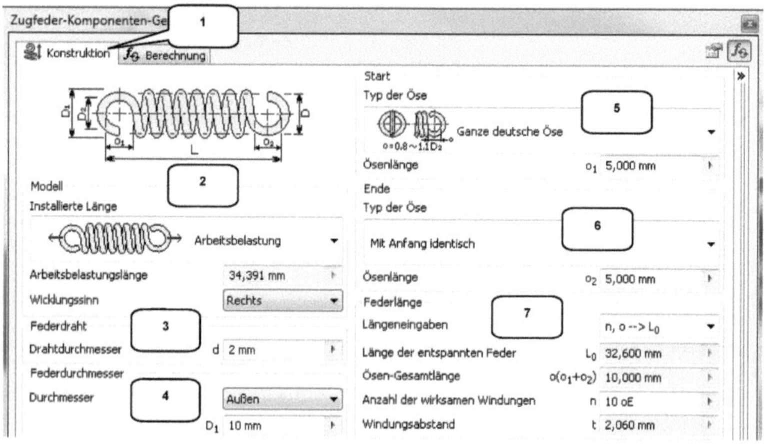

INHALT

Im Register ***Konstruktion*** können Federform, Drahtdurchmesser, Typ der Öse und Federlänge definiert werden.

OPTIONEN

1) Register: Konstruktion/ Berechnung
2) Darzustellende Belastung
3) Durchmesser Federdraht
4) Durchmesser Feder
5) Typ der ersten Öse
6) Typ der zweiten Öse
7) Federlänge

6.2.3.2 Register BERECHNUNG

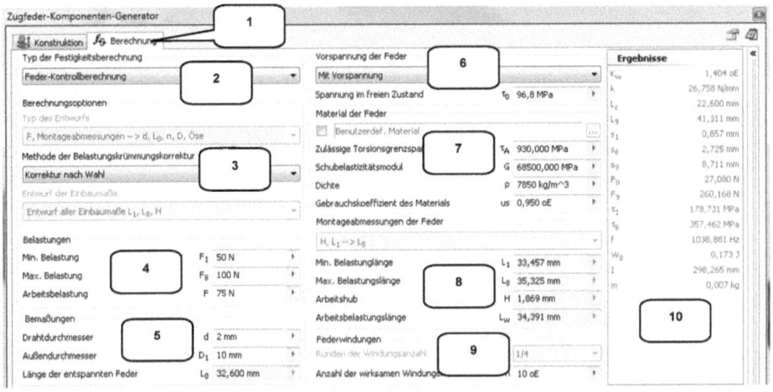

INHALT

Im Register ***Berechnung*** werden der Typ der Festigkeitsberechnung definiert (Zugfederentwurf, Feder-Kontrollberechnung, Berechnung der Arbeitskräfte), sowie Belastungen, Bemaßungen, Vorspannungen, Material, Windungen und Abmessungen festgelegt.

OPTIONEN

1) Register: Konstruktion/ Berechnung
2) Typ der Festigkeitsberechnung
3) Berechnungsoptionen
4) Belastungen
5) Bemaßungen
6) Vorspannung der Feder
7) Federmaterial
8) Montageabmessungen der Feder
9) Federwindungen
10) Berechnungsergebnisse

6.2.4 Spannrolle des Zahnriemens mit einer Zugfeder beaufschlagen

Der Zahnriemen des Übungsbeispiels wird durch eine flache Spannrolle gespannt, um ein Springen des Zahnriemens über die Zähne der Zahnräder zu verhindern. Weil die Spannrolle selbst keine Kraft aufbringen kann, muss sie zusätzlich mit einer Zugfeder beaufschlagt werden: der Riemen wird konstant gespannt.

Übernehmen Sie alle Werte und Einstellungen aus den folgenden beiden Abbildungen.

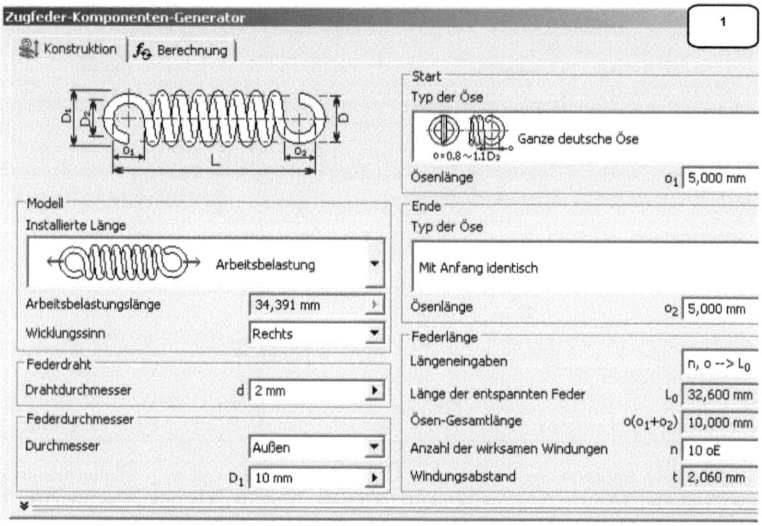

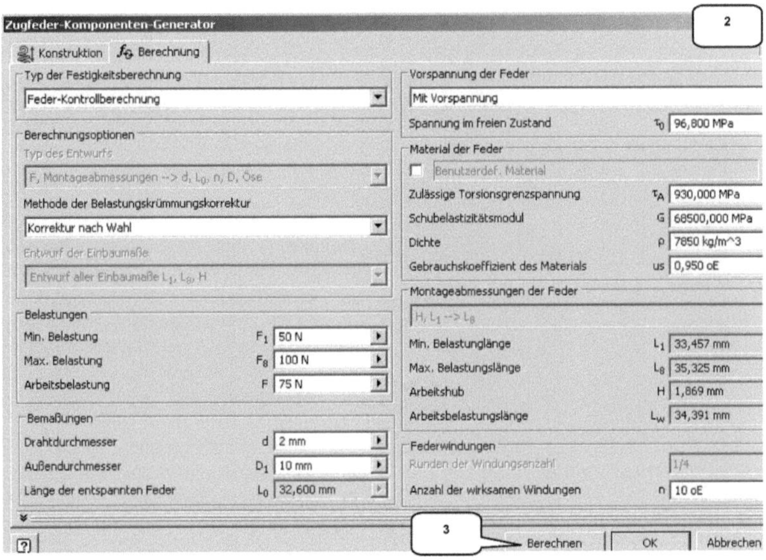

Die Feder kann einmal frei im Zeichenbereich abgelegt werden. Verwenden Sie die folgenden drei Abhängigkeiten (Register ***Zusammenfügen***, Befehl ***Abhängig machen***), um die Feder zu positionieren.

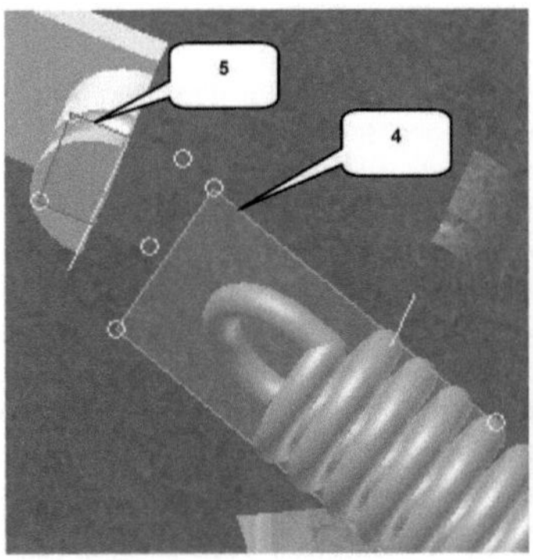

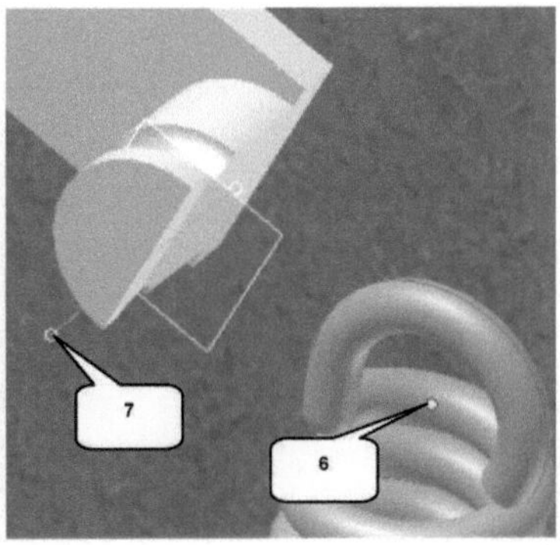

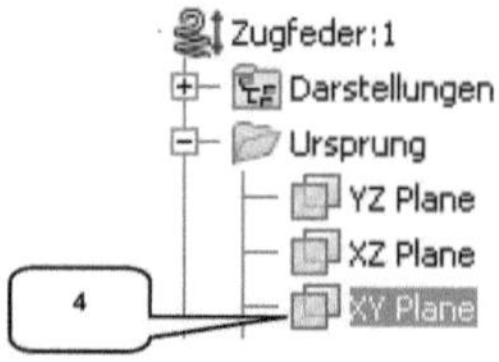

Platzieren Sie zuerst die ***XY-Ebene*** der Zugfeder (4) auf die markierte ***Ebene*** des Bauteils Führung-Spannrolle-Zahnriemen (5). Die ***Mittelpunkte*** der Federösen (6) und (8) können anschließend auf die markierten ***Achsen*** (7) und (9) gelegt werden. Bild (10) stellt Lage und Ausrichtung der Feder nach der Positionierung dar.

Speichern Sie die gesamte Baugruppe im Anschluss daran und achten Sie darauf, im Befehlsfenster ***Speichern*** die Option ***Ja für alle*** zu aktivieren.

6.3 Konstruktion einer Druckfeder

6.3.1 Erzeugen einer geschnitten dargestellten Ansicht

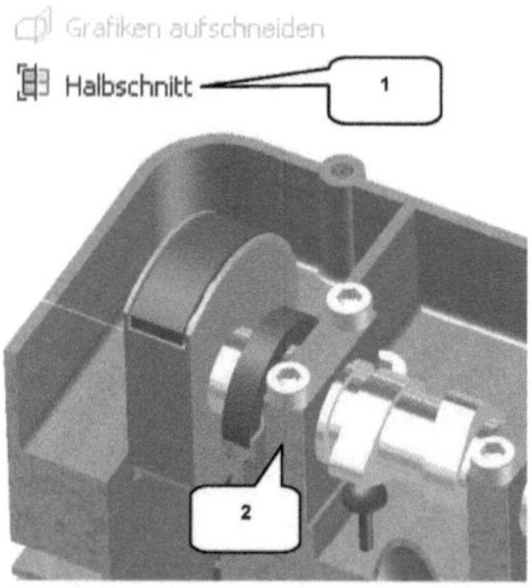

Zwischen den Ventilen und dem Zylinderkopf sollen Druckfedern konstruiert werden, welche das Ventil konstant gegen die Nockenwelle pressen. Zur besseren Ansicht während der Montage ist die Baugruppe geschnitten darzustellen.

Wechseln Sie hierfür ins Register ***Ansicht***, starten Sie den Befehl ***Halbschnitt*** (1) in der Befehlsgruppe ***Darstellung*** und wählen Sie die markierte Seitenfläche (2) des Nockenwellenhalters. Bestätigen Sie die Auswahl mit ***OK*** und kehren Sie ins Register ***Konstruktion*** zurück.

6.3.2 Befehlsgrundlagen DRUCKFEDER-GENERATOR

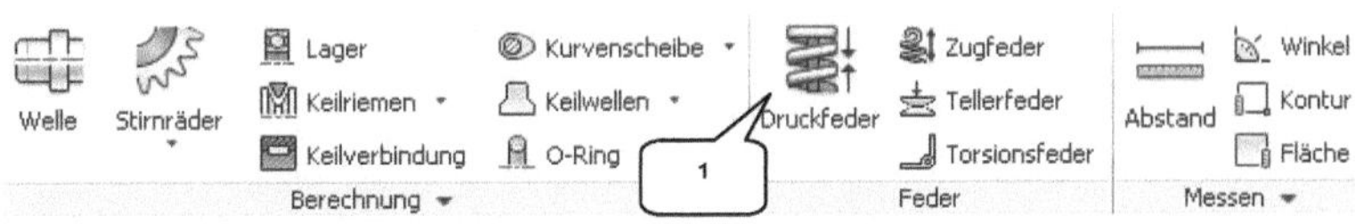

Der Druckfeder-Generator (1) berechnet und konstruiert Druckfedern. Im Gegensatz zum Zugfeder-Komponenten-Generator, kann die Druckfeder bereits aus dem Befehl heraus auf vorhandene geometrische Elemente der Baugruppe platziert werden, was eine nachträgliche Platzierung unnötig macht.

6.3.2.1 Register KONSTRUKTION

INHALT

Im Register ***Konstruktion*** kann die Druckfeder definiert und auf vorhandene geometrische Referenzen der Baugruppe bezogen werden. Weiterhin sind die physikalischen Eigenschaften, wie Federanfang, -ende, -länge und -durchmesser auszuwählen.

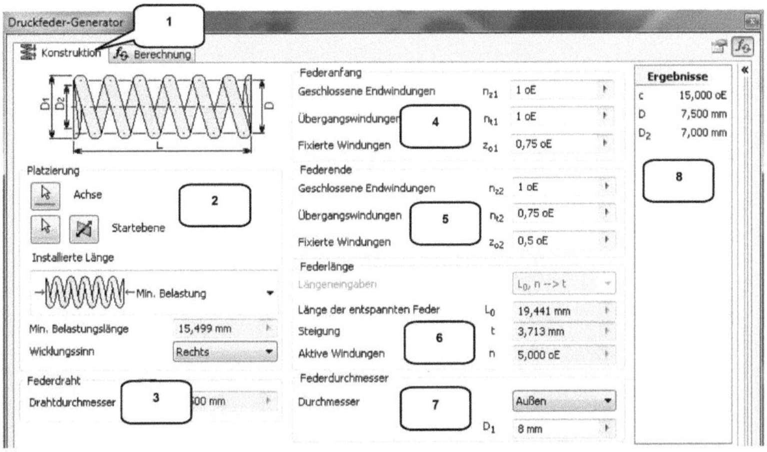

OPTIONEN

1) Register: Konstruktion/ Berechnung
2) Platzierung (Achse, Ebene), Federbelastung
3) Federdrahtdurchmesser
4) Federanfang
5) Federende
6) Federlänge
7) Federdurchmesser
8) Berechnungsergebnisse

6.3.2.2 *Register BERECHNUNG*

INHALT

Im Register ***Berechnung*** werden Berechnungstyp, Berechnungsoptionen, Federmaterial und Federbelastung definiert.

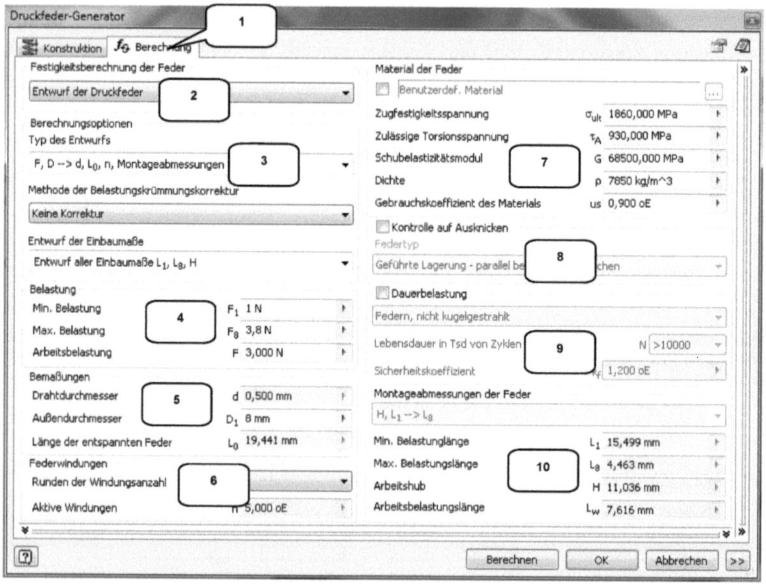

OPTIONEN

1) Register: Konstruktion/ Berechnung
2) Berechnungstyp
3) Berechnungsoptionen
4) Belastung
5) Bemaßungen
6) Windungen
7) Federmaterial
8) Kontrolle auf Ausknicken
9) Dauerbelastung
10) Montageabmessungen der Feder

6.3.3 Druckfeder zwischen Ventil und Zylinderkopf erzeugen

Im Register ***Konstruktion*** ist als ***Achse*** die Zylinderfläche des Ventils (1) und als ***Startebene*** die Oberfläche des Zylinderkopfes (2) zu wählen. Ebenfalls sind die Werte und Einstellungen der beiden Register ***Konstruktion*** (3) und ***Berechnung*** (4) aus den folgenden Abbildungen zu übernehmen.

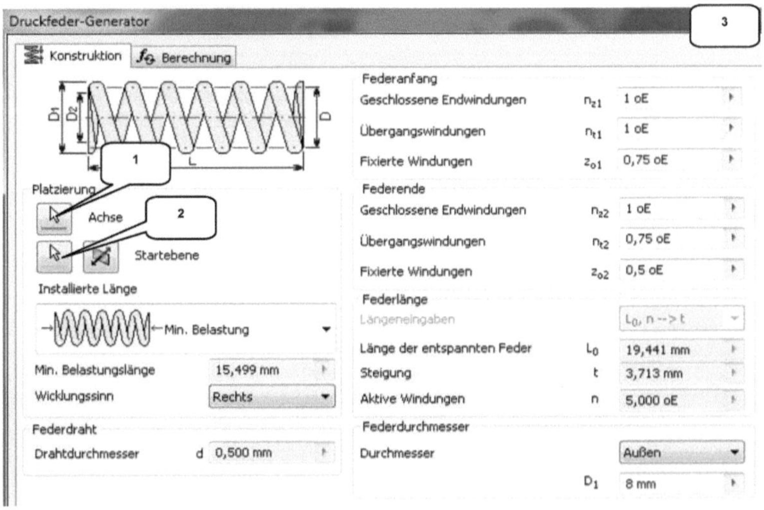

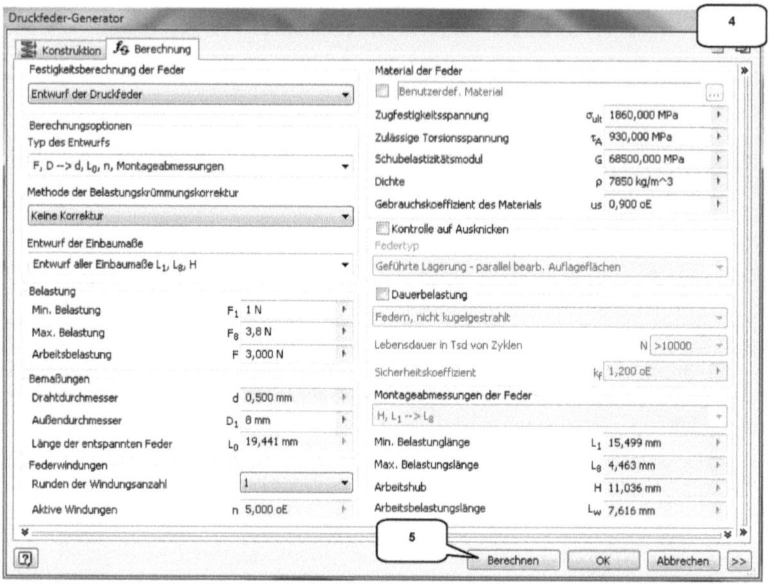

HINWEIS: Der Wert für die ***minimale Belastungslänge*** errechnet sich automatisch anhand der anderen Eingaben.

Nachdem alle Werte übernommen wurden, kann die Berechnen ***Berechnung*** (5) gestartet, der Befehl mit OK ***OK*** beendet und die Schnittansicht im Anschluss daran im Register ***Ansicht*** wieder beendet werden (Schnitt beenden ***Schnitt beenden***).

Speichern Sie die gesamte Baugruppe abschließend und achten Sie darauf, im Befehlsfenster ***Speichern*** die Option Ja für alle ***Ja für alle*** zu aktivieren.

12 INDEX

#

A

A

B

D

D

E

F

G

G

H

I

K

K

L

M

O

P

R

S

U

V

W - Z